阜阳职业技术学院

国家骨干高职院校建设项目成果

数控技术专业系列教材编委会

阜阳职业技术学院 国家骨干高职院校建设项目成果

机械制造工艺

主　编　王　宣　尚连勇

副主编　汤　萍　薛正堂

编写人员（以姓氏笔画为序）

王　宣　付新武　刘志达

汤　萍　李玉琴　何　伟

尚连勇　薛正堂

中国科学技术大学出版社

内 容 简 介

本书面向普通机床操作员、数控机床操作员、机械加工工艺员等相关职业岗位,以培养学生专业技能和职业素养为目标,选择典型零件为载体,创设学习情境,通过项目教学,强化实践应用。全书包括普通机床加工工艺规程编制、数控机床加工工艺规程编制、机械装配工艺规程编制三个学习情境,共十个教学项目,涉及内容以机械制造工艺基本知识、基本理论为主,以刀具、机床、夹具等相关知识为辅。

本书可作为高职院校及各类培训学校机械专业教材,也可供工程技术人员、数控机床编程与操作人员培训和自学使用。

图书在版编目(CIP)数据

机械制造工艺/王宣,尚连勇主编. —合肥:中国科学技术大学出版社,2014.11
ISBN 978-7-312-03613-2

Ⅰ. 机… Ⅱ. ①王…②尚… Ⅲ. 机械制造工艺 Ⅳ. TH16

中国版本图书馆 CIP 数据核字(2014)第 255188 号

出版 中国科学技术大学出版社
安徽省合肥市金寨路 96 号,230026
http://press.ustc.edu.cn
印刷 合肥市宏基印刷有限公司
发行 中国科学技术大学出版社
经销 全国新华书店
开本 787 mm×1092 mm 1/16
印张 20.25
字数 518 千
版次 2014 年 11 月第 1 版
印次 2014 年 11 月第 1 次印刷
定价 37.00 元

总　序

邹　斌

（阜阳职业技术学院院长、第四届黄炎培职业教育杰出校长）

职业院校最重要的功能是向社会输送人才，学校对于服务区域经济和社会发展的重要性和贡献度，是通过毕业生在社会各个领域所取得的成就来体现的。

阜阳职业技术学院从 1998 年改制为职业院校以来，迅速成为享有较高声誉的职业学院之一，主要就是因为她培养了一大批德才兼备的优秀毕业生。他们敦品励行、技强业精，为区域经济和社会发展做出了巨大贡献，为阜阳职业技术学院赢得了"国家骨干高职院校"的美誉。阜阳职业技术学院迄今已培养出近 3 万名毕业生，有的成为企业家，有的成为职业教育者，还有更多人成为企业生产管理一线的技术人员，他们都是区域经济和社会发展的中坚力量。

2012 年阜阳职业技术学院被列为国家百所骨干高职院校建设单位，学校通过校企合作，推行了计划双纲、管理双轨、教育"双师"、效益双赢，人才共育、过程共管、成果共享、责任共担的"四双四共"运行机制。在建设中，不断组织校企专家对建设成果进行总结与凝练，收获了一系列教学改革成果。

为反映阜阳职业技术学院的教学改革和教材建设成果，我们组织一线教师及行业专家编写了这套"国家骨干院校建设项目成果系列丛书"。这套丛书结合 SP-CDIO 人才培养模式，把构思（Conceive）、设计（Design）、实施（Implement）、运作（Operate）等过程与企业真实案例相结合，体现专业技术技能（Skill）培养、职业素养（Professionalism）形成与企业典型工作过程相结合。经过同志们的通力合作，并得到阜阳轴承有限公司等合作企业的大力支持，这套丛书于 2014 年 9 月起陆续完稿。我觉得这项工作很有意义，期望这些成果在职业教育的教学改革中发挥出引领与示范作用。

成绩属于过去，辉煌须待开创。在学校未来的发展中，我们将依然牢牢把握育人是学校的第一要务，在坚守优良传统的基础上，不断改革创新，提高教育教学质量,培养造就更多更好的技术技能人才,为区域经济和社会发展做出更大贡献。

我希望丛书中的每一本书,都能更好地促进学生职业技术技能的培养,希望这套丛书越编越好,为广大师生所喜爱。

是为序。

2014 年 10 月

前　言

　　本书是为满足当前高职教育人才培养模式改革的需要，在学习借鉴国际CDIO工程教育经验的基础上，由专业教师与企业技术人员合作开发和编写的。课程内容参照了相关的国家职业标准。

　　本书面向普通机床操作员、数控机床操作员、机械加工工艺员等相关职业岗位，以培养学生专业技能和职业素养为目标，选择典型零件为载体，创设学习情境，通过项目教学，强化实践应用。全书包括普通机床加工工艺规程编制、数控机床加工工艺规程编制、机械装配工艺规程编制三个学习情境，共十个教学项目，涉及内容以机械制造工艺基本知识、基本理论为主，以刀具、机床、夹具等相关知识为辅。

　　本书采用任务驱动的项目教学单元编写结构，每个项目设置若干个循序渐进的任务，而每个任务又按照构思（基础知识、理论）、设计（应用实例）、实施（任务实施）、运作（任务结果评价）环节编排，结构新颖、图文并茂、通俗易懂，具有明确的操作示范性和合理的过程控制性，较有利于项目教学活动设计。本书可作为高职院校及各类培训学校机械专业教材，也可供工程技术人员、数控机床编程与操作人员培训和自学使用。

　　本书由阜阳职业技术学院王宣、尚连勇担任主编，由安徽水利水电职业技术学院汤萍、阜阳轴承有限公司薛正堂担任副主编。参加编写的还有安徽水利水电职业技术学院李玉琴、何伟，阜阳职业技术学院刘志达及江淮汽车有限公司付新武。全书由王宣统稿，由阜阳职业技术学院专业建设合作委员会企业专家审核。

　　本书在编写过程中，参考了同行的教材和技术文献，在此谨向所涉及的作者表示诚挚的谢意。

　　由于编者水平有限，书中难免存在错误和不足之处，敬请广大读者批评指正。

编　者

2014 年 9 月

目　　录

学习情境1　普通机床加工工艺规程编制

学习情境 2　数控机床加工工艺规程编制

学习情境 3　机械装配工艺规程编制

学习情境 1
普通机床加工工艺规程编制

项目1 轴类零件加工工艺规程编制

图1.1为某机床主轴箱传动轴,现大批量生产,试分析其加工工艺,完成任务要求。

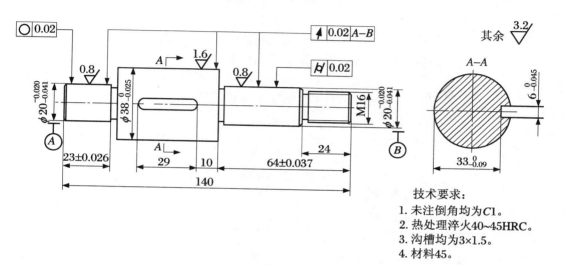

图1.1 传动轴

技术要求:
1. 未注倒角均为$C1$。
2. 热处理淬火40~45HRC。
3. 沟槽均为3×1.5。
4. 材料45。

任务1.1 分析传动轴的工艺过程组成

1.1.1 构思

1. 生产过程和工艺过程

（1）生产过程

产品的生产过程是指把原材料转变为成品的全过程。包括以下过程:

① 生产技术准备过程。如产品开发调研、工艺设计和专用工艺装备的设计和制造、生产计划的编制、生产资料的准备等。

② 毛坯的制造。如铸造、锻造、冲压等。

③ 零件加工与热处理。如切削加工、热处理等。

④ 产品的装配与调试。如总装、部装、调试检验、油漆与包装等。

⑤ 生产服务。如原材料、外购件和工具的供应、运输、保管等。

（2）工艺过程

在生产过程中,改变生产对象的形状、尺寸、相对位置和性质等,使其成为成品或半成品的过程,称为工艺过程。包括毛坯制造工艺过程、机械加工工艺过程和装配工艺过程等。

（3）机械加工工艺过程

机械加工工艺过程是指用机械加工方法改变毛坯形状、尺寸、相对位置和性质,使其成为零件的过程。

2. 机械加工工艺过程的组成

机械加工工艺过程是由一系列顺序排列的工序组成的,工序是工艺过程的基本单元,它又包括工步、走刀、安装和工位。

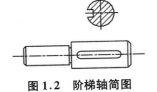

图 1.2　阶梯轴简图

（1）工序

一个或一组工人,在一个工作地点,对一个或几个工件所连续完成的那一部分工艺过程,称为工序。

工序的划分因生产批量的不同而不同。图 1.2 所示的阶梯轴就有三种不同的工艺过程,见表 1.1、表 1.2、表 1.3。

表 1.1　单件生产阶梯轴的工艺过程

工序号	工　序　内　容	设备
1	车一端面,钻中心孔,调头,车另一端面,钻中心孔;车大端外圆及倒角;调头,车小端外圆、切槽及倒角	车床
2	铣键槽;去毛刺	铣床

表 1.2　小批量生产阶梯轴的工艺过程

工序号	工序内容	设备
1	车一端面,钻中心孔;调头,车另一端面,钻中心孔	车床
2	车大端外圆及倒角;调头,车小端外圆、切槽及倒角	车床
3	铣键槽;去毛刺	铣床

表 1.3　大批大量生产阶梯轴的工艺过程

工序号	工序内容	设备
1	铣两端面,钻中心孔	专用机床
2	车大端外圆及倒角	车床
3	车小端外圆、切槽及倒角	车床
4	铣键槽	铣床
5	去毛刺	钳工

（2）工步

在加工表面不变、切削刀具不变、进给量和切削速度不变的情况下,连续完成的那部分工序内容称为工步。一道工序包括一个或几个工步。为了提高生产率,用几把刀具同时加工几个表面的工步,称为复合工步,常被看作一个工步。如在加工中心上,不同刀具同时加工箱体的多个孔为复合工步。

（3）走刀

刀具对加工表面切削一次所完成的工步内容,称为一次走刀。在一个工步中,若需切去的金属层很厚,则可分为几次走刀。一个工步可以包括一次或几次走刀。

（4）安装

在加工前,首先使工件在机床上或夹具中占有正确的位置即定位,之后将工件固定,使其在加工过程中位置不变即为夹紧,将工件在机床或夹具中定位、夹紧一次所完成的那一部分工序内容称为安装。一道工序中工件可能被安装一次或多次。

（5）工位

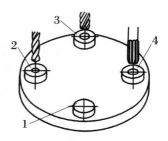

图 1.3　多工位加工
1. 装卸工件；　2. 钻孔；　3. 扩孔；
4. 铰孔

为了减少由于多次安装带来的误差和时间损失,加工中常采用回转工作台、回转夹具或移动夹具,使工件在一次安装中,先后处于几个不同的位置进行加工,工件在机床上所占据的每一个工作位置称为工位。图 1.3 为利用回转工作台一次安装依次完成装卸工件、钻孔、扩孔、铰孔四个工位加工的例子。多工位加工是生产中减少安装次数和提高生产率的有效途径。

3. 机械加工工艺规程

机械加工工艺规程,简称工艺规程,是指将机械零件的加工工艺过程和操作方法以一定格式固定下来的工艺文件。它是机械制造企业用来指导生产的主要技术文件。具体类型在任务 1.5 中说明。

（1）工艺规程的作用

① 组织和管理生产的基本依据。为科学编制产品生产计划,合理调度原材料、毛坯、机床和及时准备工艺装备提供依据。

② 指导生产的主要技术文件。工艺规程是依据加工工艺原理和工艺试验,结合现场生产实践经验制订的法规性技术文件,工人必须严格按照工艺规程进行生产,才能保证产品质量,提高生产效率。

③ 新建和扩建工厂的原始资料。根据工艺规程,可以确定生产所需的技术工人、机械设备、车间面积以及生产资源等。

④ 进行技术交流,开展工艺革新的基本资料。

（2）制订工艺规程的原则

① 保证可靠地加工出符合图纸要求的零件。

② 保证良好的劳动条件,提高劳动生产率。

③ 在保证产品质量的前提下,尽可能降低成本、降低劳动消耗。

④ 在充分利用现有生产条件的基础上,尽可能采用国内外先进的工艺技术。

由于工艺规程是直接指导生产和操作的技术文件,因此要求工艺规程合理、清晰、完整、规范,所用编码、术语、符号、计量单位等应符合相关标准。

（3）制订工艺规程的原始资料

① 产品的零件图和装配图。

② 产品的生产纲领。

③ 现有的生产条件。具体包括毛坯的生产条件、加工车间的机床及工艺装备条件、工艺装备及专用设备的制造能力、工人的技术水平等方面。

④ 相关工艺手册及标准。

⑤ 国内外同类产品的工艺技术发展情况。

（4）制订工艺规程的步骤

① 收集分析制订工艺规程的原始资料。

② 计算零件的生产纲领,确定生产类型。

③ 分析零件的工艺性。主要包括研究零件图和装配图,分析零件的技术要求和结构工

艺性。

④ 选择毛坯。主要包括确定毛坯类型和形状等内容。

⑤ 拟定工艺路线。具体包括选择定位基准,确定表面的加工方法,划分加工阶段,安排加工顺序,确定工序的集中与分散等内容。

⑥ 设计工序内容。具体包括确定加工余量,计算工序尺寸,确定机床及工艺装备,确定切削用量及时间定额、检验方法等内容。

⑦ 填写工艺规程文件。

1.1.2　设计

(1) 分析图 1.4 中阶梯轴的工艺过程组成。

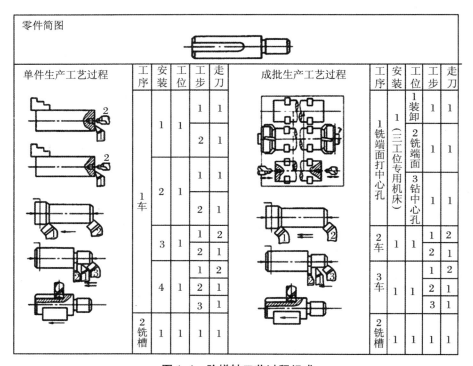

图 1.4　阶梯轴工艺过程组成

(2) 试分析图 1.1 中传动轴的工艺过程组成。

1.1.3　实施

1. 组织方式

独立完成或成立小组讨论完成。

2. 实施主要步骤

(1) 明确任务,知识准备;

(2) 图样分析;

(3) 工艺过程分析。

1.1.4　运作

评价见表 1.4。

表 1.4　任务评价参考表

项目		任务		姓名		完成时间		总分	
序号	评价内容及要求		评价标准	配分	自评(20%)	互评(20%)	师评(60%)	得分	
1	识图能力			20					
2	工艺过程的理解			10					
3	工序的理解			10					
4	安装的理解			10					
5	工位的理解			10					
6	工步的理解			10					
7	走刀的理解			10					
8	学习与实施的积极性			10					
9	交流协作情况			10					

1.1.5　知识拓展

1. 生产纲领

生产纲领是指企业在计划期内应生产的产品产量。生产纲领一般指年产量。它是制订工艺规程的重要依据。

零件的生产纲领应包括一定的备品和废品，因此零件的生产纲领应按下式计算：

$$N = Qn(1 + a\%)(1 + b\%)$$

式中：N——零件的生产纲领（件/年）；

Q——产品的年产量（台/年）；

n——每台产品中该零件的数量（件/台）；

$a\%$——该零件的备品率；

$b\%$——该零件的废品率。

2. 生产类型

生产类型是指企业生产专业化程度的分类。一般按照产品的生产纲领，可将企业生产分为单件生产、批量生产和大量生产三种类型。

（1）单件生产

产品种类较多，同一产品的产量很小，很少重复生产，工作地点和加工对象经常改变。如新产品试制、维修车间的配件制造和重型机械制造等都属于单件生产。

（2）批量生产

一年中分批轮流制造几种不同的产品，每种产品都有一定的数量，工作地点和加工对象周期性地重复。同一产品(或零件)每批投入生产的数量称为批量。根据生产批量的大小,批量生产分为小批生产、中批生产和大批生产三种。

① 小批生产:批量不稳定,生产连续性不明显,生产特点类似单件生产。

② 中批生产:批量有限,生产有一定的周期性,例如通用机械厂、造纸机械厂的产品生产。

③ 大批生产:批量大,连续性生产,生产特点类似大量生产。

(3) 大量生产

连续大量地生产同一种产品,大多数工作地点经常重复进行某一零件的某一工序的加工。如汽车、拖拉机、自行车、轴承厂等多属大量生产。

根据零件生产纲领,参考表 1.5 可确定生产类型。不同的生产类型具有不同的工艺特征,参见表 1.6。

表 1.5　生产类型和生产纲领的关系

生 产 类 型		生产纲领(件/年或台/年)		
		重型(30 kg 以上)	中型(4~30 kg)	小型(4 kg 以下)
单件生产		<5	<20	<100
批量生产	小批生产	5~100	20~200	100~200
	中批生产	100~300	200~500	500~5 000
	大批生产	300~1 000	500~5 000	5 000~50 000
大量生产		>1 000	>5 000	>50 000

表 1.6　各种生产类型的工艺特征

工艺特征	单件生产	批量生产	大量生产
零件互换性	无需互换、互配零件可成对制造,广泛用修配法装配	大部分零件有互换性,少数用修配法装配	全部零件有互换性,某些要求精度高的配合,采用分组装配
毛坯的制造及加工余量	铸件用木模手工造型,锻件用自由锻,加工余量大	铸件用金属模造型,部分锻件用模锻,加工余量较大	铸件广泛用金属模机器造型,锻件用模锻,加工余量小
机床设备及布置	采用通用机床;按机床类别和规格采用"机群式"排列	部分采用通用机床,部分专用机床;按零件加工分"工段"排列	广泛采用生产率高的专用机床和自动机床;按流水线形式排列
夹具	很少采用专用夹具,由划线和试切法达到设计要求	广泛采用专用夹具,部分用划线法进行加工	广泛采用专用夹具,用调整法达到精度要求
刀具和量具	采用通用刀具和万能量具	较多采用专用刀具和专用量具	广泛采用高生产率的刀具和量具
工人技术	需要技术熟练的工人	需要一定熟练程度的技术工人	对机床调整工人技术要求高,对机床操作工人技术要求低
工艺规程	只有简单的工艺过程卡	有详细的工艺过程卡或工艺卡,零件的关键工序有详细的工序卡	有工艺过程卡、工艺卡和工序卡等详细的工艺文件

任务 1.2　分析传动轴零件图的工艺要求

1.2.1　构思

1. 轴类零件的功用与结构特点

轴类零件是机械加工中常见的典型零件之一,其功用是支承齿轮、凸轮、连杆等传动件和传递扭矩。轴类零件是长度大于直径的旋转体零件,主要加工面有内外圆柱面、内外圆锥面、螺纹、孔、沟槽等。按结构形式不同,轴可以分为光轴、阶梯轴、半轴、凸轮轴、曲轴、十字轴、空心轴、偏心轴、花键轴等,如图 1.5 所示,其中阶梯轴应用最广泛。

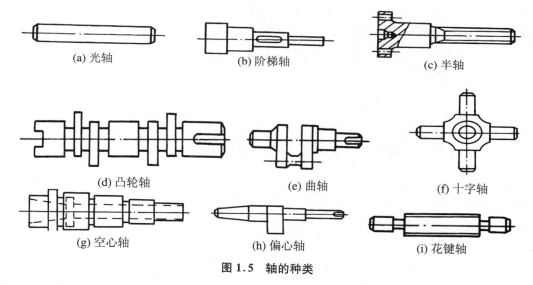

(a) 光轴　　　　　　(b) 阶梯轴　　　　　　(c) 半轴

(d) 凸轮轴　　　　　(e) 曲轴　　　　　　(f) 十字轴

(g) 空心轴　　　　　(h) 偏心轴　　　　　(i) 花键轴

图 1.5　轴的种类

2. 轴类零件的主要技术要求

(1) 尺寸精度

轴颈作为轴类零件的主要表面包括支承轴颈和配合轴颈,与轴承内圈配合的支承轴颈通常为 IT5~IT7;与各类传动件配合的配合轴颈通常为 IT6~IT9。

(2) 几何形状精度

主要指轴颈表面、外圆锥面、锥孔等重要表面的圆度、圆柱度,其误差一般应限制在尺寸公差范围内。

(3) 位置精度

主要有配合轴颈相对支承轴颈的同轴度或跳动精度要求,普通精度轴的配合轴颈相对支承轴颈的径向圆跳动一般为 0.01~0.03 mm,高精度轴的径向圆跳动为 0.001~0.005 mm。端面圆跳动为 0.005~0.01 mm。

(4) 表面粗糙度

轴的加工表面都有粗糙度的要求,一般根据加工的可能性和经济性来确定。支承轴颈

表面粗糙度常为 $Ra0.63\sim0.16\,\mu m$，配合轴颈表面粗糙度为 $Ra2.5\sim0.63\,\mu m$。

3. 轴类零件的材料、毛坯及热处理

（1）轴类零件的材料

轴类零件材料常用 45 钢；对于中等精度和转速较高的轴，可选用 40Cr、轴承钢 GCr15、弹簧钢 65Mn；对于形状复杂的轴，可选用球墨铸铁；对于高速、重载的轴，可选用 20CrMnTi、20Mn2B、20Cr 等低碳合金钢或 38CrMoAl 氮化钢。

（2）轴类零件的毛坯

最常用的毛坯是圆棒料和锻件。对于光轴、直径相差不大的阶梯轴常用圆棒料；对于结构复杂或大型的轴常用铸件；对于直径相差较大的阶梯轴和重要的轴常用锻件，大批量生产时采用模锻，单件小批生产时采用自由锻。

（3）轴类零件的热处理

轴类零件常用调质处理，以获得良好的综合力学性能，一般安排在粗车之后、半精车之前；淬火处理可提高轴的硬度及耐磨性，满足轴的工作性能要求，表面淬火用于纠正因淬火引起的局部变形，淬火和表面淬火一般安排在精加工之前；精度要求高的轴为保证尺寸的稳定性，在表面淬火或粗磨之后，还需进行低温时效处理。轴类零件常用的热处理方法见表1.7。

表 1.7　轴类零件常用的热处理方法

热处理方法	材　　　料	适 用 场 合
不用热处理	Q235A、Q255A 等普通碳素结构钢	不重要轴
正火（退火）、调质、淬火等	35、45、50 等优质碳素结构钢	一般轴
调质和表面淬火、渗碳淬火或调质和渗氮淬火	20CrMnTi、40Cr 等合金结构钢，GCr15 等轴承钢，65Mn 等弹簧钢	重要轴或转速高、载荷大的场合
淬火、调质或等温淬火	球墨铸铁	形状复杂或大型的轴

1.2.2　设计

（1）图 1.6 为减速器传动轴，生产数量为 5 件，试分析零件工艺性，确定毛坯及热处理方法。

① 结构工艺性分析。

该传动轴为阶梯轴结构，包括外圆柱面、端面、螺纹、键槽等加工面，主要加工表面有 E、F、M、N、P、Q，其余为次要表面。支承轴颈 E、F 是传动轴在减速器中的装配基准面，考虑轴承安装方便，在 F 面上设计了一段长度为 22 mm 的直径略小的圆柱面，装配工艺性好；配合轴颈 M、N 是安装齿轮和带轮的径向装配基准面；轴肩 P、Q 是安装齿轮和轴承的轴向装配基准面。整体结构工艺性较合理。

② 技术要求分析。

（a）加工精度分析。轴颈 E、F、M、N 的尺寸精度为 IT6，表面粗糙度 Ra 值为 $0.8\,\mu m$，精度和表面质量要求较高；配合轴颈 M、N 对支承轴颈 E、F 的公共轴线的径向圆跳动公差

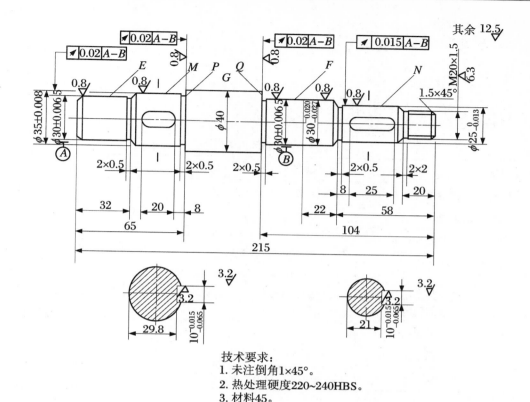

技术要求：
1. 未注倒角1×45°。
2. 热处理硬度220~240HBS。
3. 材料45。

图 1.6　减速器传动轴

分别为 0.02 mm 和 0.015 mm，以保证齿轮传动、带传动的平稳；轴肩 P、Q 对支承轴颈 E、F 的公共轴线的端面圆跳动公差为 0.02 mm，以保证齿轮正确啮合，其表面粗糙度 Ra 值为 0.8 μm。其余加工面按经济精度加工，表面粗糙度 Ra 值不小于 3.2 μm。

（b）材料、热处理要求分析。该传动轴选用优质碳素结构钢 45 钢，热处理硬度要求为 220～240HBS。

③ 毛坯及热处理的确定。

该零件为传动轴，工作时承受交变载荷处于复杂应力状态。由于该轴承受载荷不大，各段轴颈直径尺寸相差较小，且为小批量生产，所以选用圆钢作毛坯，既能满足对传动轴的力学性能要求，又提高了加工经济性。考虑零件材料为 45 钢，采用调质处理使材料具有良好的综合力学性能。

（2）分析图 1.1 中传动轴的工艺性，确定毛坯及热处理方法。

1.2.3　实施

1. 组织方式

独立完成或成立小组讨论完成。

2. 实施主要步骤

（1）明确任务，知识准备；

（2）图样分析；

（3）工艺分析；

（4）确定毛坯及热处理。

1.2.4　运作

评价见表 1.8。

表 1.8　任务评价参考表

项目		任务		姓名		完成时间		总分		
序号	评价内容及要求		评价标准	配分	自评(20%)	互评(20%)	师评(60%)	得分		
1	识图能力			10						
2	结构工艺性分析			20						
3	技术要求分析			20						
4	毛坯的确定			10						
5	热处理的确定			10						
6	学习与实施的积极性			10						
7	交流协作情况			10						
8	创新表现			10						

1.2.5　知识拓展

1. 零件图的研究和工艺分析

（1）零件图的研究

零件图是制订工艺规程最主要的原始资料。通过分析零件图和装配图，了解产品的性能、用途和工作条件，明确各零件的相互装配位置和作用，了解零件的主要技术要求，找出关键技术问题。零件图的研究包括三项内容：

① 检查零件图的完整性和正确性。主要检查零件视图是否表达直观、明确、充分；尺寸、公差、技术要求是否合理、齐全。

② 分析零件材料选择是否恰当。尽可能采用我国资源丰富的材料，尽量避免采用贵重金属；同时考虑材料应具有良好的加工工艺性。

③ 检查零件的技术要求。检查零件加工表面的尺寸精度、形状精度、位置精度、表面粗糙度以及热处理等要求是否经济合理地满足使用性能要求，是否符合企业生产实际。

（2）零件的工艺分析

对零件进行工艺分析，是制订工艺规程的前提条件，主要包括零件结构工艺性分析和零件技术要求分析。

① 零件结构工艺性分析。零件的结构工艺性是指所设计的零件在满足使用要求的前提下，制造的可行性和经济性。当零件的结构满足在不同生产类型的生产条件下，从零件毛坯的制造、切削加工到零件的装配，都能达到较高的生产率、较低的成本的加工要求时，我们就说该零件具有良好的结构工艺性。如表 1.9 所示，反映出零件的结构对机械加工工艺性

的影响。

表 1.9　零件机械加工结构工艺性示例

工艺性要求	原　因	结构工艺性差	结构工艺性好
1. 槽宽尺寸尽量一致	1. 减少刀具种类； 2. 减少换刀时间		
2. 键槽布置在同一方向上	1. 减少装夹次数； 2. 保证位置精度		
3. 轴颈尺寸尽量短	1. 便于加工； 2. 便于装配		
4. 轴上相接加工表面应设置越程槽	1. 便于加工； 2. 便于保证精度		
5. 直径尺寸沿一个方向递减	1. 便于布置刀具； 2. 可在多刀半自动车床上加工		
6. 槽底面不应与其他加工面重合	1. 便于加工； 2. 避免损伤已加工表面		
7. 螺纹根部应有退刀槽	1. 便于加工； 2. 避免损伤刀具		
8. 应有退刀槽或砂轮越程槽	1. 便于加工； 2. 避免磨损刀具		
9. 加工面积应尽量小	1. 减少加工量； 2. 减少材料及刀具的消耗量		
10. 凸台加工面应高度相同	1. 便于加工； 2. 提高生产率		

续表

工艺性要求	原　　因	结构工艺性差	结构工艺性好
11. 钻孔的入端和出端应避免斜面	1. 避免钻头损坏； 2. 保证钻孔精度； 3. 提高生产率		
12. 孔的位置不应距壁太近	1. 便于采用标准刀具； 2. 便于加工		$S > D/2$
13. 避免长孔加工	1. 便于孔加工； 2. 节约零件材料		

② 零件技术要求分析。通过分析零件技术要求，可以确定主要和次要加工表面，为确定主要和次要加工工序及内容做准备。一般从以下方面进行：

(a) 加工精度分析。主要分析精加工表面的尺寸、形状和位置精度，初步确定所需加工方法、安装方法和加工顺序。

(b) 加工表面的粗糙度及其他表面质量要求分析。

(c) 热处理要求及相关材质性能分析。

(d) 其他技术要求(如动平衡、探伤等)的分析。

如果工艺人员在研究零件图、分析零件工艺性后发现问题，应及时与产品设计人员沟通解决。

2. 毛坯的选择

零件是由毛坯根据图纸要求经过切削加工和热处理过程最终形成的。毛坯的选择直接影响毛坯的制造工艺和费用、零件的机械加工工艺和加工质量。

(1) 常用毛坯种类

① 铸件。铸件是指将熔融金属浇入铸型，凝固后所得到的毛坯。对形状复杂的毛坯，一般用铸造方法制造。大多数铸件采用砂型铸造，少数精度要求较高的小型铸件采用熔模铸造、金属型铸造、压力铸造和离心铸造等特种铸造方法。铸件的主要缺点是力学性能较差。

② 锻件。锻件是指金属材料经过锻造变形而得到的毛坯。对力学性能要求较高、形状较简单的毛坯，常采用锻造方法。锻造方法有自由锻和模锻两种。

自由锻件是指在锻锤或压力机上用手工操作而成形的锻件。加工余量大，精度低，生产率低，适用于单件小批生产及大型锻件。

模锻件是指在锻锤或压力机上通过专用锻模锻制成形的锻件。加工余量小，精度高，生产率高，主要适用于批量较大的中小型零件。

③ 型材。型材主要通过热轧或冷拉而成。热轧型材精度低，用于一般零件的毛坯。冷

拉型材精度较高,多用于批量较大且在自动机床上进行加工的毛坯。根据截面形状不同,型材分为圆钢、方钢、六角钢、扁钢、角钢、槽钢等。

④ 焊接件。焊接件一般是将型材或钢板焊接而成的毛坯件。主要用于单件小批生产和大型零件。具有制造简单、节省材料、毛坯重量轻等优点,但变形大、抗震性较差,需经过时效处理后再进行机械加工。

⑤ 其他毛坯。其他毛坯包括冲压件、粉末冶金件、冷挤压件、塑料压制件等。

（2）毛坯的选择原则

① 零件材料的工艺性。材料是铸铁或青铜的零件应选用铸造毛坯;钢质零件在形状不复杂、力学性能要求不太高时选用型材毛坯;对于力学性能要求高的钢质零件,可选用锻造毛坯。

② 零件的结构形状和尺寸。一般用途的阶梯轴,直径相差不大时选用圆棒料;力学性能要求较高或直径相差较大的阶梯轴,常选用锻造毛坯;形状复杂的毛坯常采用铸造方法制造,薄壁零件不宜用砂型铸造。

③ 零件的生产类型。大量生产的零件应选择精度和生产率高的先进毛坯制造方法,如铸件采用精密铸造,锻件采用模锻,选用冷拉和冷轧型材等;单件小批生产时应选择精度和生产率较低的一般毛坯制造方法,如手工砂型铸造或自由锻等方法。

④ 生产条件。选择毛坯时,还应考虑本企业的制造水平、设备条件以及外协的可能性和经济性等。

⑤ 充分考虑利用新技术、新工艺和新材料。随着应用技术的进步,为了节约材料,降低生产成本,提高生产效率,尽量采用精密铸造、精密锻造、冷挤压、粉末冶金和工程塑料等新工艺、新技术和新材料。

（3）毛坯形状与尺寸

毛坯的形状和尺寸主要是由零件的形状、结构、尺寸及加工余量等因素确定的。毛坯与零件接近,实现少切屑、无切屑加工,是现代机械制造技术的发展方向。但是由于毛坯制造技术的限制,以及零件加工精度的不断提高,毛坯的某些表面仍需留有一定的加工余量,以便通过机械加工达到零件的技术要求。下面是确定毛坯形状与尺寸时应注意的问题。

① 为了加工时安装方便,有些铸件毛坯铸出工艺搭子,如图1.7所示。工艺搭子在零件加工完毕后再切除,如对使用和外观没有影响,也可保留在零件上。

② 装配后形成同一工作表面的两个相关零件,为了保证加工质量并使加工方便,常常将这些分离零件先制作成一个整体毛坯,加工一定阶段后再切割分离。图1.8为车床走刀系统中的开合螺母外壳,其毛坯就是两件合制的。

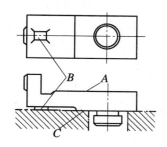

图 1.7　工艺搭子实例

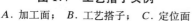

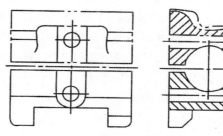

图 1.8　车床开合螺母外壳简图

A. 加工面;　B. 工艺搭子;　C. 定位面

③ 为了便于安装和提高机械加工的生产率,可将多件形状比较规则的小型零件合成一个毛坯,加工到一定阶段后,再分离成单件,图 1.9 所示为滑键,对毛坯的各平面加工好后再切离成单件,之后对单件进行加工。

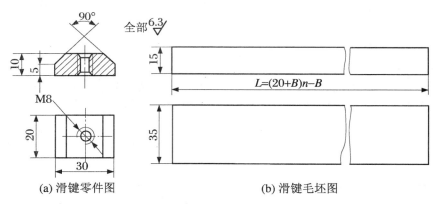

(a) 滑键零件图　　　　　　　　　(b) 滑键毛坯图

图 1.9　滑键的零件图与毛坯图

任务 1.3　拟定传动轴的工艺路线

1.3.1　构思

拟定工艺路线是制订工艺规程的关键环节,它影响到零件的加工质量和效率、设备投资、生产成本,甚至工人的劳动强度。拟定工艺路线时,要考虑到定位基准、表面加工方法、加工阶段的划分、加工顺序的安排、工序的集中与分散几个方面。

1. 定位基准的选择

(1) 基准及分类

基准是指确定零件上某些点、线、面位置时所依据的那些点、线、面。按其功用不同,基准可分为设计基准和工艺基准两大类。

① 设计基准。在零件图上用以确定其他点、线、面位置的基准,如图 1.10(a)所示。端面 A 是端面 B 和 C 的设计基准;轴线 $O\text{-}O$ 是外圆柱面和内圆柱面的设计基准;内孔的轴线既是 $\phi40h6$ 外圆表面的径向圆跳动的设计基准,又是端面 B 的端面圆跳动的设计基准。

② 工艺基准。零件在加工、测量、装配过程中所使用的基准称为工艺基准。工艺基准根据用途不同,分为定位基准、工序基准、测量基准和装配基准四种。

(a) 定位基准。在加工时,用来确定零件在机床夹具中正确位置所使用的基准称为定位基准。如图 1.10(a)所示,将内孔套在心轴上加工 $\phi40h6$ 外圆表面时,内孔中心线即是定位基准;如图 1.10(b)所示,以外圆 ϕd 在 V 形块上定位加工 A 面,此时外圆 ϕd 的母线即是定位基准;又如轴类零件加工时,较多以顶尖孔为定位基准。

必须指出,作为定位基准的点、线总是以具体表面来体现的,这种表面就称为基面。

（b）工序基准。在零件工序图上，标注被加工表面工序尺寸的基准称为工序基准。如图 1.10（c）工序图所示，加工 B 端面的工序尺寸是 L_1，即端面 C 是工序基准。

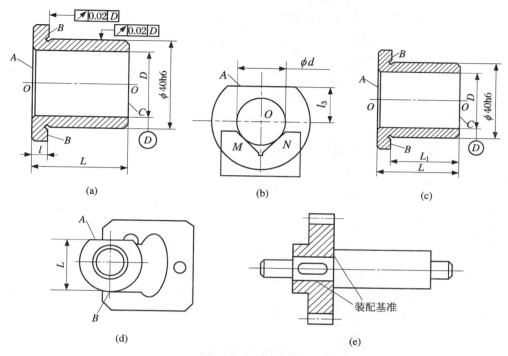

图 1.10　基准示例

（c）测量基准。测量零件已加工表面的尺寸和位置时所采用的基准，如图 1.10（d）所示，测量得到尺寸 L，此时表面 A 的测量基准是外圆的母线 B。

（d）装配基准。装配时用来确定零件或部件在机器中的位置所采用的基准，如主轴箱安装在床身上，装配基准是箱体底面；齿轮安装在轴上，装配基准是齿轮内孔和端面，如图 1.10（e）所示。

（2）定位基准的选择原则

定位基准一般分为粗基准和精基准。没有经过加工的定位基准称为粗基准；经过加工的定位基准称为精基准。

① 精基准的选择原则。选择精基准时，应主要考虑保证零件加工精度，同时考虑使夹具结构简单、装夹可靠和方便。一般遵循以下原则：

（a）基准重合原则。应尽量选择设计基准作为定位基准，以避免基准不重合引起的误差。如图 1.11（a）所示的钻孔简图，尺寸 A 的设计基准是 E 面，现有两种钻孔方案：图 1.11（b）所示夹具定位元件 O 面接触 E 面，即以 E 面为定位基准面钻孔，不管尺寸 B 如何变化，都能直接保证尺寸 A 的精度要求。图 1.11（c）所示夹具定位元件 O 面接触 F 面，即以 F 面为定位基准面钻孔，尺寸 B 的变化影响到尺寸 A，不都直接保证尺寸 A 的精度要求，增大了加工难度。因此，在选择定位基准时，应力求与设计基准重合，以便消除基准不重合误差的影响，从而易于保证设计尺寸的精度要求。

（b）基准统一原则。应尽量采用相同定位基准加工零件的多个表面。采用基准统一原则，可以减少基准的转换，较好地保证加工表面间的位置精度，同时简化夹具设计和制造过程。如加工轴类零件常采用顶尖孔定位,圆盘类零件常用一个端面和内孔定位。

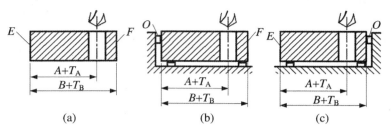

图 1.11　钻孔基准选择

（c）自为基准原则。当精加工或光整加工工序要求余量小而均匀时,可选择加工表面本身为定位基准,而该表面与其他表面之间的位置精度由先行工序保证。如图 1.12 所示,在磨削机床床身导轨面时,通过磨头上装百分表找正导轨面,使导轨面加工余量均匀,保证导轨面的质量要求。此外,采用拉刀拉孔、浮动铰刀铰孔、在无心磨床上磨削外圆以及珩孔等都是以加工表面本身作为定位基准的。

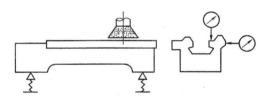

图 1.12　机床导轨面自为基准磨削加工

（d）互为基准原则。对两个相互位置精度要求较高的表面,可使其互为基准,通过反复加工来保证位置精度要求。如图 1.13(a)所示的轴套零件,在精加工时先以外圆定位磨削孔,然后再以孔定位磨削外圆满足同轴度要求。如图 1.13(b)所示的精密齿轮,一般在齿面淬硬以后再磨齿面及内孔,因齿面淬硬层较薄,磨削齿面时应使余量小而均匀。因此常以齿面为基准磨削孔,再以孔为基准磨削齿面。

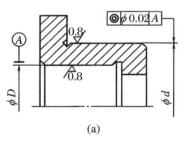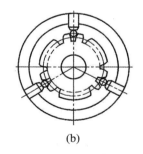

图 1.13　互为基准

② 粗基准的选择原则。选择粗基准时,重点考虑两方面:一是保证各加工表面有足够的加工余量;二是要保证不加工表面的尺寸、位置符合图样要求。因此粗基准的选择原则有以下几方面:

（a）保证表面相互位置要求原则。工件上的不加工表面与加工表面有位置精度要求时,应选不加工表面为粗基准,如图 1.14(a)所示的零件,以外圆柱面 A 为粗基准,通过装夹面 A 加工内孔面及端面;如果工件上有多个不加工表面,则应选择与加工表面位置精度要求较高的不加工表面作为粗基准,如图 1.14(b)所示的拨杆零件,选择 $\phi40$ 圆柱面作粗基准;如果工件上每个表面都要加工,则应选加工余量最小的表面为粗基准,如图 1.14(c)所示的毛坯,大圆柱面 M 余量小,小圆柱面 N 余量大,先以面 M 为粗基准车削外圆 N,然后调头再车削外圆 M,可保证 M 面得到足够而均匀的余量。

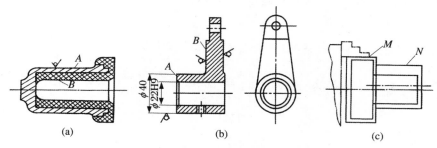

图 1.14　选择不加工表面为粗基准

(b) 合理分配加工余量原则。对要求保证加工余量均匀的重要表面,应选择该重要表面为粗基准。如图 1.15 所示,为保证机床导轨面有均匀的组织和良好的耐磨性,应使其加工余量均匀。因此,选择导轨面为粗基准加工床腿底面,然后再以床腿底面为基准加工导轨面。

图 1.15　机床床身的粗基准选择

(c) 便于夹紧原则。作为粗基准的平面应尽量平整、光滑,面积足够大,以使工件定位可靠、夹紧方便。

(d) 不重复使用粗基准的原则。粗基准一般只在第一次加工时使用,在同一尺寸方向上不得重复使用。因为粗基准表面粗糙、精度低,重复使用会使加工误差增大。

在实际生产中,不可能同时满足上述精基准、粗基准原则,要分析具体情况进行取舍,保证零件的主要设计要求。

轴类零件常用的定位基准参见表 1.10。

表 1.10　轴类零件定位基准的选择

定位基准类型	定位基准	适 用 场 合
精基准	两端中心孔	精度要求较高
	外圆表面	对于空心轴或加工内表面等不能用中心孔定位,以及短小轴或粗加工为了提高工件的刚度
		精度要求不高
	外圆表面和一个中心孔	为了提高工件刚度
	内孔	加工空心轴的外圆表面(常用带中心孔的各种锥堵或心轴)
粗基准	外圆表面	

2．表面加工方法的选择

选择表面加工方法是指：先根据表面技术要求即尺寸精度和表面粗糙度要求，选择最终加工方法，然后逐一确定前期工序的加工方法，最后得到该表面的加工方案。选择加工方法，要综合考虑零件的结构特点、材料性能、设备现状、生产批量、加工经济性等方面，尽量做到加工方案既满足设计要求，又具有较低的成本和较高的生产率。一般情况下，确定外圆表面加工方案可参见表1.11。

表 1.11　外圆表面加工方案的选择

序号	加 工 方 案	经济精度	表面粗糙度 $Ra(\mu m)$	适 用 范 围
1	粗车	IT11～IT12	50～12.5	适用于淬火钢以外的各种金属
2	粗车→半精车	IT9～IT10	6.3～3.2	
3	粗车→半精车→精车	IT7～IT8	1.6～0.8	
4	粗车→半精车→精车→滚压(抛光)	IT7～IT8	0.2～0.025	
5	粗车→半精车→磨削	IT7～IT8	0.8～0.4	主要用于淬火钢，也可用于未淬火钢，但不易加工有色金属
6	粗车→半精车→粗磨→精磨	IT5～IT7	0.4～0.1	
7	粗车→半精车→粗磨→精磨→超精加工	IT3～IT5	0.1～0.025	

注：更多外圆表面加工方案的信息可查阅机械加工工艺手册。

3．加工阶段的划分

（1）加工阶段的划分及作用

根据加工性质和作用的不同，工艺过程一般划分为四个加工阶段：

① 粗加工阶段。切除毛坯表面上的大部分加工余量，使毛坯形状和尺寸接近于成品。该阶段的主要任务是提高生产率。

② 半精加工阶段。切除的余量介于粗、精加工之间，保证主要表面达到一定的精度并留有合适的余量，为精加工做好准备，此外完成一些次要表面的加工，如攻丝、钻孔、铣键槽等。

③ 精加工阶段。切除的余量较少，保证主要表面达到较高的精度（IT7～IT10，$Ra0.8$ ～3.2 μm）。

④ 光整加工阶段。切除的余量极少，进一步提高表面尺寸精度和粗糙度要求，不能用于提高零件的形状和位置精度。

需要说明的是，加工阶段的划分是对零件的整个加工过程来说的，另外加工阶段的划分也不是绝对的，对于一些加工余量小、精度要求不高的零件，或者重型零件，可以不划分加工阶段，一次装夹后完成粗精加工。

（2）划分加工阶段的原因

① 保证零件加工质量。粗加工时切除的金属层较厚，需要较大的夹紧力和切削力，同时产生过多的切削热，因而工件会产生较大的弹性变形和热变形；而且粗加工后内应力重新分布，也造成工件产生较大的变形。划分加工阶段后，粗加工造成的误差将通过半精加工和精加工予以纠正。

② 合理使用设备。粗加工可使用功率大、刚度好但精度较低的机床，以提高生产率。

而精加工则可使用高精度机床,以保证加工精度要求。这样既充分发挥了粗加工机床的高效性,又保证了高精度机床的使用寿命。

③ 便于安排热处理工序。如毛坯的退火或正火处理安排在粗加工之前;淬火等最终热处理常安排在半精加工或精加工之前,通过半精加工或精加工消除热处理变形。

④ 便于及时发现毛坯缺陷和避免损伤已加工表面。毛坯缺陷在粗加工阶段后发现,能够及时修补或报废,同时精加工工序放在后面,可以避免加工好的表面在搬运和夹紧中受到损伤。

4. 加工顺序的安排

复杂零件的机械加工要经过切削加工、热处理和辅助工序等,在拟定工艺路线时必须将三者综合考虑,合理安排顺序。

(1) 切削加工工序的安排原则

切削工序安排的总原则是:前期工序为后续工序提供基准。具体原则如下:

① 基准先行。用作精基准的表面,首先要加工出来。如轴类零件,一般是以外圆为粗基准加工中心孔,再以中心孔为精基准加工外圆、端面等其他表面。

② 先粗后精。先集中安排各表面的粗加工,中间根据需要依次安排半精加工,最后安排精加工和光整加工。对于精度要求较高的工件,为了减小因粗加工引起的变形对精加工的影响,通常粗加工后,间隔适当时间进行精加工。如零件粗加工后的失效处理。

③ 先主后次。先加工主要表面,后加工次要表面。通常将装配基准面、工作面等看作主要表面,将键槽、起紧固作用的光孔和螺纹孔等看作次要表面。

④ 先面后孔。对于箱体、支架和连杆等工件,先加工平面,后加工孔。因为平面平整、面积大,先加工平面,再以平面定位加工孔,既能保证加工时孔有稳定可靠的定位基准,又有利于保证孔与平面间的位置精度。

(2) 热处理的安排

按照热处理目的的不同,热处理工艺可分为预备热处理和最终热处理两大类。

① 预备热处理。目的是消除毛坯制造过程中产生的内应力、改善金属材料的切削加工性能、为最终热处理做准备,包括正火、退火、时效处理、调质等。一般安排在粗加工前后。

② 最终热处理。目的是提高金属材料的硬度、耐磨性等力学性能,常用的有:淬火、渗碳淬火、渗氮淬火等。一般应安排在粗加工、半精加工之后,精加工的前后。变形较大的热处理,如渗碳淬火、调质等,一般安排在精加工前进行,通过精加工纠正热处理的变形;变形较小的热处理,如渗氮等,常安排在精加工之后进行。另外涂镀或发蓝等表面处理通常安排在工艺过程的最后。

(3) 辅助工序的安排

辅助工序包括工件的检验、去毛刺、倒棱、清洗、去磁和防锈等。检验工序是主要的辅助工序,除每道工序进行检验外,在粗加工后、精加工前、零件转换车间前后、重要工序之后和全部加工完毕进库之前等,一般还要安排检验工序。

5. 工序的集中与分散

工序集中和工序分散是拟定工艺路线时确定零件加工工序数目的两种原则。

(1) 工序集中

指将工件的加工集中在少数几道工序内完成。每道工序的加工内容较多。它的特点是:

① 可采用高效专用设备和工艺装备,生产效率高;

② 可减少装夹次数,易于保证零件位置精度和缩短加工辅助时间;

③ 工序数目少,减少了机床数量、操作工人数量和生产面积;

④ 设备投资大、工艺装备复杂。

(2) 工序分散

指将工件的加工分散在较多的工序内完成。每道工序的加工内容很少,有时甚至每道工序仅有一个工步。

① 机床设备和工艺装备简单、调整维护方便、便于工人掌握,生产准备工作量少;

② 可以采用最合理的切削用量,减少基本时间。

③ 对操作工人的技术水平要求较低;

④ 机床设备和工艺装备数量多、操作工人多、生产占地面积大。

工序集中与工序分散各有特点,应综合考虑生产类型、零件的结构和技术要求、现有生产条件等情况后选用。如批量小时,多将工序适当集中,使用通用机床完成更多表面的加工,以减少工序数目,简化生产计划;而批量较大时通过采用多刀、多轴等高效机床使工序集中。由于工序集中的优点较多,现代生产的发展趋于工序集中。

1.3.2　设计

(1) 拟定图 1.6 所示减速器传动轴的工艺路线。

① 分析零件的工艺性,确定毛坯及热处理。见 1.2.2 设计。

② 拟定工艺路线。

(a) 定位基准的选择。

粗基准选择外圆表面;车削和磨削主要加工表面时,以轴端中心孔定位符合精基准的选择原则,所以选择传动轴两端中心孔作为主要精基准。

(b) 表面加工方法的选择。

ⅰ. 主要加工表面的加工方案确定。传动轴的主要加工表面是外圆面,根据表 1.11 外圆表面加工方案选择,因为传动轴 E、F、M、N 各表面的尺寸精度为 IT6,表面粗糙度 Ra 值为 $0.8\ \mu m$,所以选择粗车→半精车→粗磨→精磨的加工方案,同时确定了加工方法。

ⅱ. 次要加工表面的加工方法确定。传动轴的次要加工表面退刀槽、大外圆 G、轴端螺纹主要采用粗车和半精车加工完成,两键槽通过粗精铣加工完成。

(c) 加工阶段的划分。

考虑传动轴的加工精度要求较高,整个加工过程分为粗加工、半精加工和精加工三个阶段进行。

(d) 加工顺序的安排。

按照基准先行、先粗后精原则安排加工顺序,先粗加工主要表面,再半精加工主要表面和次要表面,最后精加工主要表面。为了使传动轴上保留厚一点的回火索氏体组织层,以保证传动轴具有良好的综合力学性能,将调质处理安排在粗车之后、半精车之前;考虑热处理变形及氧化现象对精基准的影响和精加工对基准的更高要求,调质后、磨削前应安排修研中心孔工序。除了各工序要自检外,至少应在工艺过程的最终工序安排检测,以便验收。

(e) 工序的集中与分散。

因为该传动轴小批量生产,所以将工序适当集中,选用通用设备、工艺装备完成加工。

(f) 拟定工艺路线如下:

下料→车端面、钻中心孔→粗车各外圆→调质→修研中心孔→半精车各外圆、车槽、倒角、车螺纹→划键槽位置线→粗精铣键槽→修研中心孔→粗磨主要外圆面及靠磨轴肩→精磨主要外圆面及靠磨轴肩→检验。

(2) 拟定图 1.1 所示传动轴的工艺路线。

1.3.3　实施

1. 组织方式

独立完成或成立小组讨论完成。

2. 实施主要步骤

(1) 明确任务,知识准备;

(2) 分析零件的工艺性;

(3) 确定毛坯及热处理方法;

(4) 拟定工艺路线。

1.3.4　运作

评价见表 1.12。

表 1.12　任务评价参考表

项目		任务		姓名		完成时间		总分	
序号	评价内容及要求	评价标准	配分	自评(20%)	互评(20%)	师评(60%)		得分	
1	定位基准的选择		10						
2	表面加工方法的选择		20						
3	加工阶段的划分		10						
4	加工顺序的安排		20						
5	工序的集中与分散		10						
6	学习与实施的积极性		10						
7	交流协作情况		10						
8	创新表现		10						

1.3.5　知识拓展

1. 工件的安装

由于工件的生产批量、加工精度、大小不同,工件的安装方法也不同,主要有以下三种:

(1) 直接找正安装

将工件直接装在机床上,利用百分表、划针,通过目测获得工件的正确加工位置。如图

1.16 所示,在磨床上磨削工件内孔,可用四爪卡盘装夹工件,并在加工前用百分表等控制外圆的径向圆跳动,来保证工件内外圆高精度的同轴度要求。这种方法的定位精度和找正速度快慢取决于工人的技术水平,多用于单件小批生产。另外在夹具难以保证工件的高精度定位要求时,也可由高技术工人用精密量具直接找正安装。

(2) 划线找正安装

在机床上用划针按毛坯或半成品上待加工处预先划出的线找正工件,从而获得其正确加工位置的方法。如图 1.17 所示。此法受划线和校正误差的影响,定位精度不高,因此多用于生产批量小、毛坯精度低及大型工件等不宜使用夹具的粗加工中。

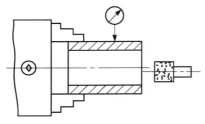

图 1.16　直接找正法示例

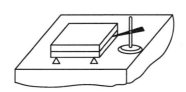

图 1.17　划线找正法示例

(3) 使用夹具安装

直接利用夹具获得工件正确的加工位置的方法。由于夹具的定位元件与机床和刀具的相对位置已预先调整好,所以在加工一批工件时不必再逐个找正安装。此法定位迅速、可靠,定位精度较高,广泛用于成批和大量生产中。

2. 工件的定位

(1) 六点定位原则

任何一个工件,在空间直角坐标系中都有沿 X、Y、Z 坐标轴移动的三个自由度,绕 X、Y、Z 坐标轴转动的三个自由度,共计六个自由度,如图 1.18 所示。

如果要使工件在某方向上有确定的位置,就必须限制该方向上的自由度。当工件的六个自由度完全被限制后,则该工件在空间上的位置就完全被确定了。一般采用定位支承点限制自由度的方法,一个定位支承点限制工件的一个自由度。

用合理分布的六个支承点限制工件六个自由度,保证工件在机床或夹具中具有正确位置的原则,就是六点定位原则。图 1.19 为长方体的六点定位。

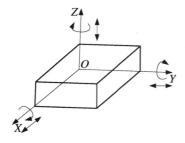

图 1.18　工件的六个自由度

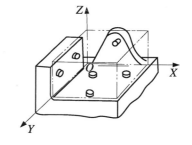

图 1.19　长方体的六点定位

(2) 工件定位的状态

① 完全定位。工件的六个自由度都被限制的定位方式称为完全定位。如图 1.20(a) 所

示,在铣床上铣削工件的沟槽。

② 部分定位。根据工件的加工要求,应限制的自由度少于六个的定位方法称为部分定位,也叫不完全定位。如图1.20(b)所示,在铣床上铣削工件的台阶面,需限制 $\vec{Y}\vec{Z}\hat{X}\hat{Y}\hat{Z}$ 五个自由度;而在图1.20(c)中,铣削工件的平面,只需限制 $\vec{Z}\hat{X}\hat{Y}$ 三个自由度。

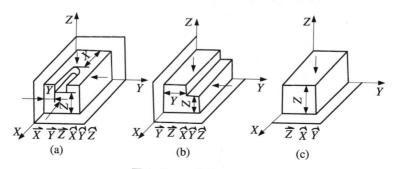

图1.20　工件的定位情况

③ 欠定位。根据工件的加工要求,应该限制的自由度没有被限制的定位方法称为欠定位。欠定位是不允许出现的。如图1.20(a)所示,如果没有限制 X 轴方向的移动自由度,就不能保证沟槽的加工尺寸,属于欠定位状态。

④ 过定位。一个自由度同时由多于一个的定位支承点来限制,这种定位方式称为过定位或重复定位,如图1.21所示,左右两个支承点同时限制 X 方向的移动自由度,这就产生了过定位。

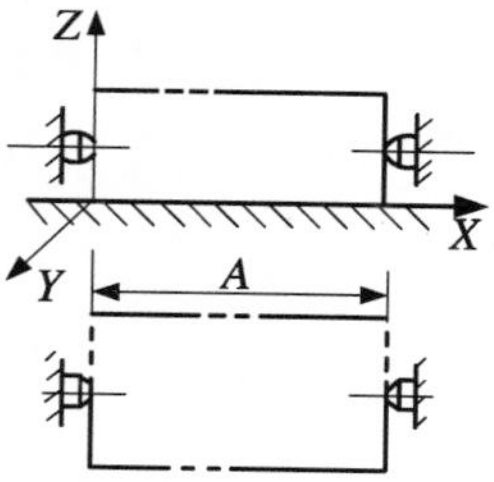

图1.21　工件过定位示例

3. 工件的夹紧

在机械加工过程中,工件将受到切削力、离心力、惯性力及重力等外力的作用。为了保证在这些外力的作用下,工件仍能在夹具中保持正确的加工位置而不致发生振动或位移,一般需要在夹具结构中设计一定的夹紧装置,将工件可靠地夹紧。

(1)夹紧装置的组成和基本要求

① 夹紧装置的组成:

(a)动力装置。即能够产生原始作用力的装置。一般指机动夹紧时所用的气动、液压、电动等装置。如图1.22所示,气缸1为动力装置。

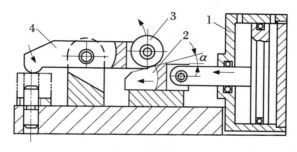

图1.22　夹紧装置的组成
1.气缸；2.斜楔；3.滚子；4.压板

(b)夹紧机构。指接受和传递原始作用力并使之变为夹紧力并完成夹紧动作的机构。

它由中间传力机构和夹紧元件组成。中间传力机构是把原始作用力传递给夹紧元件,然后由夹紧元件最终完成对工件夹紧的机构,它起到改变原始作用力的大小和方向,并可实现一定自锁性能的作用。在图1.22中,斜楔2是中间传力机构,压板4是夹紧元件。

② 夹紧装置的基本要求:

(a) 夹紧力大小应适当,既要保证工件在整个加工过程中不移动和振动,又要使工件不产生过大的夹紧变形。

(b) 夹紧过程中,不能改变工件定位后所占据的正确位置。

(c) 夹紧装置的自动化和复杂程度应与生产类型相适应,在保证生产效率的前提下,其结构要力求简单,便于制造和维修。

(d) 夹紧装置应具有良好的自锁性能,保证原始作用力波动或消失后,仍能保持夹紧状态。

(e) 夹紧装置的操作应方便、安全、省力。

(2) 基本夹紧机构

夹紧机构的种类很多,基本的夹紧机构有斜楔夹紧机构、螺旋夹紧机构以及偏心夹紧机构。

① 斜楔夹紧机构。利用斜面直接或间接夹紧工件的机构称为斜楔夹紧机构,图1.23是几种斜楔夹紧机构。

斜楔夹紧机构具有自锁性好、夹紧行程小、结构简单等优点。但用斜楔直接夹紧工件的夹紧力小,费时费力,所以在实际生产中,一般将斜楔与其他机构组合使用,如图1.23(b)、图1.23(c)所示。

② 螺旋夹紧机构。采用螺旋直接夹紧或采用螺旋与其他元件组合夹紧工件的机构称为螺旋夹紧机构。图1.24为螺旋夹紧机构的基本组成。

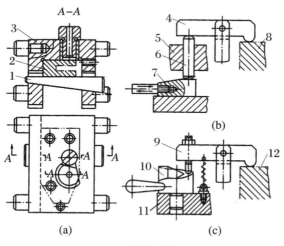

图1.23 斜楔夹紧机构

1,7,10. 斜楔; 2,8,12. 工件; 3,5,11. 夹具体;
4,9. 杠杆; 6. 滑柱

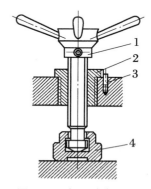

图1.24 螺旋夹紧机构

1. 螺杆; 2. 螺母;
3. 螺钉; 4. 压块

螺旋夹紧机构结构简单,夹紧可靠,通用性和自锁性能好,夹紧力和夹紧行程较大,目前在夹具中得到广泛应用。螺旋夹紧机构是结构形式变化最多的夹紧机构,也是应用最广泛的夹紧机构。在手动夹紧机构中应用较为广泛的有螺旋压板夹紧机构,图1.25(a)、图

1.25(b)为移动压板式螺旋夹紧机构,图 1.25(c)、图 1.25(d)为回转压板式螺旋夹紧机构。

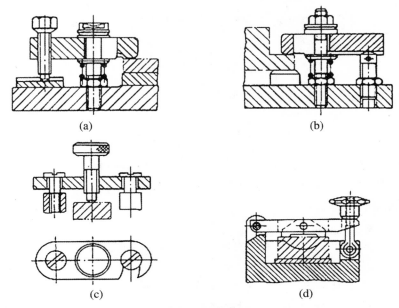

图 1.25　螺旋压板夹紧机构

③ 偏心夹紧机构。用偏心件直接或间接夹紧工件的机构称为偏心夹紧机构。偏心件有圆偏心和曲线偏心两种类型。圆偏心因结构简单、制造容易,在夹具中应用较多。图 1.26 为偏心夹紧机构的几种形式,分别为圆偏心轮、凸轮、偏心轴和偏心叉夹紧机构。

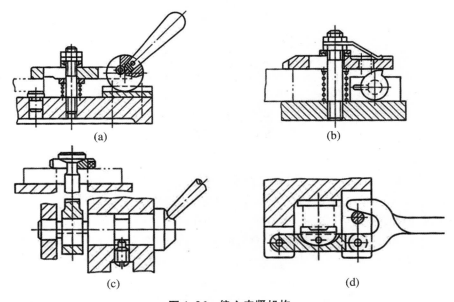

图 1.26　偏心夹紧机构

任务 1.4　确定传动轴的工序内容

1.4.1　构思

拟定好工艺路线后,需要进一步设计工序内容,具体包括加工余量、工序尺寸及公差的确定、机床及工艺装备的选择、切削用量及时间定额确定等内容,而计算和确定每道工序的尺寸和技术要求是工序内容设计的关键。

1. 加工余量的确定

(1) 基本概念

加工余量是指在加工过程中被切去的金属层厚度。加工余量分为工序余量和加工总余量。

① 工序余量。指某一表面在一道工序中被切除的金属层厚度。工序余量有单边余量和双边余量的区分。单边余量用于非对称表面,如图 1.27(a)、(b)所示;双边余量用于对称表面,如图 1.27(c)、(d)所示。

② 加工总余量。指零件从毛坯变为成品时从某一表面所切除的金属层总厚度。加工总余量等于零件上同一表面的毛坯尺寸与设计尺寸之差,也等于该表面各工序余量之和。

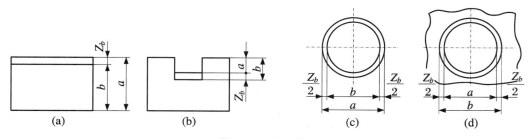

图 1.27　加工余量

(2) 确定方法

加工余量的确定原则是:在保证加工质量的前提下,加工余量越小越好。

① 查表法。根据有关手册提供的加工余量数据,见表 1.13,再结合本厂生产实际情况加以修正后确定加工余量。这是实际生产中常用的方法。

② 经验估计法。是工艺人员根据加工经验确定加工余量的方法。一般为了防止因余量过小而产生废品,所估计的余量往往偏大。常用于单件、小批量生产。

③ 分析计算法。根据理论公式和一定的试验资料,对影响加工余量的各因素进行分析、计算来确定加工余量的方法。该方法较科学,但需要全面的试验资料,目前应用较少。

表 1.13　外圆表面加工余量　　　　　　　（单位：mm）

基本尺寸	直 径 余 量					
	半 精 车		粗 磨		精 磨	
	长 度					
	≤200	>200~400	≤200	>200~400	≤200	>200~400
≤10	0.8	1.0	0.2	0.3	0.1	0.1
>10~18	1.0	1.3	0.2	0.3	0.1	0.1
>18~30	1.3	1.3	0.2	0.3	0.1	0.1
>30~50	1.4	1.5	0.25	0.35	0.15	0.2
>50~80	1.5	1.8	0.3	0.4	0.2	0.2

2. 工序尺寸及其公差的确定

每道工序所应保证的尺寸称为工序尺寸。在确定工序尺寸及公差时，存在工序基准与设计基准重合和不重合两种情况。

（1）基准重合时工序尺寸及其公差的计算

当工序基准与设计基准重合时，工序尺寸及其公差的计算相对来说比较简单，一般采用"倒推法"计算。确定步骤如下：

① 确定该加工表面的总余量，再根据加工路线确定各工序的加工余量。

② 从最终加工工序的设计尺寸开始，逐次加上（对于被包容面）或减去（对于包容面）每道工序的加工余量，分别得到各工序的基本工序尺寸。

③ 除最终工序外，根据各工序加工方法的加工经济精度确定工序尺寸公差。

④ 除最终工序外，其余各工序按"入体原则"标注工序尺寸公差。"入体原则"标注是指：对被包容尺寸（如轴径），上偏差为零，最大尺寸为其基本尺寸；对包容尺寸（如孔径和槽宽），下偏差为零，最小尺寸为其基本尺寸；毛坯尺寸和孔距类尺寸的偏差按"对称偏差"标注。

（2）基准不重合时工序尺寸及其公差的计算

当工序基准与设计基准不重合时，工序尺寸及其公差需要根据工艺尺寸链原理计算。

① 工艺尺寸链的基本概念。

（a）工艺尺寸链的定义。

在零件加工过程中，由相互连接的尺寸形成的封闭尺寸组，称为工艺尺寸链。如图 1.28（a）所示，用零件的表面 A 定位加工表面 B，得尺寸 A_1，再用表面 A 定位加工表面 C，得尺寸 A_2，最后保证尺寸 A_0，这样 A_1、A_2、A_0 就连接成了一个封闭的尺寸组，形成尺寸链。图 1.28（b）为尺寸链图。

（b）工艺尺寸链的组成。

组成工艺尺寸链的各个尺寸称为尺寸链的环。这些环可分为封闭环和组成环。

封闭环：尺寸链中最终间接获得或间接保证精度的那个环。每个尺寸链中必有一个，且只有一个封闭环。

组成环：除封闭环以外的其他环都称为组成环。组成环又分为增环和减环。

增环：若其他组成环不变，某组成环的变动引起封闭环同向变动，则该环为增环。

减环:若其他组成环不变,某组成环的变动引起封闭环反向变动,则该环为减环。

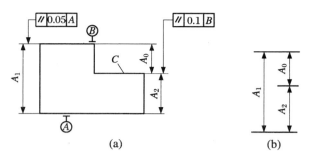

图 1.28　工艺尺寸链示例

工艺尺寸链一般用工艺尺寸链图表示。建立工艺尺寸链时,先对工艺过程和工艺尺寸进行分析,确定间接保证精度的尺寸,并将其定为封闭环,然后再从封闭环出发,按照零件表面尺寸间的联系,依次画出直接获得的尺寸,形成封闭图形,这种尺寸图就是尺寸链图。利用在尺寸链图上画箭头的方法可迅速判断组成环的性质,即从封闭环开始,依次在每一个尺寸上按顺时针或逆时针方向画箭头,凡与封闭环箭头方向相同的环即为减环,而凡与封闭环箭头方向相反的环即为增环。

② 工艺尺寸链计算的基本公式。工艺尺寸链的计算方法有极值法和概率法两种,极值法是工艺生产中常用的方法,这里仅介绍极值法。

(a) 封闭环的基本尺寸:封闭环的基本尺寸等于组成环各尺寸的代数和,即

$$A_0 = \sum_{i=1}^{m} A_i - \sum_{j=m+1}^{n-1} A_j \tag{1.1}$$

式中:A_0——封闭环的基本尺寸;

$\quad\quad A_i$——增环的基本尺寸;

$\quad\quad A_j$——减环的基本尺寸;

$\quad\quad m$——增环的环数;

$\quad\quad n$——包括封闭环在内的尺寸链的总环数。

(b) 封闭环的极限尺寸:封闭环的最大极限尺寸等于所有增环的最大极限尺寸之和减去所有减环的最小极限尺寸之和;封闭环的最小极限尺寸等于所有增环的最小极限尺寸之和减去所有减环的最大极限尺寸之和。即

$$A_{0max} = \sum_{i=1}^{m} A_{imax} - \sum_{j=m+1}^{n-1} A_{jmin} \tag{1.2}$$

$$A_{0min} = \sum_{i=1}^{m} A_{imin} - \sum_{j=m+1}^{n-1} A_{jmax} \tag{1.3}$$

(c) 封闭环的上偏差 ES_0 与下偏差 EI_0:封闭环的上偏差等于所有增环的上偏差之和减去所有减环的下偏差之和,即

$$ES_0 = \sum_{i=1}^{m} ES_i - \sum_{j=m+1}^{n-1} EI_j \tag{1.4}$$

封闭环的下偏差等于所有增环的下偏差之和减去所有减环的上偏差之和,即

$$EI_0 = \sum_{i=1}^{m} EI_i - \sum_{j=m+1}^{n-1} ES_j \tag{1.5}$$

（d）封闭环的公差 T_0：封闭环的公差等于所有组成环公差之和，即

$$T_0 = \sum_{i=1}^{n-1} T_i \tag{1.6}$$

（e）封闭环的中间偏差：封闭环的中间偏差等于所有增环的中间偏差之和减去所有减环的中间偏差之和，即

$$\Delta_0 = \sum_{i=1}^{m} \Delta_i - \sum_{j=m+1}^{n-1} \Delta_j \tag{1.7}$$

（f）通过中间偏差确定封闭环的上偏差 ES_0 与下偏差 EI_0：

$$ES_0 = \Delta_0 + T_0/2 \tag{1.8}$$

$$EI_0 = \Delta_0 - T_0/2 \tag{1.9}$$

（g）计算封闭环的竖式：计算封闭环时还可列竖式进行解算。解算时应用口诀：增环上下偏差照抄；减环上下偏差对调、反号，计算方法见表 1.14。

表 1.14　封闭环竖式计算

环的类型	基本尺寸	上偏差 ES	下偏差 EI
增环 A_1	A_1	ES_1	EI_1
增环 A_2	A_2	ES_2	EI_2
减环 A_3	$-A_3$	$-EI_3$	$-ES_3$
减环 A_4	$-A_4$	$-EI_4$	$-ES_4$
封闭环 A_0	A_0	ES_0	EI_0

③ 工艺尺寸链的计算类型。

（a）正计算：已知各组成环尺寸求封闭环尺寸。这类计算主要用来校验设计尺寸。

（b）反计算：已知封闭环尺寸求各组成环尺寸。由于组成环通常有若干个，所以反计算需将封闭环的公差值按照尺寸大小和精度要求合理地分配给各组成环。这类计算主要用于产品设计。

（c）中间计算：已知封闭环尺寸和部分组成环尺寸求某一组成环尺寸。该方法应用最广，常用于加工过程中基准不重合时计算工序尺寸。

④ 工艺尺寸链的应用。

（a）定位基准与设计基准不重合时工序尺寸的确定。

如图 1.29 所示的零件，A、B 面已加工，$A_1 = 70_{-0.1}^{0}$ mm，现以 A 面定位，加工 C 面，要求保证尺寸 $A_0 = 30_{0}^{+0.25}$ mm，试求工序尺寸 A_2。

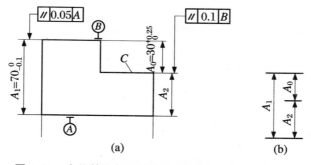

图 1.29　定位基准与设计基准不重合时尺寸链的计算

【解 1】 采用极值法的公式求解。

根据加工情况,画出尺寸链图 1.29(b),确定 A_0 为封闭环,A_1 为增环,A_2 为减环。

由式(1.1)得

$$A_2 = A_1 - A_0 = 70 - 30 = 40\,(\text{mm})$$

由式(1.4)、式(1.5)得

$$ES_2 = EI_1 - EI_0 = (-0.1) - 0 = -0.1\,(\text{mm})$$

$$EI_2 = ES_1 - ES_0 = 0 - (+0.25) = -0.25\,(\text{mm})$$

所以工序尺寸 $A_2 = 40_{-0.25}^{-0.1}$ mm。

【解 2】 采用极值法的竖式求解(见表 1.15)。

表 1.15

环的类型	基本尺寸	上偏差 ES	下偏差 EI
增环 A_1	70	0	-0.1
减环 A_2	(-40)	$(+0.25)$	$(+0.1)$
封闭环 A_0	30	$+0.25$	0

(b) 测量基准与设计基准不重合时工序尺寸的确定。

如图 1.30 所示的零件,设计尺寸 $8_{-0.1}^{0}$ mm 难以直接测量,现通过测量尺寸 A_2 来间接保证尺寸 $8_{-0.1}^{0}$ mm,求 A_2 尺寸。

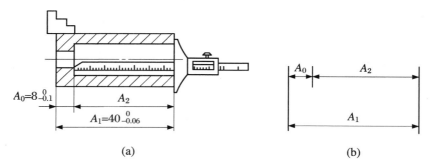

图 1.30 测量基准与设计基准不重合时尺寸链的计算

【解 1】 采用极值法的公式求解。

画出尺寸链图 1.30(b),确定增环 $A_1 = 40_{-0.06}^{0}$ mm,封闭环 $A_0 = 8_{-0.1}^{0}$ mm,求减环尺寸 A_2。

由式(1.1)得

$$A_2 = A_1 - A_0 = 40 - 8 = 32\,(\text{mm})$$

由式(1.4)、式(1.5)得

$$ES_2 = EI_1 - EI_0 = (-0.06) - (-0.1) = +0.04\,(\text{mm})$$

$$EI_2 = ES_1 - ES_0 = 0 - 0 = 0\,(\text{mm})$$

所以尺寸 $A_2 = 32_{0}^{+0.04}$ mm。

【解 2】 采用极值法的竖式求解(见表 1.16)。

表 1.16

环的类型	基本尺寸	上偏差 ES	下偏差 EI
增环 A_1	40	0	− 0.06
减环 A_2	（− 32）	0	（− 0.04）
封闭环 A_0	8	0	− 0.1

注意　仅凭测量尺寸来判断是否合格可能会出现"假废品"问题。例如,实测 $A_2 = 32.05$ mm,仅根据 $A_2 = 32_{0}^{+0.04}$ mm 判断,为废品,但当测得 $A_1 = 40$ mm 时,通过换算得: $A_0 = 7.95$ mm,在 $A_0 = 8_{-0.1}^{0}$ mm 范围内,却是合格品。所以当测量尺寸超差量不超过其他组成环公差之和时,还要换算得出保证尺寸值来进一步判断,避免假废品造成浪费;而当测量尺寸超差量超过其他组成环公差之和时,肯定是废品,就没必要进行尺寸换算了。

（c）工序基准是尚需加工的设计基准时工序尺寸的确定。

如图 1.31 所示的内孔,孔径设计尺寸为 $\phi 50_{0}^{+0.02}$ mm,键槽设计尺寸为 $53.8_{0}^{+0.20}$ mm,内孔及键槽加工工艺过程为:镗内孔至 $D_1 = \phi 49.6_{0}^{+0.06}$ mm→插键槽至尺寸 L_1→热处理→磨内孔至尺寸 $D_2 = \phi 50_{0}^{+0.02}$ mm,并保证键槽尺寸 $H = 53.8_{0}^{+0.20}$ mm。试确定工序尺寸 L_1。

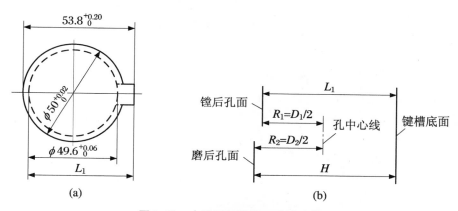

图 1.31　内孔及键槽的尺寸链计算

【解 1】　采用极值法的公式求解。

根据加工顺序,画出尺寸链图 1.31(b),确定 $H = 53.8_{0}^{+0.20}$ mm 为封闭环,$R_2 = D_2/2 = 25_{0}^{+0.01}$ mm 为增环,$R_1 = D_1/2 = 24.8_{0}^{+0.03}$ mm 为减环,求增环 L_1。

由式(1.1)得
$$L_1 = H + R_1 - R_2 = 53.8 + 24.8 - 25 = 53.6 \text{（mm）}$$
由式(1.4)、式(1.5)得
$$ES_{L1} = ES_H + EI_{R1} - ES_{R2} = +0.20 + 0 - (+0.01) = +0.19 \text{（mm）}$$
$$EI_{L1} = EI_H + ES_{R1} - EI_{R2} = 0 + (+0.03) - 0 = +0.03 \text{（mm）}$$
所以尺寸 $L_1 = 53.6_{+0.03}^{+0.19}$ mm。

【解 2】　采用极值法的竖式求解(见表 1.17)。

表 1.17

环的类型	基本尺寸	上偏差 ES	下偏差 EI
增环 L_1	(53.6)	(+0.19)	(+0.03)
增环 R_2	25	+0.01	0
减环 R_1	−24.8	0	−0.03
封闭环 H	53.8	+0.20	0

(d) 保证渗碳层和渗氮层深度的工序尺寸计算。

如图 1.32 所示的内孔,孔径设计尺寸为 $\phi 145^{+0.04}_{0}$ mm,要求渗碳层深度为 $0.3\sim$ 0.5 mm,加工工艺过程是:磨孔至 $D_1 = \phi 144.76^{+0.04}_{0}$ mm→碳化处理,渗层深度为 t_1→精磨孔至 $D_2 = \phi 145^{+0.04}_{0}$ mm,保证渗碳层深度 $t_0 = 0.3\sim 0.5$ mm。求碳化处理的渗层深度 t_1。

图 1.32　保证渗碳层深度的尺寸链计算

【解 1】　采用极值法的公式求解。

根据加工工序,画出尺寸链图 1.32(b),确定 $t_0 = 0.3\sim 0.5 = 0.3^{+0.2}_{0}$ 为封闭环;$A_1 = D_1/2 = \phi 72.38^{+0.02}_{0}$ 为增环,t_1 为增环;$A_2 = D_2/2 = \phi 72.5^{+0.02}_{0}$ 为减环,求解 t_1 尺寸。

由式(1.1)得

$$t_1 = t_0 + A_2 - A_1 = 0.3 + 72.5 - 72.38 = 0.42 \, (\text{mm})$$

由式(1.4)、式(1.5)得

$$ES_{t1} = ES_{t0} + EI_{A2} - ES_{A1} = +0.2 + 0 - (+0.02) = +0.18 \, (\text{mm})$$

$$EI_{t1} = EI_{t0} + ES_{A2} - EI_{A1} = 0 + (+0.02) - 0 = +0.02 \, (\text{mm})$$

所以尺寸 $t_1 = 0.42^{+0.18}_{+0.02}$ mm,即渗碳层深度为 $0.44\sim 0.60$ mm。

【解 2】　采用极值法的竖式求解(见表 1.18)。

表 1.18

环的类型	基本尺寸	上偏差 ES	下偏差 EI
增环 A_1	72.38	+0.02	0
增环 t_1	(0.42)	(+0.18)	(+0.02)
减环 A_2	−72.5	0	−0.02
封闭环 t_0	0.3	+0.2	0

1.4.2　设计

(1) 确定图 1.6 所示减速器传动轴中安装齿轮的轴颈 $\phi 35 \pm 0.008$ mm 的机械加工余

量、工序尺寸及毛坯尺寸。

　　从图纸尺寸精度要求开始,参考外圆表面加工余量表,由精加工到粗加工依次确定各工序余量及工序的经济精度、毛坯总余量及其公差,具体数值见表 1.19 中的第二、三列,最后计算各工序尺寸,结果见表 1.19 中的第四、五列。

表 1.19　$\phi 35 \pm 0.008$ 的机械加工余量、工序尺寸及毛坯尺寸　　　　（单位:mm）

工序名称	工序余量	工序的经济精度	工序基本尺寸	工序尺寸
精磨	0.1	IT6(± 0.008)	35	$\phi 35 \pm 0.008$
粗磨	0.4	IT7($\pm 0.012\,5$)	$35 + 0.1 = 35.1$	$\phi 35.1 \pm 0.012\,5$
半精车	1.5	IT10(± 0.05)	$35.1 + 0.4 = 35.5$	$\phi 35.5 \pm 0.05$
粗车	8	IT12(± 0.125)	$35.5 + 1.5 = 37$	$\phi 37 \pm 0.125$
毛坯	10	± 0.5	$37 + 8 = 45$	$\phi 45 \pm 0.5$

　　考虑到能够满足传动轴最大直径 $\phi 40$ mm 的粗车、半精车加工余量要求,最终确定传动轴的圆钢毛坯尺寸为 $\phi 45$ mm。

　　（2）确定图 1.1 所示传动轴中支撑轴颈 $\phi 38_{-0.025}^{0}$ mm 的机械加工余量、工序尺寸及毛坯尺寸。

1.4.3　实施

1. 组织方式
独立完成或成立小组讨论完成。

2. 实施主要步骤
（1）明确任务,知识准备;

（2）加工余量的确定;

（3）工序尺寸的确定。

1.4.4　运作

　　评价见表 1.20。

表 1.20　任务评价参考表

项目		任务		姓名		完成时间		总分		
序号	评价内容及要求		评价标准	配分	自评(20%)	互评(20%)	师评(60%)	得分		
1	工艺尺寸链的计算			30						
2	加工余量的确定			20						
3	工序尺寸的确定			20						
4	查阅工艺手册熟练程度			10						
5	学习与实施的积极性			10						
6	交流协作情况			10						

1.4.5　知识拓展

1. 机床及工艺装备的选择

机床及工艺装备的选择,不但影响工件的加工精度,还影响工件的生产率和加工成本,应依据以下方面进行选择。

(1) 机床的选择

① 机床精度与工序精度相适应。

② 机床的加工范围与工件的外形尺寸相适应。

③ 机床的生产率与工件的生产类型相适应;选择的机床应与现有加工条件相适应,如设备负荷的平衡状况等。

④ 如果没有适宜的机床供选用,可考虑外协加工、改装旧设备、制造专用机床等。

(2) 工艺装备的选择

① 夹具的选择。单件、小批生产尽量选用通用夹具,大批量生产多采用专用高效夹具。

② 刀具的选择。主要取决于工序的加工方法、工件材料、加工精度、生产率及经济性等。在生产中,优先采用标准刀具。

③ 量具的选择。主要根据产品生产类型和零件的检验精度来选择。单件小批量生产应选用标准的通用量具;大批量生产时,一般应根据所检验的精度要求设计量规等专用量具。轴类零件常用设备及工艺装备见表 1.21。

表 1.21　轴类零件常用设备及工艺装备

机　床	夹　具	刀　具	量　具	辅　具
车床、铣床、磨床、钻床等专用机床等	三爪自定心卡盘、四爪单动卡盘、花盘、鸡心夹头、顶尖、分度头、锥堵、心轴等	车刀、砂轮、中心钻、键槽铣刀等	游标卡尺、千分尺、百分表、光滑极限量规、比较仪等	中心架、跟刀架等

2. 切削用量的确定

合理地确定背吃刀量、进给量、切削速度,既能保证零件加工质量,又能提高生产率和降低加工成本。

(1) 背吃刀量 a_p

根据加工余量确定背吃刀量 a_p。粗车时,除留下半精、精加工余量外,尽可能将粗加工余量一次切削完,当加工余量过大时,考虑到工艺系统刚度和机床的有效功率,分两次或几次切除;半精加工时,如单边余量 $h > 2\ \mathrm{mm}$,则应分两次切除:第一次 $a_p = (2/3 \sim 3/4)h$,第二次 $a_p = (1/3 \sim 1/4)h$,如 $h < 2\ \mathrm{mm}$,可一次切除;精加工时,一次走刀切除全部余量。

(2) 进给量 f

粗加工时,参考表 1.22,从机床说明书中选取最大值;半精加工时,根据表 1.23 确定;精加工时,主要由表面粗糙度确定进给量 f,参考表 1.24,从机床说明书中选取相等的或者低挡相近的进给量。

表 1.22　硬质合金及高速钢车刀粗车外圆和端面时的进给量

加工材料	车刀刀杆尺寸 $B \times H$ (mm×mm)	工作直径 (mm)	背吃刀量 a_p(mm)				
			≤3	>3~5	>5~8	>8~12	12 以上
			进给量 f(mm/r)				
碳素结构钢和合金结构钢	16×25	20	0.3~0.4				
		40	0.4~0.5	0.3~0.4			
		60	0.5~0.7	0.4~0.6	0.3~0.6		
		100	0.6~0.9	0.5~0.7	0.5~0.6	0.4~0.5	
		400	0.8~1.2	0.7~1.0	0.6~0.8	0.5~0.6	0.4~0.5

表 1.23　硬质合金外圆车刀半精车时的进给量

加工材料	表面粗糙度 Ra(μm)	切削速度范围 (m/min)	刀尖圆弧半径		
			0.5	1.0	2.0
			进给量 f(mm/r)		
碳素结构钢和合金结构钢	6.3	≤50	0.30~0.50	0.45~0.60	0.55~0.70
		>80	0.40~0.55	0.55~0.65	0.65~0.70
	3.2	≤50	0.20~0.25	0.25~0.30	0.30~0.40
		>80	0.25~0.30	0.30~0.35	0.35~0.40
	1.6	≤50	0.10~0.11	0.11~0.15	0.15~0.20
		>80	0.10~0.20	0.16~0.25	0.25~0.35

表 1.24　磨削用量参考值

磨削方式	磨削速度 v_c(m/s)	工件切线速度 v_w(m/min)		轴向进给量 f_a(mm/r) 或(mm/单行程)		径向进给量 f_r 即 a_p (mm/单行程)或(mm/双行程)	
		粗磨	精磨	粗磨	精磨	粗磨	精磨
外圆磨削	25~35	20~30	20~60	(0.3~0.7)B	(0.3~0.4)B	0.015~0.05	0.005~0.01
平面磨削	25~35	6~30	15~20	(0.4~0.7)B	(0.2~0.3)B	0.015~0.05	0.005~0.015
内圆磨削	18~30	20~40	20~40	(0.4~0.7)B	(0.25~0.4)B	0.005~0.02	0.0025~0.01

注:1. B 为砂轮的宽度。

2. 表 1.22～表 1.24 完整表见机械工艺手册。

（3）切削速度 v_c

确定背吃刀量 a_p 和进给量 f 之后,根据已知刀具的耐用度 T,由公式求出切削速度 v 或查表选定 v 值:

$$v = \frac{C_v}{T^m a_p^{x_v} f^{y_v}} k_v$$

式中：C_v、x_v、y_v、m_v——系数及指数，可查阅《机械加工工艺手册》；

　　　k_v——切削速度修正系数。

根据 $n = \frac{1\ 000 v}{\pi d}$ 计算主轴转速 n，然后从机床说明书中选择相等或相近较低挡的机床转速 n_s，再根据 $n = \frac{1\ 000 v}{\pi d}$ 算出实际切削速度 v_c。

（4）校验机床功率

查机床说明书，得到实际转速下主轴传递的最大功率 P_E。根据公式确定 P_C。

$$F_c = C_{F_c} a_p^{x_{F_c}} f^{y_{F_c}} v_c^{n_{F_c}} k_{F_c}, \qquad P_C = \frac{F_c v_c}{6 \times 10^4}$$

式中：F_c——主切削力；

　　　C_{F_c}、x_{F_c}、y_{F_c}、n_{F_c}——系数及指数；

　　　k_{F_c}——主切削力修正系数。

如果 $P_C < P_E$，说明机床功率足够。

（5）校验机床进给机构强度

查机床说明书，得到机床纵向进给机构可承受的最大进给力 F_E。根据公式确定实际进给力 F。

轴向切削力：

$$F_f = C_{F_f} a_p^{x_{F_f}} f^{y_{F_f}} v_c^{n_{F_f}} k_{F_f}$$

径向切削力：

$$F_p = C_{F_p} a_p^{x_{F_p}} f^{y_{F_p}} v_c^{n_{F_p}} k_{F_p}$$

则

$$F = F_f + \mu (F_c + F_p)$$

式中：μ——机床导轨与床鞍之间的摩擦因数，$\mu = 0.1$；

　　　C_{F_f}、x_{F_f}、y_{F_f}、n_{F_f}、C_{F_p}、x_{F_p}、y_{F_p}、n_{F_p}——系数及指数；

　　　k_{F_f}、k_{F_p}——轴向切削力及径向切削力修正系数。

如果 $F < F_E$，说明机床进给机构具有足够的强度，保证正常加工，否则需重新选取切削用量。

3. 时间定额的确定

时间定额是在一定的生产条件下制订的生产单件产品（如一个零件）或完成某项工作（如一个工序）所必须消耗的时间。它不仅是衡量劳动生产率的指标，也是安排生产计划、核算生产成本的主要依据，还是新建或扩建场地时确定设备和工人人数的重要依据。完成零件一道工序的时间定额，称为单位时间定额。它由基本时间、辅助时间、布置工作场地时间、自然需要和休息时间、准备与终结时间组成。

（1）基本时间 T_b

指直接改变生产对象的尺寸、形状、相对位置与表面质量或材料特性等工艺过程所消耗的时间。车削的基本时间为

$$T_b = \frac{L_j Z}{n f a_p}$$

式中：L_j——工作行程的计算长度，包括零件加工表面的长度，刀具的切入和切出长度(mm)；

Z——工序余量(mm)；

n——工件每分钟的转速(r/min)；

f——刀具的进给量(mm/r)；

a_p——背吃刀量(min)；

T_b——基本时间(min)。

（2）辅助时间 T_a

指为实现工艺过程所必须进行的各种辅助动作所消耗的时间。它包括开、停机床，装卸工件，改变切削用量，进刀和退刀等所需的时间。

基本时间与辅助时间的总和称为作业时间。它是直接用于制造产品或零、部件所消耗的时间。

（3）布置工作场地时间 T_s

指工人在工作时间内，照管工作地点及保持正常工作状态如更换刀具、润滑机床、清理切屑等耗费的时间。一般按作业时间的 2%～7%估算。

（4）自然需要和休息时间 T_r

指工人在工作时间内为满足生理需要和恢复体力等所消耗的时间。一般按作业时间的 2%～4%计算。

（5）准备与终结时间 T_e

简称为准终时间，指为加工一批产品、零件进行准备和结束工作所消耗的时间。准终时间对一批工件来说只消耗一次，零件批量 n 越大，分摊到每个工件上的准终时间 T_e/n 就越小。因此，单件或成批生产的单件时间 T_c 应为

$$T_c = T_b + T_a + T_s + T_r + T_e/n$$

大批、大量生产中，由于 n 的数值很大，$T_e/n \approx 0$，即可忽略不计，所以大批、大量生产的单件时间 T_c 应为

$$T_c = T_p = T_b + T_a + T_s + T_r$$

任务1.5　填写传动轴的工艺规程文件

1.5.1　构思

机械加工工艺规程是企业用来指导生产的主要技术文件。常用的工艺规程类型有下列几种。

1. 机械加工工艺过程卡

这种卡片以工序为单位，简要地列出零件加工的工艺路线，它是制订其他工艺文件的基础，也是生产准备、编排作业计划和组织生产的依据。一般多用于生产管理，不直接指导工人操作。但在单件小批量生产中，仅以此卡片指导生产。机械加工工艺过程卡片见表1.25。

表 1.25　机械加工工艺过程卡片

（工厂名）	机械加工工艺过程卡片		产品型号		零件图号			共　　页	
			产品名称		零件名称			第　　页	
材料牌号		毛坯种类		毛坯外形尺寸		每台毛坯件数		每台件数	备注
工序号	工序名称	工序内容		车间	工段	设备名称及编号	工艺装备名称及编号		工时
							夹具	刀具	量具	准终	单件
						编制（日期）	审核（日期）	会签（日期）	标准化（日期）	批准（日期）
标记	处数	更改文件号	签字	日期	标记	处数	更改文件号	签字	日期

2. 机械加工工艺卡片

简称工艺卡，是以工序为单位，详细说明工艺过程的一种工艺文件。用来指导工人生产，广泛用于不太复杂零件的成批生产。机械加工工艺卡片见表 1.26。

表 1.26　机械加工工艺卡片

（工厂名）	机械加工工艺卡片	产品名称及型号		零件名称		零件图号			
		材料	名称	毛坯	种类	零件重量(kg)	毛重		第页
			牌号		尺寸		净重		共页
			性能	每料件数		每台件数		每批件数	
工序	安装	工步	工序内容	同时加工零件数	切削用量					设备名称及编号	工艺装备名称及编号			技术等级	工时定额(min)	
					背吃刀量(mm)	切削速度(m/min)	切削速度(r/min或双行程数/min)	进给量(mm/r或mm/min)			夹具	刀具	量具		单件	准备终结
	更改内容															
编制		抄写		校对		审核		批准								

3．机械加工工序卡片

简称工序卡,是针对机械加工工艺过程卡中的一道工序制订的,详细地说明该工序的工序内容及要求。具体用来指导工人生产操作。卡中附有工序简图。一般用于大批量生产和重要零件的成批生产。机械加工工序卡片见表1.27。

表 1.27　机械加工工序卡片

（工厂名）	机械加工工序卡片	产品名称及型号	零件名称	零件图号	工序名称	工序号	第　页
							共　页
			车间	工段	材料名称	材料牌号	力学性能
			同时加工件数	每料件数	技术等级	单件时间（min）	准备—终结时间（min）
			设备名称	设备编号	夹具名称	夹具编号	工作液
（画工序简图处）			更改内容				

工步号	工步内容	计算数据（mm）			切削用量				工时定额（min）			刀具量具及辅助工具				
		直径或长度	进给长度	单边余量	走刀次数	背吃刀量（mm）	进给量（mm/r或mm/min）	切削速度（r/min或双行程数/min）	切削速度（m/min）	基本时间	辅助时间	工作地点服务时间	工步号	名称	规格	编号	数量

编制		抄写		校对		审核		批准	

1.5.2　设计

(1) 编制图1.6所示减速器传动轴的机械加工工艺规程文件。

主要步骤如下:

① 分析零件的工艺性,确定毛坯及热处理。参见1.2.2设计。

② 拟定工艺路线。参见1.3.2设计。

③ 确定工序内容。具体指确定各工序尺寸(参见 1.4.2 设计)、确定各工序机床及工艺装备、确定各工序切削用量、时间定额等。有关内容见表 1.28。

表 1.28　传动轴加工工艺过程

工序号	工序内容	工 序 简 图	定位基准	设备及夹具
1	热轧圆钢毛坯			锯床
2	车端面、钻中心孔		外圆柱面	车床三爪卡盘
3	粗车左端三段外圆,达到图示尺寸	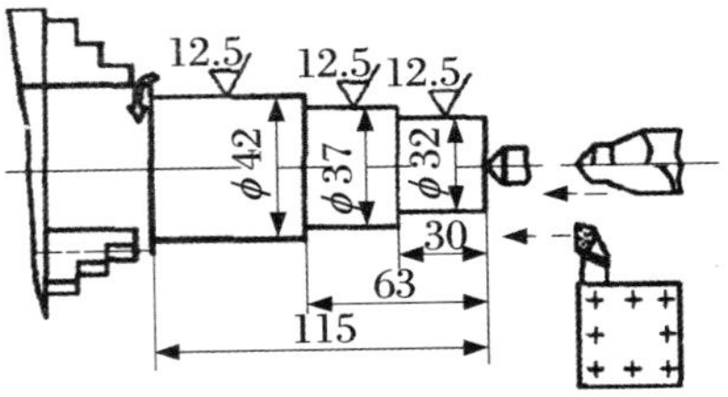	外圆柱面和一中心孔	车床三爪卡盘、顶尖
	调头粗车另一端三段外圆,达到图示尺寸	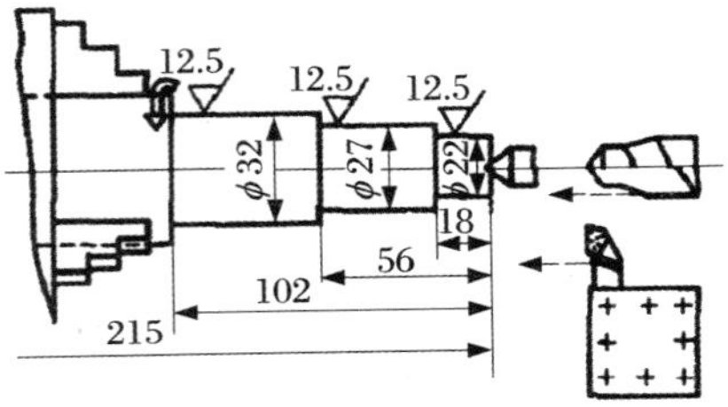		
4	调质处理			
5	修研两中心孔			
6	半精车左端三段外圆,达到图示尺寸,切槽两个 2×0.5 mm,倒角两个 1×45° mm	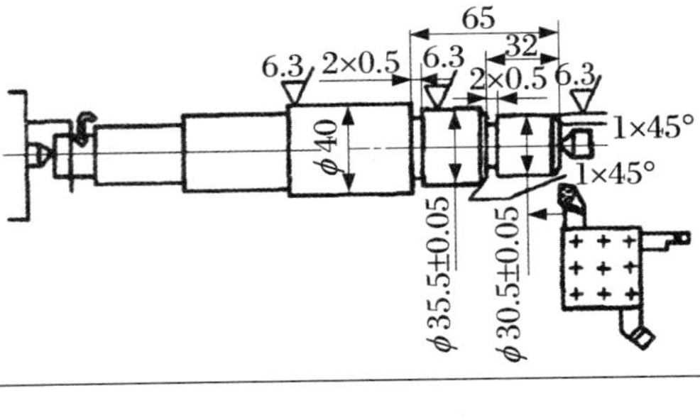	两中心孔	车床双顶尖
	调头半精车另一端三段外圆,切槽三个,倒角三个,分别达到图示尺寸	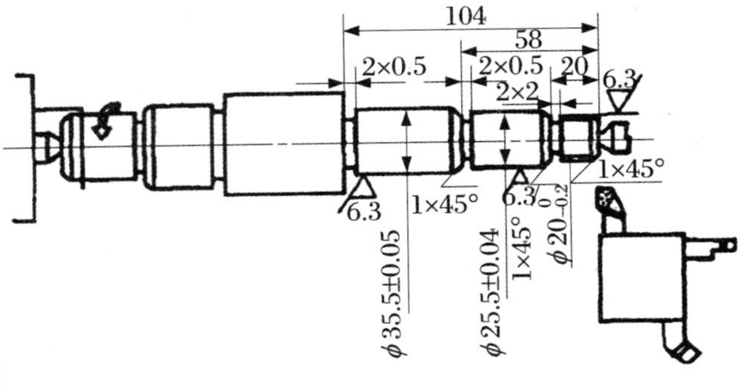		

续表

工序号	工序内容	工 序 简 图	定位基准	设备及夹具
7	车螺纹 M20×1.5 mm		两中心孔	车床双顶尖
8	划键槽加工线			
9	粗精铣两键槽,槽深留出磨削余量0.25 mm,其余尺寸达到图纸要求		外圆柱面和一端面	立铣床平口虎钳
10	修研两中心孔			
11	粗磨外圆 F、N 至尺寸,靠磨轴肩 Q 调头粗磨外圆 E、M 至尺寸,靠磨轴肩 P		两中心孔	外圆磨床双顶尖
12	精磨外圆 F、N 至尺寸,靠磨轴肩 Q 调头精磨外圆 E、M 至尺寸,靠磨轴肩 P		两中心孔	外圆磨床双顶尖
13	使用游标卡尺、千分尺等检测传动轴的主要技术要求			

④ 填写工艺规程文件。减速器传动轴的机械加工工艺过程卡见表 1.29。

(2) 填写图 1.1 所示传动轴的工艺规程文件。

表1.29　减速器传动轴机械加工工艺过程卡片

（某企业） 机械加工工艺过程卡片		产品型号		零件图号		共 2 页		
		产品名称	减速器	零件名称	传动轴	第 1 页		
材料牌号 45	毛坯种类 圆钢	毛坯外形尺寸 φ45 mm×220 mm	每毛坯件数	每台件数 1		备注		
工序号	工序名称	工序内容	车间	工段	设备名称及编号	工艺装备名称及编号 夹具	刀具	量具	工时 准终 单件
1	备料	热轧圆钢毛坯 φ45 mm×220 mm	下料					
2	车	车两端面保证总长 215 mm，钻中心孔	金工		CA6140	三爪卡盘	车刀，中心钻	游标卡尺
3	粗车	粗车左端三段外圆分别至 φ37 mm，φ42 mm，长度留余量 2 mm；调头粗车另一端三段外圆分别至 φ22 mm，φ27 mm，φ32 mm，长度留余量 2 mm	金工		CA6140	三爪卡盘，顶头	硬质合金外圆车刀	游标卡尺
4	热处理	调质处理，硬度达 220~240 HBS	热处理					
5	钳工	修研两端中心孔	钳工					
6	车	半精车左端三段外圆分别至 φ30.5±0.05 mm，φ35.5±0.05 mm，φ40 mm，长度至图纸尺寸，切槽 2×0.5 mm 两个，倒角 1 mm×45° 两个；调头半精车三段外圆分别至 $\phi20_{-0.2}$ mm，φ25.5±0.04 mm，φ35.5±0.05 mm，长度至图纸尺寸，切槽 2×0.5 mm 两个，2×2 mm 一个，倒角 1 mm×45° 三个	金工		CA6140	顶头	硬质合金外圆车刀	游标卡尺
7	车	车螺纹 M20×1.5 mm	金工		CA6140	顶头	螺纹车刀	螺纹卡规
					编制（日期）	审核（日期）	会签（日期）	标准化（日期）	批准（日期）
标记	处数	更改文件号	签字	日期	标记	处数	更改文件号	签字	日期

续表

（某企业）	机械加工工艺过程卡片		产品型号		零件图号		共 2 页		
			产品名称	减速器	零件名称	传动轴	第 2 页		
材料牌号 45	毛坯种类 圆钢	毛坯外形尺寸 φ45 mm×220 mm	每台毛坯件数 1		每台件数 1				
工序号	工序名称	工序内容	车间	工段	设备名称及编号	工艺装备名称及编号			备注
						夹具	刀具	量具	
8	钳工	划键槽加工线	金工						
9	铣	粗精铣两键槽，槽深留出磨削余量0.25 mm，其余尺寸达图纸要求	金工		X5032	平口虎钳	键槽铣刀	游标卡尺	
10	钳工	修研两中心孔	金工						
11	粗磨	粗磨外圆 F 保证左端（φ30.1±0.010 5）mm×22 mm,右端（φ30.1$_{-0.022}^{-0.020}$）mm×22 mm,粗磨外圆 N 至 φ25.1$_{-0.021}^{0}$,靠磨轴肩 Q;调头粗磨外圆 E,M 分别至 φ30.1±0.010 5 mm,φ35.1±0.012 5 mm,靠磨轴肩 P	金工		M1432A	顶尖	砂轮	外径千分尺	
12	磨	精磨外圆 F,N 至图纸尺寸,靠磨轴肩 Q;调头精磨外圆 E,M 至图纸尺寸,靠磨轴肩 P	金工		M1432A	顶尖	砂轮	外径千分尺	
13	检验	按图纸要求检验	金工						

			工时		
			准终		单件

			编制（日期）	审核（日期）	会签（日期）	标准化（日期）	批准（日期）

标记	处数	更改文件号	签字	日期	标记	处数	更改文件号	签字	日期

1.5.3　实施

1. 组织方式

独立完成或成立小组讨论完成。

2. 实施主要步骤

（1）明确任务，知识准备；

（2）填写工艺规程文件。

1.5.4　运作

评价见表 1.30。

表 1.30　任务评价参考表

项目		任务		姓名		完成时间		总分	
序号	评价内容及要求		评价标准	配分	自评(20%)	互评(20%)	师评(60%)	得分
1	机械加工工艺过程卡片编制			20				
2	机械加工工艺卡片编制			20				
3	机械加工工序卡片编制			30				
4	查阅资料能力			10				
5	学习与实施的积极性			10				
6	交流协作情况			10				

1.5.5　知识拓展

1. 提高机械加工生产率的工艺措施

劳动生产率是指工人在单位时间内生产的合格产品数量或者生产单件产品所消耗的劳动时间。劳动生产率的表现形式有时间定额和产量定额两种。企业一般采用时间定额来反映劳动生产率。下面主要从减少时间定额方面说明提高劳动生产率的工艺措施。

（1）缩短基本时间

① 提高切削用量。通过增大切削速度、进给量和背吃刀量来缩短基本时间，是机械加工中广泛采用的措施。近年来国际上出现的新型刀具材料和各种高性能机床，可使切削用量得到很大的提高。目前，高速切削速度可达 1 000 m/min，最高滚切速度已超过 300 m/min，切削深度达 20 mm 以上。

② 缩短切削行程长度。利用几把刀具或复合刀具同时加工工件的同一表面或几个表面，或者利用宽刃刀具、成形刀具作横向进给同时加工多个表面，有效减少每把刀的切削行程长度。图 1.33 为转塔车床多刀加工。

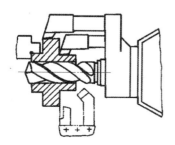

图 1.33　转塔车床多刀加工

③ 采用多件加工。如图1.34所示,多件加工有顺序多件加工、平行多件加工和平行顺序多件加工三种形式。

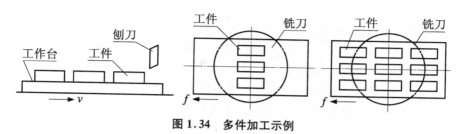

图1.34　多件加工示例

（2）缩短辅助时间

辅助时间在单件时间内占用较大的比例,通常为50%以上,采取措施缩短基本时间后,再缩短辅助时间,会更有效地提高劳动生产率。缩短辅助时间的具体措施有:

① 采用先进高效的机床夹具。通过采用液动、气动快速夹紧装置或柔性组合夹具等,保证加工质量,大大节省装卸和找正工件的时间。

② 使辅助时间与基本时间重合。采用回转工作台和转位夹具,实现多工位加工,在切削加工的同时装卸工件,使辅助时间与基本时间重合。图1.35为应用示例。

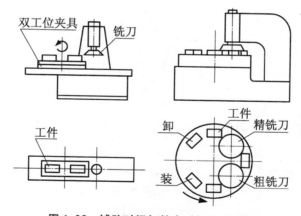

图1.35　辅助时间与基本时间重合示例

③ 采用主动测量或数字显示自动测量装置。在加工过程中测量工件,既节省了停机测量时间,又可实现测量结果对机床加工自动补偿调整功能。

（3）缩短布置工作场地时间

采用各种快换刀夹具、专用对刀样板、刀具微调装置以及自动换刀装置等,减少刀具的装卸、对刀时间;通过提高刀具、砂轮的耐用度及改进刀具的装夹、调整方法,来减少换刀和调刀时间,有效减少布置工作场地时间。

（4）缩短准备与终结时间

除了扩大零件的批量和减少调整机床、夹具与刀具的时间外,还可以采用如数控机床、液压仿形机床、加工中心等易于调整的先进加工设备,以缩短产品准备与终结时间。

2. 工艺成本及计算

（1）生产成本和工艺成本

生产成本是指制造一个零件或一件产品所消耗的总费用。生产成本包括两类费用,一类是与工艺过程有关的费用,即工艺成本;另一类是与工艺过程无关的费用,如厂房的折旧费、行政人员的开支等。评价工艺方案的经济性,只需分析工艺成本。

工艺成本包括可变成本和不变成本两部分。

① 可变成本:与零件年产量直接有关,并随之成正比例变化的费用。一般包括材料或毛坯费用、操作工人工资、机床电费、通用机床的折旧费和维修费、通用工艺装备的折旧费和维修费等。

② 不变成本:与零件年产量无直接关系的费用。它包括专用机床的折旧费和维修费、专用工艺装备的折旧费和维修费、调整工人的工资等。

（2）工艺成本的计算

工艺成本有全年工艺成本和单件工艺成本两种计算方式。

全年工艺成本

$$E = VN + S \quad （元／年）$$

单件工艺成本

$$E_d = V + S/N \quad （元／件）$$

式中:V——工艺成本中单件可变成本(元/件);

S——工艺成本中年度不变成本(元/年);

N——年产量(件/年)。

项 目 作 业

1. 什么是生产过程、工艺过程、工艺规程? 工艺规程在生产中有何作用?

2. 在机械加工工艺过程中,工序、安装、工位、工步及走刀是如何规定的?

3. 什么是零件的结构工艺性?

4. 什么是基准? 基准是如何分类的? 精基准、粗基准的选择原则有哪些?

5. 试述在零件加工过程中,划分加工阶段的目的和原则。

6. 什么是劳动生产率? 提高机械加工生产率的工艺措施有哪些?

7. 什么是时间定额? 批量生产和大量生产时的时间定额分别怎样计算?

8. 如图 1.36 所示的零件加工,要求保证内外圆同轴,端面与孔中心线垂直,非加工面与加工面间壁厚均匀,试选择各零件加工的粗基准、精基准。

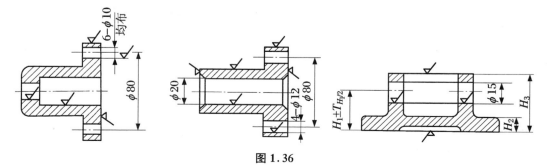

图 1.36

9. 在图 1.37 所示的尺寸链中，A_0、B_0、C_0、D_0 是封闭环，试判断哪些是增环？哪些是减环？

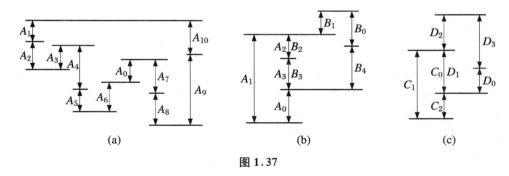

图 1.37

10. 某轴的毛坯为热轧棒料，大量生产的工艺路线为粗车—精车—淬火—粗磨—精磨，外圆设计尺寸为 $\phi 30_{-0.013}^{\ 0}$ mm，已知各工序的加工余量和经济精度，试确定各工序尺寸、毛坯尺寸及加工余量，并填入表 1.31 中。

表 1.31

工序名称	工序余量	经济精度	工序尺寸	工序名称	工序余量	经济精度	工序尺寸
精磨	0.1	0.013(IT6)		粗车	6	0.21(IT12)	
粗磨	0.4	0.033(IT8)		毛坯尺寸		±1.2	
精车	1.5	0.084(IT10)					

11. 如图 1.38 所示零件除 $\phi 25H7$ mm 孔外，其他各表面均已加工。试求以 A 面定位加工 $\phi 25H7$ mm 孔的工序尺寸。

12. 如图 1.39 所示轴套零件的轴向尺寸。其外圆、内孔及端面均已加工。试求以 A 面定位加工 $\phi 10$ mm 孔的工序尺寸。

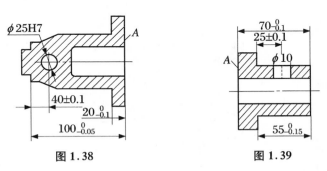

图 1.38　　　　　　　　　　图 1.39

13. 如图 1.40 所示轴截面图，要求保证轴径尺寸 $\phi 28_{+0.008}^{+0.024}$ mm 和键槽深 $t = 4_{\ 0}^{+0.16}$ mm。其加工顺序是：① 车外圆至 $\phi 28.5_{-0.10}^{\ 0}$ mm；② 铣键槽至尺寸 H；③ 热处理；④ 磨外圆至尺寸 $\phi 28_{+0.008}^{+0.024}$ mm。试确定工序尺寸 H。

14. 如图 1.41 所示零件，因设计尺寸 10 ± 0.1 mm 难以测量，现欲通过测量尺寸 L 来间接保证此尺寸，试确定 L 尺寸。

15. 如图 1.42 所示销轴零件，要求电镀，镀层厚度为 $0.015 \sim 0.025$ mm。先后加工工序依次是车、粗磨、精磨、电镀。试确定精磨工序尺寸。

16. 如图 1.43 所示偏心轴零件的 A 表面需进行渗碳处理,渗碳层深度要求为 0.3～0.5 mm。其加工工艺过程为:① 精车 A 面保证尺寸 $\phi38.4_{-0.1}^{0}$ mm;② 渗碳处理,控制渗碳层深度 t;③ 精磨 A 面至尺寸 $\phi38_{-0.016}^{0}$ mm,保证渗碳层深度达到规定要求。试确定渗碳处理的渗层深度 t。

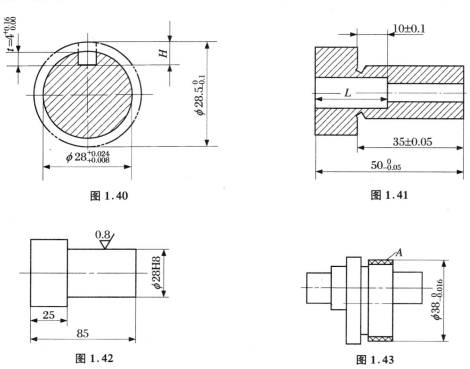

图 1.40　　　　　　　　　　　　　　　图 1.41

图 1.42　　　　　　　　　　　　　　　图 1.43

17. 如图 1.44 所示为某机床的挂轮轴零件图,按批量生产,请编制其机械加工工艺规程。

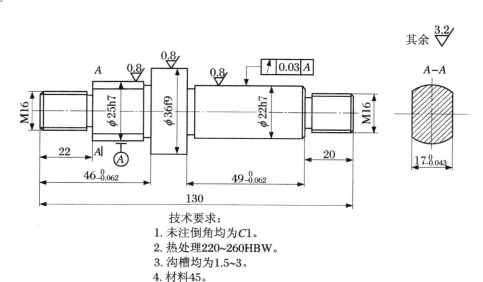

技术要求:
1. 未注倒角均为 $C1$。
2. 热处理 220~260HBW。
3. 沟槽均为 1.5~3。
4. 材料 45。

图 1.44

项目 2　套筒类零件加工工艺规程编制

分析图 2.1 滑动轴承套的加工工艺,完成任务要求。

已知该轴承套生产数量为 200 件,零件材料为 $ZCuSn_6Zn_6Pb_3$。

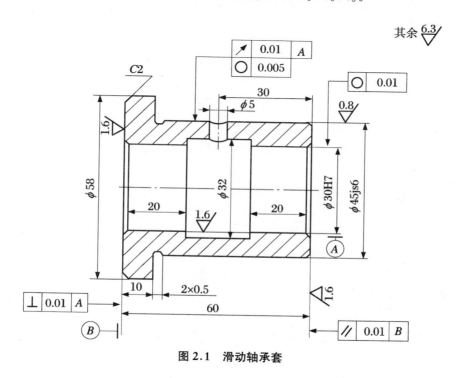

图 2.1　滑动轴承套

任务 2.1　分析轴承套零件图的工艺要求

2.1.1　构思

1. 套筒类零件的功用与结构特点

套筒类零件是机械中常见的一种零件,通常起支承或导向作用。它的应用范围很广,常见的套筒类零件有支承回转轴的各种形式的滑动轴承套、夹具中的钻套、内燃机汽缸套、液压系统中的液压缸等,图 2.2 为常见套筒类零件。

由于它们功用不同,套筒类零件的结构和尺寸有着很大的差别,但结构上仍有共同特点:零件的主要表面为同轴度要求较高的内外旋转表面、零件壁的厚度较薄易变形、零件长度一般大于直径(长径比大于 5 的深孔比较多)等。

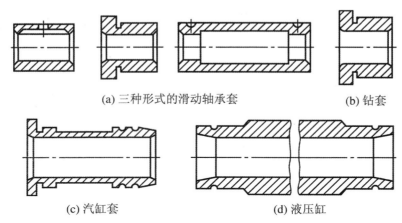

　　　　(a) 三种形式的滑动轴承套　　　　　　　　(b) 钻套

　　　　　(c) 汽缸套　　　　　　　　　　　(d) 液压缸

图 2.2　常见套筒类零件

2. 套筒类零件的技术要求

套筒类零件的主要表面是内孔和外圆,其主要技术要求如下。

(1) 内孔的技术要求

孔是套筒零件起支承或导向作用最主要的表面。孔的直径尺寸精度一般为 IT7,精密轴套取 IT6;由于与气缸和液压缸相配的活塞上有密封圈,要求较低,通常取 IT9。孔的形状精度应控制在孔径公差以内,一些精密套筒控制在孔径公差的 1/2～1/3。对于长套筒,除了圆度要求以外,还应有圆柱度要求。为了保证零件的功用和提高其耐磨性,孔的表面粗糙度 Ra 值为 2.5～0.16 μm,要求高的表面粗糙度 Ra 值达 0.04 μm。

(2) 外圆表面的技术要求

外圆是套筒的支承面,常采用过盈配合或过渡配合同箱体或机架上的孔相连接。外径尺寸精度通常取 IT6～IT7,形状精度控制在外径公差以内,表面粗糙度 Ra 值为 5～0.63 μm。

(3) 内孔与外圆轴线的同轴度要求

若孔的最终加工方法是通过将套筒装入机座后合件进行加工的,其套筒内、外圆间的同轴度要求可以低一些;若最终加工是在装入机座前完成,则同轴度要求较高,一般为 0.01～0.05 mm。

(4) 孔轴线与端面的垂直度要求

套筒的端面(包括凸缘端面)若在工作中承受轴向载荷,或虽不承受载荷,但在装配或加工中作为定位基准时,端面与孔轴线的垂直度要求较高,一般为 0.01～0.05 mm。

3. 套筒类零件的材料、毛坯及热处理

(1) 材料

套筒零件一般用钢、铸铁、青铜或黄铜制成。有些滑动轴承采用双金属结构,以离心铸造法在钢或铸铁套筒内壁上浇铸巴氏合金等轴承合金材料,既可节省贵重的有色金属,又能提高轴承的寿命。对于一些强度和硬度要求较高的套筒(如镗床主轴套筒、伺服阀套),可选用优质合金钢(38CrMnAlA、18CrNiWA)。

（2）毛坯

套筒的毛坯选择与其材料、结构、尺寸及生产批量有关。孔径小的套筒一般选择热轧或冷拉棒料，也可采用实心铸件；孔径较大的套筒常选择无缝钢管或带孔的铸件和锻件。大批量生产时，采用冷挤压和粉末冶金等先进毛坯制造工艺，既可节约用材，又可提高毛坯精度及生产率。

（3）热处理

套筒类零件热处理工序应安排在粗、精加工之间，这样可使热处理变形在精加工时得到纠正。一般套筒类零件经热处理后变形较大，因此，精加工的余量应适当增大。

套筒类零件常用材料、毛坯及热处理见表2.1。

表2.1 套筒类零件常用材料、毛坯及热处理

材　料	钢、铸铁、青铜、黄铜等		
热　处　理	调质、正火等		
毛坯	条件	直径小的套类（或毛坯内孔直径小于 $\phi20$ mm）零件	直径较大的套类零件	大批量生产或孔径较大、长度较长的轴套类零件
	毛坯种类	圆钢料、铜棒料	铸件、锻件	无缝钢管、带孔的铸件、锻件等

2.1.2 设计

（1）分析图2.3所示零件的工艺性，并选择该零件的材料、毛坯及热处理方式。

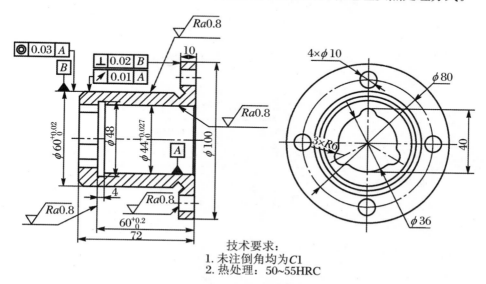

图2.3 轴套零件图

技术要求：
1. 未注倒角均为C1
2. 热处理：50~55HRC

① 结构工艺性分析。

图2.3所示的轴套属于短套筒零件，零件直径尺寸差异较大，零件壁薄容易变形。

② 技术要求分析。

（a）加工精度分析。

　　轴套组成的表面有外圆,内孔,型孔,大、小端面,台阶面,退刀槽,内、外倒角; $\phi 60^{+0.02}_{0}$ mm 外圆对 $\phi 44^{+0.027}_{0}$ mm 内孔的同轴度公差为 0.03 mm, $\phi 60^{+0.02}_{0}$ mm 外圆对 $\phi 44^{+0.027}_{0}$ mm 内孔的径向圆跳动公差为 0.01 mm,两者表面粗糙度均为 $Ra 0.8\ \mu$m;台阶面对 $\phi 60^{+0.02}_{0}$ mm 外圆轴线的垂直度公差为 0.02 mm,台阶面表面粗糙度为 $Ra 0.8\ \mu$m。加工精度要求较高。

　　(b) 材料、热处理要求分析。

　　零件生产类型为中批量生产,热处理硬度为 50～55 HRC,硬度要求较高。

　　③ 毛坯及热处理的确定。

　　考虑该轴套的使用场合及硬度要求,本例轴套的材料采用 45 钢,毛坯用模锻件。经淬火热处理后可达到要求硬度值。

　　(2) 完成图 2.1 所示滑动轴承套的工艺性分析。

2.1.3　实施

1. 组织方式
独立完成或成立小组讨论完成。

2. 实施主要步骤
(1) 明确任务,知识准备;

(2) 图样分析;

(3) 工艺性分析;

(4) 确定材料、毛坯及热处理方式。

2.1.4　运作

评价见表 2.2。

表 2.2　任务评价参考表

项目		任务		姓名		完成时间		总分	
序号	评价内容及要求		评价标准		配分	自评(20%)	互评(20%)	师评(60%)	得分
1	识图能力				10				
2	知识理解				10				
3	工艺性分析				20				
4	材料的确定				10				
5	毛坯的确定				10				
6	热处理方式的确定				10				
7	学习与实施的积极性				10				
8	交流协作情况				10				
9	创新表现				10				

2.1.5　知识拓展

零件的加工质量是由加工精度和表面质量两方面所决定的。

1. 机械加工精度

（1）加工精度与加工误差

机械加工精度是指零件加工后的实际几何参数（尺寸、形状和位置）与理想几何参数的符合程度。实际加工不可能把零件做的与理想零件完全一致，总会有大小不同的偏差，零件加工后的实际几何参数对理想几何参数的偏离程度，称为加工误差。

零件的加工精度包括：尺寸精度（表面本身的尺寸及表面间的位置尺寸）、形状精度和位置关系精度三个方面。加工精度在数值上一般通过加工误差值的大小来表示，误差愈小则加工精度愈高。

研究机械加工精度的目的是了解机械加工工艺的基本理论，分析各种工艺因素对加工精度的影响及其规律，从而找出减小加工误差、提高加工精度和效率的工艺途径。

研究机械加工精度的方法主要有分析计算法和统计分析法。分析计算法是在掌握各原始误差对加工精度影响规律的基础上，分析工件加工中所出现的误差可能是哪一个或哪几个主要原始误差所引起的（即单因素分析或多因素分析），并找出原始误差与加工误差之间的影响关系，进而通过估算来确定工件的加工误差的大小，再通过试验测试来加以验证。统计分析法是对具体加工条件下加工得到的几何参数进行实际测量，然后运用数理统计学方法对这些测试数据进行分析处理，找出工件加工误差的规律和性质，进而控制加工质量。分析计算法主要是在对单项原始误差进行分析计算的基础上进行的，统计分析法则是在对有关的原始误差进行综合分析的基础上进行的。

上述两种方法常常结合起来使用，可先用统计分析法寻找加工误差产生的规律，初步判断产生加工误差的可能原因，然后运用计算分析法进行分析、试验，找出影响工件加工精度的主要原因。

（2）加工误差产生原因

零件的尺寸、几何形状和表面间位置关系的形成，主要取决于工件和切削工具在切削过程中的相互位置和一定的相对运动。机械加工中，由机床、夹具、刀具和工件等组成的统一体，称为工艺系统。这个系统各个环节的误差都和加工误差有紧密的关系。

工艺系统的误差，一方面是系统各环节本身及其相互间的几何关系、运动关系与调整测量等因素的误差；另一方面是加工过程中因负载（如受力变形、受热变形等）使系统偏离其理论状态而产生的误差。

工艺系统的原始误差又可以根据与工艺的相关性分为两大类。第一类是与工艺系统初始状态有关的原始误差，可简称为"静误差"。属于这一类的有工件相对于刀具处于静止状态下就已存在的原理误差、工件定位误差、调整误差、夹具误差、刀具误差等，以及刀具相对于工件在运动状态下就已存在的机床主轴回转误差、机床导轨导向误差、机床传动链的传动误差等。第二类是与工艺过程有关的原始误差，可简称为"动误差"。属于这一类的有工艺系统受力变形、工艺系统受热变形、加工过程中刀具磨损、测量误差及可能出现的因内应力而引起的变形等。

加工过程中可能出现的各种原始误差归纳如下：

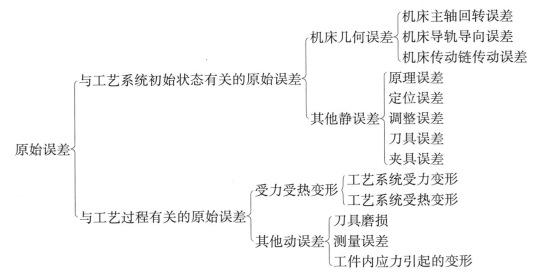

（3）加工原理误差

加工原理误差是指采用了近似加工法加工而产生的误差。近似加工法最常遇到的是采用近似的加工运动或近似的切削工具轮廓两种形式。

在某些比较复杂的型面上加工时，为了简化机床设备或切削工具的结构，常采用近似加工方法。一般在型面加工时才采用近似加工法。由于近似加工法比较简单，只要理论误差不大，采用近似加工法就可大大提高生产率和经济性。

（4）工艺系统的几何误差

工艺系统中各组成环节的实际几何参数和位置相对于理想几何参数和位置发生偏离而引起的误差，统称为工艺系统的几何误差。主要包括机床几何误差、切削工具误差、夹具误差等。

① 机床几何误差。

机床的制造误差、安装误差以及使用中的磨损，都直接影响工件的加工精度。其中主要是机床主轴回转运动、机床导轨直线运功和机床传动链的误差。

（a）主轴回转运动误差。

主轴的回转误差，是指主轴实际的回转轴线相对于理论轴线的漂移。由于主轴存在着轴颈的圆度误差、轴颈间的同轴度误差，以及轴承的各种误差、轴承孔的误差、本体上轴承孔间的同轴度误差等，这些误差都要影响主轴轴心线的位置。在加工过程中，还要受到各种力及温度等多种因素的影响，造成主轴回转轴线的空间位置发生周期性的变化，从而使轴线漂移。

机床主轴的回转运动误差，直接影响被加工工件的加工精度，尤其是在精加工时，机床主轴的回转误差往往是影响工件圆度误差的主要因素，如坐标机床、精密车床和精密磨床，都要求主轴有较高的回转精度。

主轴回转误差一般可分三种基本形式，即径向跳动、角度摆动和轴向窜动。如图 2.4 所示。

（b）机床导轨误差。

导轨是机床各部件运动的基准，机床的直线运动精度主要取决于机床导轨的精度。为了控制导轨的误差，就需要控制导轨在垂直平面内的直线度、导轨在水平平面内的直线度、

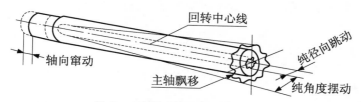

图 2.4 主轴回转误差的基本形式

前后导轨的平行度、导轨与主轴回转轴线的平行度。导轨的直线度主要影响工具切削刃的轨迹,从而影响加工误差。另外,导轨间的不平行度(扭曲)误差,也影响刀架和工件之间的相对位置而引起加工误差,如图 2.5 所示。

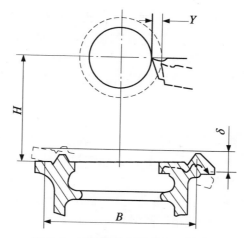

图 2.5 导轨扭曲引起的加工误差

(c) 传动链误差。

所谓传动链的传动误差,是指内联系的传动链中首末两端传动元件之间相对运动的误差。它是按展成原理加工工件(如螺纹、齿轮、蜗轮以及其他零件)时影响加工精度的主要因素。

在某些加工过程中,成形运动有一定的速度关系,如齿轮的齿形与螺纹等表面的加工。切削工具和工件之间的运动关系,通常是通过机床的传动链来保证的。因此,传动系统的误差将对工件的加工误差产生直接的影响。

为了提高传动精度,一般在工艺上常采取下列措施:

ⅰ. 缩短传动链,以减少传动件个数,减少误差环节;

ⅱ. 提高传动件的制造精度,特别是末端传动件的精度,对加工误差的影响较大;

ⅲ. 提高传动件的装配精度,特别是末端传动件的装配精度,以减少因几何偏心而引起的周期误差;

ⅳ. 传动采用降速传动,以缩小传动误差对加工精度的影响。

另外,为了加工高精度的工件,常采用误差补偿的办法来提高机床的传动精度。补偿装置可采用计算机控制的自动补偿装置,以校正机床的静态和动态传动误差。

② 切削工具误差。

切削工具的误差包括制造误差和加工过程中的磨损。它对工件加工精度的影响,由于切削工具的不同,其影响也有不同。在下列情况下,要直接影响加工精度。

(a) 定尺寸切削工具。

定尺寸切削工具如钻头、铰刀、孔拉刀和键槽铣刀等,在加工时,切削工具的尺寸和形状精度要直接影响工件的尺寸和形状精度。

(b) 定型切削工具。

定型切削工具如成形车刀、成形铣刀、成形砂轮等,在加工时,切削工具的形状,要直接反映到工件的表面上去,从而影响工件的形状精度。

对于一般切削工具,如普通车刀、镗刀和铣刀等,其制造精度对加工误差无直接影响。但如果切削工具的几何参数或材料选择不当,将影响切削工具急剧磨损,也会间接地影响加工精度。

在切削过程中,切削工具不可避免地要产生磨损,使原有的尺寸和形状发生变化,从而引起加工误差。对加工精度的影响主要是在加工表面法向上的磨损量。磨损量的大小,直接引起工件尺寸的改变。为了减少切削工具对加工精度的影响,还应根据工件的材料及加工要求,合理地选择切削工具的材料并合理地选择切削用量,以减小切削工具的磨损量。

③ 夹具的几何误差。

夹具是用以使工件在机床上安装时,相对于切削工具有正确的相对位置,因此,夹具的制造误差以及在使用过程中的磨损,会对工件的位置尺寸和位置关系的精度有比较大的影响。

夹具上的定位元件、切削工具的引导件、分度机构以及夹具体等的制造误差,都会影响工件的加工精度。对于因夹具制造精度而引起的加工误差,在设计夹具时,应根据工序公差的要求,予以分析和计算。

夹具在使用过程中要磨损,这也会对工件的加工精度有影响。因此,在设计夹具时,对于容易磨损的元件,如定位元件与导向元件等,均应采用较为耐磨的材料进行制造。同时,当磨损到一定程度时,应及时地进行更换。

(5) 工艺系统受力变形引起的误差

工艺系统在切削力、夹紧力、重力、惯性力等作用下会产生变形,从而破坏了已调整好的工艺系统各组成部分的相互位置关系,导致加工误差的产生,并影响加工过程的稳定性。

(6) 工艺系统受热变形引起的误差

引起工艺系统热变形的热源大概分为两类:内部热源和外部热源。内部热源包括切削热和摩擦热;外部热源包括环境温度和辐射热。切削热和摩擦热是工艺系统的主要热源。

工艺系统受各种热源的影响,温度会逐渐升高,使工艺系统产生热变形。工具、刀具、夹具在切削热的影响下同样会产生热变形,从而产生加工误差。

2. 机械加工表面质量

任何机械加工方法所获得的加工表面都不可能是绝对理想的表面,总存在着表面粗糙度、表面波度等微观几何形状误差。表面层的材料在加工时还会产生物理、力学性能变化,以及在某些情况下会产生化学性质的变化。表面质量的含义有两方面内容。

(1) 表面的几何特征

① 表面粗糙度。指加工表面的微观形状误差,主要是由切削工具的形状和在切削过程

中产生的塑性变形等因素引起的。

②　表面波度。机械加工的波度主要是由切削过程中的振动所引起的。波度尚无评定标准。

（2）表面层的物理、机械性能

表面层的物理、机械性能包括下列三方面的内容。

①　表面层的冷作硬化。

②　表面层的金相组织变化。加工过程中，表面层出现温度升高，当温升超过相变临界点时，就会产生组织变化。评定办法是采用金相组织显微镜观测。

③　表面层的残余应力。在切削过程中，由于塑性变形和相变，在表面处产生内应力，可能是压缩应力，也可能是拉伸应力。目前，对残余应力只能判定其性质（是拉或压应力），其数值大小尚无法评定。

任务 2.2　　拟定轴承套的加工工艺路线

2.2.1　构思

1. 套筒类零件定位基准及装夹方法的选择

（1）定位基准的选择

①　粗基准的选择。一般都选择外圆表面作为粗基准，有些零件有较大或较精确的内孔，也可选择内孔作粗基准，使孔的加工余量均匀。

②　精基准的选择。一般内圆作为精基准，也可外圆作为精基准或以内外圆表面互为精基准。

（2）装夹方法的选择

根据长径比的大小，套筒类零件分为长套筒和短套筒两类。由技术要求可知，对于套筒类零件的加工，需要保证位置精度以及防止加工中的变形。其主要位置精度是内外表面之间的同轴度及端面与孔轴线间的垂直度要求。长套筒和短套筒零件的装夹方法不同，为保证精度要求，通常采用下列方法。

①　在一次装夹中完成内孔、外圆表面及端面的全部加工。

适宜尺寸较小套筒零件的加工，此时，常用三爪卡盘或四爪卡盘装夹工件，分别如图 2.6(a)、(b)所示。这种安装方法可消除工件的装夹误差，保证零件内孔与外圆的同轴度及端面与内孔轴线的垂直度，获得很高的相对位置精度，但是，这种方法的工序比较集中，对尺寸较大（尤其是长径比较大）的套筒安装不方便。对于带凸缘的短套筒，可先车凸缘端，然后掉头夹压凸缘端，如图 2.6(c)所示。

在下列情况下，不宜采用这种方法：

（a）零件的结构不允许在一次装夹中加工出全部同轴表面时；

（b）如果采用这种方法会导致夹具结构过于复杂时；

（c）当毛坯是单个铸件或锻件时，如果采用这种方法，则必须加长毛坯材料的长度，从而造成浪费；

（d）按工序分散原则来安排生产时。

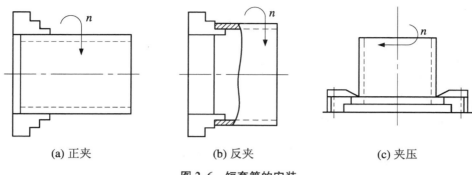

(a) 正夹　　　　　　　　(b) 反夹　　　　　　　　(c) 夹压

图 2.6　短套筒的安装

② 加工需要在几次装夹中进行，先终加工孔，然后以孔为精基准最终加工外圆。

当套筒零件的尺寸较大时，常以精加工好的内孔作为精基准最终加工外圆。当以内孔为精基准加工外圆时，常用锥度心轴装夹工件，并用两顶尖支承心轴。由于锥度心轴结构简单，制造、安装误差较小，因而可以保证比较高的同轴度要求，是套筒加工中常见的装夹方法，应用很广。

③ 加工需要在几次装夹中进行，先终加工外圆，然后以外圆为精基准最终加工孔。

同样适用于尺寸较大的套筒零件的装夹，以精加工好的外圆作为精基准最终加工内孔。采用这种方法迅速、可靠，由于外圆表面直径大，夹紧较稳固。但是夹具较复杂，采用一般的三爪自定心卡盘，会降低工件的加工精度。欲获得较高的同轴度，则必须采用定心精度高的夹具，如弹性膜片卡盘、液性塑料夹具、经过修磨的三爪自定心卡盘夹具。对于一般精度为 IT7～IT8 的工件，可采用未经淬火的卡爪（软卡爪）。

2. 套筒类零件的孔加工方案

套筒类零件外圆表面的加工和轴类零件外表面加工类似，根据精度要求可选择车削和磨削。

内孔的加工方法很多，切削加工方法有钻孔、扩孔、铰孔、车孔、镗孔、拉孔、磨孔以及金刚镗、精密磨削、超精加工、珩磨、研磨和抛光等。其中钻孔、扩孔、车孔与镗孔通常作为粗加工与半精加工，而铰孔、磨孔、珩孔、研磨孔、拉孔及滚压加工则为孔的精加工方法。

孔的加工方案选择则比较复杂，需要考虑零件的结构特点、孔径大小、长径比、加工精度和表面粗糙度要求以及生产规模等各种因素。对于精度要求较高的孔，往往需要采用几种不同的方法顺次加工。

孔加工方案的确定，需考虑以下原则：

① 孔径较小时（如 30～50 mm 以下），大多采用钻扩铰的方案，根据孔的精度决定采用一次铰削还是粗精铰（两次铰削）。大批量生产时，则可采用钻孔后用拉刀拉孔的方案，其精度和生产率均很高。

② 孔径较大时（缸筒、箱体机架类零件），大多采用钻孔后扩孔或直接镗孔，以及进一步精加工的方案。箱体上的孔多采用精镗、浮动镗孔，缸筒件的孔则多采用精镗后珩磨或滚压加工。

③ 淬硬套筒类零件。多采用磨削孔方案，孔的磨削与外圆磨削一样，可获得很高的精

度与较小的表面粗糙度值。对于精密套筒零件,还应增加孔的精密加工,如高精度磨削、精细镗孔、珩磨、研磨、抛光等方法。

孔的加工方案的选用可参考表 2.3。

表 2.3　孔的加工方案

序号	加　工　方　案	经济精度	表面粗糙度 Ra（μm）	适　用　范　围
1	钻→扩→铰	IT8～IT9	1.6～3.2	适用于未淬火钢及铸铁的实心毛坯、有色金属(孔径大于 15～20 mm)
2	钻→扩→粗铰→精铰	IT7	0.8～1.6	
3	钻→扩→拉	IT7～IT9	0.1～1.6	大批大量生产
4	粗镗	IT11～IT12	6.3～12.5	适用于淬火钢以外的各种材料,毛坯有铸出孔或锻出孔
5	粗镗→半精镗	IT8～IT9	1.6～3.2	
6	粗镗→半精镗→精镗	IT7～IT8	0.8～1.6	
7	粗镗→半精镗→精镗→浮动镗	IT6～IT7	0.4～0.8	
8	粗镗→半精镗→磨孔	IT7～IT8	0.2～0.8	主要用于淬火钢,也可用于未淬火钢,不宜用于有色金属
9	粗镗→半精镗→粗磨→精磨	IT6～IT7	0.1～0.2	

3. 防止加工中套筒零件变形的措施

套筒零件孔壁较薄,加工中常因夹紧力、切削力、残余应力和切削热等因素的影响而产生变形,使加工精度降低。为了防止薄壁套筒的变形,可以采取以下措施。

(1) 减少夹紧力对变形的影响

① 径向夹紧时,应尽可能使径向夹紧力均匀,使工件单位面积上所受的压力减小,从而减小变形。例如可采用开缝过渡套筒套在工件的外圆上,一起夹在三爪自定心卡盘内(图 2.7);图 2.8 所示的软爪或弹性膜片卡盘、液性塑料夹具及经过修磨的三爪自定心卡盘等夹具夹紧工件,以增大卡爪和工件间的接触面积。用软爪装夹工件,既能保证位置精度,也可减少找正时间,防止夹伤零件的表面。

② 改径向夹紧为轴向夹紧。如采用工艺螺纹来装夹工件或工件靠螺母端面来轴向夹紧,如图 2.9 所示。

③ 做出工艺凸边或工艺螺纹,目的是提高其径向刚度,减少夹紧变形。如图 2.10 所示。工件加工完成后再将工艺凸边或工艺螺纹切除。

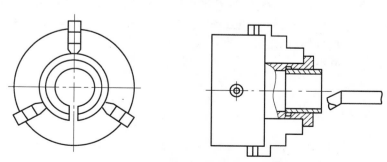

图 2.7　用开缝过渡套筒装夹工件

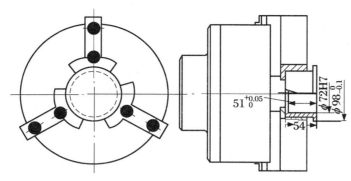

图 2.8　用软爪装夹工件

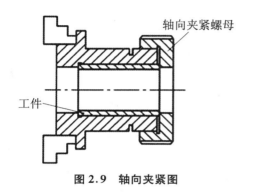

图 2.9　轴向夹紧图

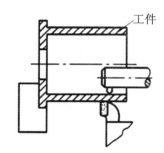

图 2.10　工艺凸边示意图

（2）减小切削力和切削热对套筒变形的影响

减小切削力和切削热对套筒变形影响的措施如下：

① 粗、精加工应分开进行，并应严格控制精加工的切削用量，以减小零件加工时的变形；

② 内、外表面同时加工，使径向力相互抵消；

③ 减小径向力，通常可增大刀具的主偏角；

④ 在粗、精加工之间应留有充分的冷却时间，并在加工时注入足够的切削液。

（3）减小热处理对套筒变形的影响

热处理工序应置于粗加工后、精加工前，使热处理变形在精加工中得以修正。

4. 套筒类零件加工工艺路线

套筒类零件的基本几何构造和基本功能具有许多共同之处，使其加工方案表现出明显相似性。其基本工艺过程是：备料→热处理（锻件调质或正火、铸件退火）→粗车外圆及端面→钻孔和粗车内孔→热处理（调质或时效）→精车内孔→划线（键槽及油孔线）→插（铣、钻）孔→热处理→磨孔→磨外圆。

2.2.2　设计

（1）图 2.11 为轴承套，成批生产，分析零件的工艺性，并确定其加工工艺路线。

① 零件工艺性分析。

该零件结构要素由内外圆、端面和沟槽组成。工作时主要承受径向载荷和轴向载荷。

主要工作表面为内、外圆表面,孔壁较薄且易变形。

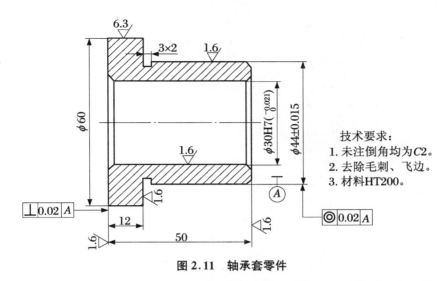

图 2.11　轴承套零件

该零件小外圆 $\phi 44 \pm 0.015$ mm 及内孔 $\phi 30H7$ 尺寸精度均为 IT7,表面粗糙度 Ra 值均为 $1.6\,\mu$m,两端端面的表面粗糙度 Ra 值均为 $1.6\,\mu$m;其余表面粗糙度 Ra 值为 $6.3\,\mu$m;外圆 $\phi 44 \pm 0.015$ mm 对孔 $\phi 30H7$ 的同轴度公差为 0.02 mm;左端面对 $\phi 30H7$ 孔轴线的垂直度公差为 0.02 mm。形状精度和位置精度要求较高。

该零件在工作中要求耐磨,选择材料 HT200 可满足使用要求。考虑该套形状简单,大外圆尺寸是 $\phi 60$ mm,所以毛坯选用 $\phi 65$ mm 铸铁棒料。

② 工艺路线分析。

方案一:备料→粗、半精车外圆→钻孔→车大端面;扩孔、拉孔→精车小外圆。

方案二:备料→粗、半精车外圆→精车小外圆→钻孔→车大端面;扩孔、粗铰、精铰孔。

方案三:备料→粗、半精车外圆→钻孔→车大端面;扩孔、粗铰、精铰→精车小外圆。

③ 方案分析。

(a) 方案一中,据各加工表面的精度及表面粗糙度要求,确定小外圆加工方案为粗车→半精车→精车;大外圆尺寸精度较低,表面粗糙度 Ra 值为 $6.3\,\mu$m,加工方案为粗车→半精车;内孔加工方案为钻→扩→拉。考虑生产类型及经济效益,孔加工方案不合理。

加工顺序上遵循了先粗后精、基面先行的原则,保证了零件的位置精度要求。零件结构简单,精度要求中等,采用工序集中方式组织生产合理。

(b) 方案二中,内孔加工方案为钻→扩→粗铰→精铰,较合理。但从整体加工过程看,加工阶段划分不清晰,零件先完成了外圆的加工后,再加工内孔,内孔经过粗加工、半精加工及精加工后,会影响小外圆的加工质量。

(c) 方案三中,各加工表面的加工方案合理,加工阶段划分清晰,加工顺序安排合理。

综上所述,轴承套的加工工艺路线选取方案三。

④ 确定工艺路线。

轴承套的加工工艺路线见表 2.4。

表 2.4　轴承套的加工工艺路线

序号	工序名称	工 序 内 容	定位基准
1	备料	外径为 $\phi65$ mm 的棒料,按三件合一加工下料	
2	打中心孔	车端面,钻中心孔;掉头车另一端面,钻中心孔	外圆
3	车	粗车、半精车 $\phi60$ mm、$\phi40$ mm 外圆;车退刀槽 3×2.5 mm;车分割槽 $\phi29$ mm,两端倒角。多件同时加工,尺寸相同	外圆、中心孔
4	钻孔	钻孔至 $\phi29$ mm,成单件	外圆
5	车、扩、铰	1. 车大端面 2. 扩孔 3. 粗铰 4. 精铰至尺寸 5. 两孔倒角	小外圆 大外圆
6	精车	车小端面及小外圆至尺寸	内孔
7	检	检验	

(2) 完成图 2.1 所示滑动轴承套的加工工艺路线。

2.2.3　实施

1. 组织方式

独立完成或成立小组讨论完成。

2. 实施主要步骤

(1) 明确任务,知识准备;

(2) 确定定位基准;

(3) 选择加工方法;

(4) 确定零件加工顺序;

(5) 拟定加工工艺路线。

2.2.4　运作

评价见表 2.5。

表 2.5　任务评价参考表

项目		任务		姓名		完成时间		总分	
序号	评价内容及要求		评价标准	配分	自评(20%)	互评(20%)	师评(60%)		得分
1	识图能力			10					
2	知识理解			10					
3	定位基准的确定			10					
4	安装的确定			10					

续表

项目		任务		姓名		完成时间			总分	
序号	评价内容及要求		评价标准	配分	自评(20%)	互评(20%)		师评(60%)		得分
5	加工方法的选择			10						
6	加工顺序的确定			10						
7	加工工艺路线的确定			10						
8	学习与实施的积极性			10						
9	交流协作情况			10						
10	创新表现			10						

2.2.5　知识拓展

1. 钻削加工

用钻头或铰刀、锪刀在工件上加工孔的方法统称为钻削加工,它可以在台式钻床、立式钻床、摇臂钻床上进行,也可以在车床、铣床、铣镗床等机床上进行。

(1) 钻孔

用钻头在实体材料上加工孔的方法称为钻孔。钻孔是最常用的孔加工方法之一。钻孔属于粗加工,其尺寸公差等级为 IT12~IT11,表面粗糙度 Ra 值为 25~12.5 μm。

麻花钻是钻孔最常用的刀具。麻花钻的直径规格为 0.1~100 mm,其中较为常用的是 3~50 mm 的麻花钻。一般用高速钢(W18Cr2V 或 W9Cr2V2)制成,淬火后硬度为 62~68 HRC。麻花钻由柄部、颈部及工作部分组成,如图 2.12(a)所示。切削部分的结构如图 2.12(b)所示,它有两条对称的主切削刃、两条副切削刀和一条横刃。麻花钻钻孔时,相当于两把反向的车孔刀同时切削。

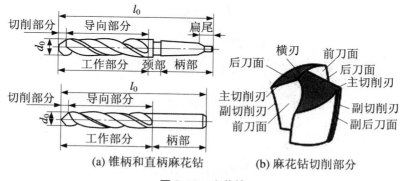

(a) 锥柄和直柄麻花钻　　　　(b) 麻花钻切削部分

图 2.12　麻花钻

使用麻花钻钻孔有图 2.13 所示几种方式,可分别刀具旋转和工件旋转。由于钻头横刃定心不准,钻头刚性和导向作用较差,钻入时钻头易偏移、弯曲。在钻床上钻孔时,麻花钻的旋转容易引起孔的轴线偏移和弯曲;在车床上钻孔时,工件旋转容易引起孔径的扩大,但孔的轴线仍然是直的。

麻花钻目前多用手工刃磨,要求有较高的操作水平,即使如此也难以保证刃磨质量。

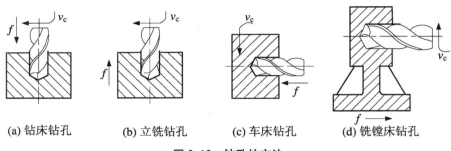

(a) 钻床钻孔　　　(b) 立铣钻孔　　　(c) 车床钻孔　　　(d) 铣镗床钻孔

图 2.13　钻孔的方法

（2）扩孔

扩孔是用扩孔钻对已钻出的孔作进一步加工,以扩大孔径并提高精度和降低表面粗糙度值。扩孔可达的尺寸公差等级为 IT11～IT10,表面粗糙度 Ra 值为 $12.5～6.3\ \mu\mathrm{m}$,属于孔的半精加工方法,常作铰削前的预加工,也可以作为精度不高的孔的终加工。

扩孔的方法如图 2.14 所示,扩孔余量（$D-d$）可由表查阅。扩孔钻的形式随直径的不同而不同。扩孔钻分为三类:锥柄扩孔钻、直柄扩孔钻和套式扩孔钻。图 2.15(a) 为锥柄扩孔钻,图 2.15(b) 为套式扩孔钻,图 2.15(c) 为扩孔钻的切削部分。

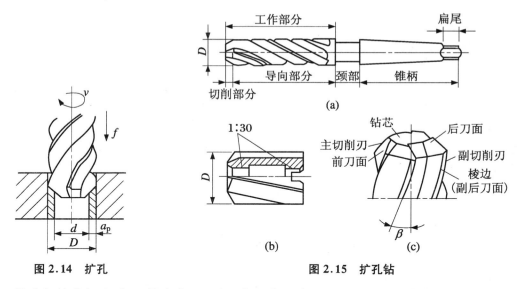

图 2.14　扩孔　　　　　　　**图 2.15　扩孔钻**

扩孔与钻孔相比,加工精度高,且可以在一定程度上校正钻孔的轴线误差。此外,适用于扩孔的机床与钻孔相同。

（3）铰孔

铰孔是在半精加工（扩孔或半精镗）的基础上对孔进行的一种精加工的方法。铰孔的尺寸公差等级可达 IT9～IT6 等级。铰刀一般由高速钢或硬质合金制造。铰孔主要对未淬硬的中、小尺寸孔进行精加工,一般加工后的孔的表面粗糙度 Ra 值为 $3.2～1.6\ \mu\mathrm{m}$。铰刀的精度等级分为 m6、H7、H8、H9 四级,其公差由铰刀专用公差确定,分别适用于铰削 m6、H7、H8、H9 精度等级的孔。

铰刀一般分为机用铰刀和手用铰刀两种形式。机床上进行的称为机铰,如图 2.16 所示。用手工进行铰削的称为手铰,如图 2.17 所示。

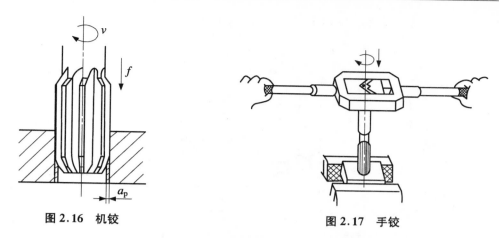

图2.16 机铰   图2.17 手铰

机用铰刀可分为带柄机用铰刀和套式机用铰刀,手用铰刀可分为整体式和可调式两种。铰削不仅可以加工圆柱形孔,也可用圆锥铰刀加工圆锥形孔。图2.18为铰刀基本类型。

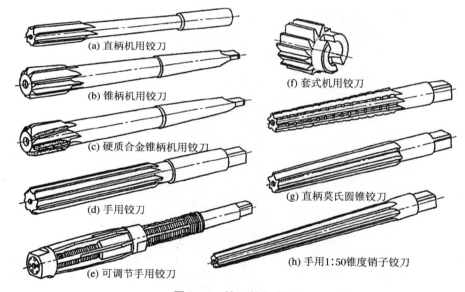

(a) 直柄机用铰刀

(b) 锥柄机用铰刀

(c) 硬质合金锥柄机用铰刀

(d) 手用铰刀

(e) 可调节手用铰刀

(f) 套式机用铰刀

(g) 直柄莫氏圆锥铰刀

(h) 手用1:50锥度销子铰刀

图2.18 铰刀基本类型

铰孔的精度和表面粗糙度主要不取决于机床的精度,而取决于铰刀的精度、安装方式以及加工余量、切削用量和切削液等条件。

(4) 锪孔

用锪钻(或代用刀具)加工平底和锥面沉孔的方法称为锪孔,锪孔一般在钻床上进行。它虽不如钻、扩、铰应用那么广泛,但也是一种不可缺少的加工方法。

锪平底沉孔如图2.19所示,锪锥面沉孔如图2.20所示。

2. 镗孔

镗刀旋转做主运动,工件或镗刀做进给运动的切削加工方法称为镗削加工。镗削加工主要在铣镗床、镗床上进行,是孔常用的加工方法之一。镗刀用于对已有孔做进一步的精加工称为镗孔,镗孔分为粗镗、半精镗和精镗。粗镗的尺寸公差等级为IT13~IT12,表面粗糙度 Ra 为 $12.5\sim6.3\ \mu m$;半精镗的尺寸公差等级为IT10~IT9,表面粗糙度 Ra 为 $6.3\sim$

3.2 μm;精镗的尺寸公差等级为 IT8～IT7,表面粗糙度 Ra 为 1.6～0.8 μm。图 2.21 为镗床镗孔方式。

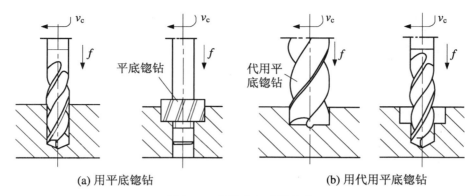

(a) 用平底锪钻　　　　　　　　　　(b) 用代用平底锪钻

图 2.19　锪平底沉孔的方法

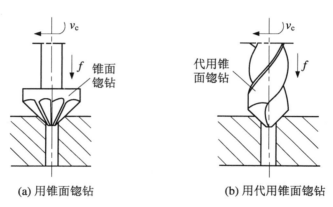

(a) 用锥面锪钻　　　　　　　　　(b) 用代用锥面锪钻

图 2.20　锪锥面沉孔的方法

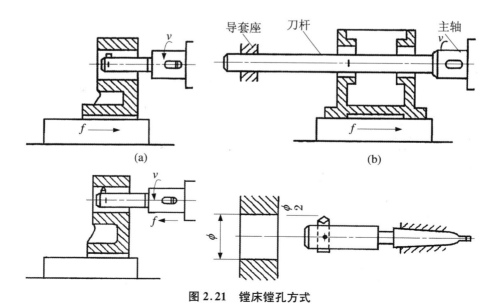

(a)　　　　　　　　　　　　　　(b)

图 2.21　镗床镗孔方式

镗刀根据结构特点和使用方式的不同分为单刃镗刀和双刃镗刀。

（1）单刃镗刀

单刃镗刀与车刀类似，使用时用螺钉将其装夹在镗刀杆上。如图 2.22 所示，其中图 2.22(a)为盲孔镗刀，刀头倾斜安装，图 2.22(b)为通孔镗刀，刀头垂直安装。只在镗杆轴线的一侧有切削刃，其结构简单、制造方便，既可粗加工，又可半精加工或精加工。一把镗刀可加工直径不同的孔。单刃镗刀的刚度比较低，为减少镗孔时镗刀的变形和振动，不得不采用较小的切削用量，加之仅有一个主切削刃参加，所以生产率比扩孔或铰孔低。因此，单刃镗刀比较适用于单件、小批量生产。

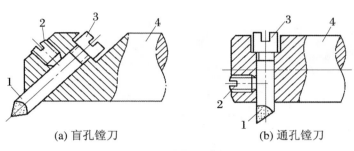

(a) 盲孔镗刀　　　　　　　　　　(b) 通孔镗刀

图 2.22　单刃镗刀

1. 刀头；　2. 紧固螺钉；　3. 调节螺钉；　4. 镗杆

（2）双刃镗刀

双刃镗刀有两个分布在中心两侧同时切削的刀齿，由于切削时产生的径向力互相平衡，可加大切削用量，生产效率高。双刃镗刀按刀片在镗杆上浮动与否分为浮动镗刀和定装镗刀。浮动镗刀是将刀片插入镗杆的方孔中，可沿径向自由浮动，依靠两个切削刃上径向切削力的平衡自动定心，适用于孔的精加工，如图 2.23 所示。双刃镗刀常用于粗镗或半精镗直径大于 40 mm 的孔，可制成焊接式或可转位式硬质合金镗刀块。

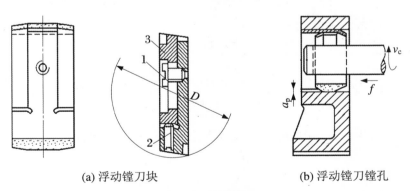

(a) 浮动镗刀块　　　　　　　　　　(b) 浮动镗刀镗孔

图 2.23　浮动镗刀

1,2. 螺钉；　3. 刀块

3. 拉孔

用拉刀加工工件内、外表面的方法称为拉削加工。拉削在卧式拉床和立式拉床上进行。拉刀的直线运动为主运动。拉削无进给运动，其进给靠拉刀每齿升高量来实现，因此拉刀可以看作是按高低顺序排列成队的多把刨刀进行的刨削。拉削表面举例如图 2.24 所示。

拉削加工内表面各种型孔的方法称为拉孔。拉削可分为粗拉和精拉。粗拉的尺寸公差等级为 IT8～IT7，表面粗糙度 Ra 值为 $1.6～0.8$ μm，精拉为 IT7～IT6，Ra 值为 0.8 ～0.4 μm。

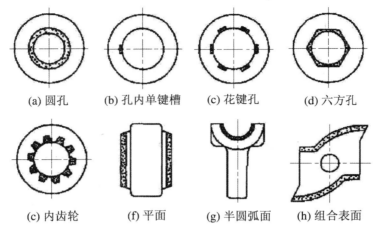

| (a) 圆孔 | (b) 孔内单键槽 | (c) 花键孔 | (d) 六方孔 |

| (c) 内齿轮 | (f) 平面 | (g) 半圆弧面 | (h) 组合表面 |

图 2.24　拉削表面举例

4. 磨孔

磨孔是一种使用砂轮精加工孔的方法，磨孔可在内圆磨床或万能外圆磨床上进行，可达到的尺寸公差等级为 IT8～IT6，表面粗糙度值为 $Ra0.8～0.4$ μm。

在磨床上磨孔有许多不同的方法，如图 2.25 所示。根据工件形状和尺寸的不同，可采用纵磨法或横磨法磨削内孔，如图 2.25(a)和图 2.25(b)所示。有些普通内圆磨床上装有专门的端磨装置，可在工件一次装夹中磨削内孔和端面，如图 2.25(c)所示，这样不仅易于保证孔和端面之间的垂直度，而且生产率较高。

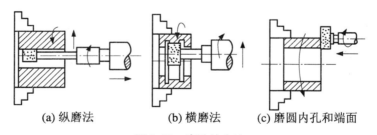

| (a) 纵磨法 | (b) 横磨法 | (c) 磨圆内孔和端面 |

图 2.25　磨孔的方法

使用端部具有内凹锥面的砂轮可在一次装夹中磨削孔和孔内台肩，如图 2.26 所示。

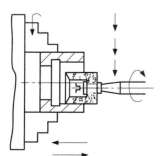

图 2.26　磨削孔内台阶面的方法

磨孔与磨外圆相比，有以下不利的方面：

① 磨孔时砂轮受工件孔径的限制，直径较小。为了保证正常的磨削速度，对小直径砂轮的转速要求较高。但常用的内圆磨头的转速一般不超过 20 000 r/min，而砂轮的直径小，其圆周速度很难达到外圆磨削速度 35～50 m/s。

② 磨孔的精度不易控制。因为磨孔时排屑困难，冷却条件差，工件易烧伤，且砂轮轴细长，刚性差，容易产生弯曲变形而造成内圆锥形误差。因此，需要减小磨削深度，增加光磨行程次数。

③ 生产率较低。由于受上述两点的限制,磨孔使辅助时间增加,也必然影响生产率。因此,磨孔主要用于不宜或无法进行镗削、铰削和拉削加工的高精度孔及淬硬孔的精加工。

任务 2.3　确定轴承套的工序内容,填写工艺规程文件

2.3.1　构思

1. 套筒类零件机械加工余量、工序尺寸确定

套筒类零件内孔及外圆的机械加工余量与工序尺寸的计算可参照项目 1 中轴类零件的计算方法。表 2.6 为基孔制 7 级精度(H7)内孔加工尺寸。磨孔的加工余量见表 2.7。

表 2.6　基孔制 7 级精度(H7)内孔加工　　　　　　　　(单位:mm)

零件基本尺寸	直　径					
	钻		用镗刀镗以后	扩孔钻	粗铰	精铰
	第一次	第二次				
25	23		24.8	24.8	24.94	25H7
26	24		25.8	25.8	25.94	26H7
28	26		27.8	27.8	27.94	28H7
30	15	28	29.8	29.8	29.93	30H7
32	16	30	31.7	31.75	31.93	32H7

注:更多加工信息可查阅机械制造工艺手册。

表 2.7　磨孔的加工余量　　　　　　　　(单位:mm)

孔的直径 D	零件性质	磨孔的长度 L					磨前工差 IT11
		≤50	>50~100	>100~200	>200~300	>300~500	
		直径余量 a					
≤10	未淬硬	0.2					0.09
	淬硬	0.2					
>10~18	未淬硬	0.2	0.3				0.11
	淬硬	0.3	0.4				
>18~30	未淬硬	0.3	0.3	0.4			0.13
	淬硬	0.3	0.4	0.4			
>30~50	未淬硬	0.3	0.3	0.4	0.4		0.16
	淬硬	0.4	0.4	0.4	0.5		

续表

孔的直径 D	零件性质	磨孔的长度 L					磨前工差 IT11
		≤50	>50~100	>100~200	>200~300	>300~500	
		直径余量 α					
>50~80	未淬硬	0.4	0.4	0.4	0.4		0.19
	淬硬	0.4	0.5	0.5	0.5		
>80~120	未淬硬	0.5	0.5	0.5	0.5	0.6	0.22
	淬硬	0.5	0.5	0.6	0.6	0.7	
>120~180	未淬硬	0.6	0.6	0.6	0.6	0.6	0.25
	淬硬	0.6	0.6	0.6	0.6	0.7	
>180~260	未淬硬	0.6	0.6	0.7	0.7	0.7	0.29
	淬硬	0.7	0.7	0.7	0.7	0.8	
>260~360	未淬硬	0.7	0.7	0.8	0.8	0.8	0.32
	淬硬	0.7	0.8	0.8	0.8	0.8	
>360~500	未淬硬	0.8	0.8	0.8	0.8	0.8	0.36
	淬硬	0.8	0.8	0.8	0.9	0.9	

注:1. 加工热处理极易变形及薄的轴套和其他零件时,应将表中的加工余量数值乘以 1.3。

　2. 如被加工孔在后续工序中必须作为基准孔时,应按 7 级公差来制定。

　3. 在单件、小批量生产时,本表的数值应乘以 1.3,并化成一位小数。例如,0.3×1.3＝0.39,采用 0.4(四舍五入)。

2．机床及工艺装备的选择

套类零件常用设备及工艺装备见表 2.8。

表 2.8　套类零件常用设备及工艺装备

机　床	夹　具	刀　具	量　具	辅　具
车床、磨床、铣床等	三爪自定心卡盘、顶尖、软卡爪、各类心轴、法兰盘和压板等	内外圆车刀、砂轮、中心钻等	游标卡尺、千分尺、百分表等	开缝套筒等

3．钻削用量选择

(1) 背吃刀量 a_p

背吃刀量 a_p 为钻头直径的 1/2。

(2) 进给量 f

标准麻花钻可按加工要求、钻头强度及机床进给机构强度查机械加工手册,确定满足上述三项要求的进给量范围,根据表中允许的范围参照机床说明书的进给量,选取相等或者低挡相近的值。

当孔直径较小时,可采用手动进给。

（3）钻削速度 v_c

可利用公式或查询手册，初步确定钻削速度 v_c，根据 $n = \dfrac{1\,000v}{\pi d}$（$d$ 为钻头直径）计算主轴转速；然后根据机床说明书选择相等或相近较低挡的值作为最终机床转速 n_s；再根据 $n = \dfrac{1\,000v}{\pi d}$ 算出实际钻削速度 v_c。

（4）校验机床功率及转矩

可利用公式或根据实际钻削用量查机械加工手册中表，确定加工的实际转矩及功率；然后与机床说明书两相应参数进行比较，来校验所选切削用量是否合理。

$$M_c = C_m d^{z_m} f^{y_m} k_m, \quad P_c = \frac{M_c v_c}{30d}$$

式中：C_m、Z_m、y_m——系数及指数；

　　　k_m——加工条件改变时转矩的修正系数；

　　　M_c——实际转矩；

　　　P_c——实际功率。

（5）校验机床进给机构强度

查机械加工手册，确定实际轴向力 F_f（F_f 也可用公式计算），查机床说明书，得到机床进给机构强度允许的最大进给力 F_E。如 $F_f < F_E$，说明机床进给机构强度足够。

实际进给力 F_f 的计算公式如下：

$$F_f = C_F d^{z_F} f^{y_F} k_F$$

式中：C_F、Z_F、y_F——系数及指数；

　　　k_F——加工条件改变时轴向力的修正系数。

（6）时间定额

钻削机动时间

$$T_m = \frac{L + L_1 + L_2}{n_s f}$$

式中：L——零件加工孔的长度（mm）；

　　　L_1、L_2——刀具的切入和切出长度（mm）；

　　　n_s——钻头每分钟转速（r/min）；

　　　f——进给量（mm/r）；

　　　T_m——机动时间（基本时间）（min）。

扩钻与扩孔的切削用量见表 2.9。

表 2.9　扩钻与扩孔的切削用量

加工方法	背吃刀量 a_p(mm)	进给量 f(mm/r)	切削速度 v_c(m/min)
扩钻	(0.15~0.25)D	(1.2~1.8)$f_钻$	(1/2~1/3)$v_钻$
扩孔	0.05D	(2.2~2.4)$f_钻$	(1/2~1/3)$v_钻$

注：D 为加工孔径；$f_钻$ 为钻孔进给量；$v_钻$ 为钻孔切削速度；实际扩、铰孔时，a_p 为加工前后孔径半径之差。

高速钢铰刀、硬质合金铰刀铰孔时的切削用量见表 2.10。

表 2.10　高速钢铰刀、硬质合金铰刀铰孔时的切削用量

加工材料	刀具	硬度	铰刀直径 d(mm)	背吃刀量 a_p(mm)	进给量 f(mm/r)	切削速度 v_c(m/min)
铸铁	高速钢	软	<5 5~20 20~50 >50	0.05~0.1 0.1~0.15 0.15~0.25 0.25~0.5	0.3~0.5 0.5~1.0 1.0~1.5 1.5~3.0	8~14
		硬	<5 5~20 20~50 >50	0.05~0.1 0.1~0.15 0.15~0.25 0.25~0.5	0.3~0.5 0.5~1.0 1.0~1.5 1.5~3.0	4~8
	硬质合金	≤200HBW	<10 10~25	0.03~0.06 0.06~0.15	0.2~0.3 0.3~0.5	8~12
			25~40 >40	0.15~0.25 0.25~0.5	0.4~0.7 0.5~1.0	10~15
		>200HBW	<10 10~25	0.03~0.06 0.06~0.15	0.15~0.25 0.2~0.4	6~10
			25~40 >40	0.15~0.25 0.25~0.5	0.3~0.5 0.4~0.8	8~12

2.3.2　设计

（1）分析图 2.27 液压缸的工艺性，编制其加工工艺规程。

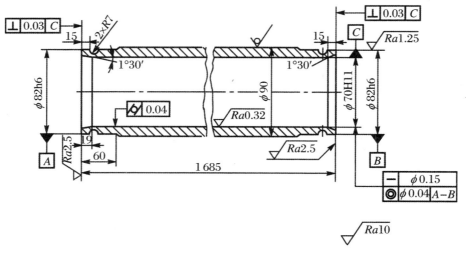

图 2.27　液压缸

液压缸为典型的长套筒零件，与短套筒零件的加工方法和工件安装方式都有较大的差别。

① 液压缸的工艺分析、毛坯的选择。

液压缸的材料一般有铸铁和无缝钢管两种。图 2.27 为用无缝钢管材料的液压缸。为保证活塞在液压缸内移动顺利,对该液压缸内孔有圆柱度要求,对内孔轴线有直线度要求,内孔轴线与两端面间有垂直度要求,内孔轴线对两端支承外圆(ϕ82h6)的轴线有同轴度要求。除此之外还特别要求:内孔必须光洁、无纵向刻痕;若为铸铁材料,则要求其组织紧密,不得有砂眼、针孔及疏松。

本例毛坯采用无缝钢管。

② 拟定加工工艺路线。

(a) 定位基准。选择安装基准面 ϕ82h6 mm 外圆作为定位基准加工内孔。

(b) 液压缸体表面加工方法。ϕ82h6 mm 外圆加工精度为 IT6,加工方法采用粗车、精车。内孔加工精度较高,粗加工采用半精镗,精加工采用精镗,光整加工采用滚压加工。

拟定加工工艺路线为:下料→粗车外圆、螺纹、端面及倒角,调头粗车另一端外圆、端面及倒角→粗镗、半精镗、精镗内孔→滚压内孔→精车外圆、镗内锥孔→掉头精车另一端外圆、镗内锥孔。

③ 确定工序内容。

加工余量和工序尺寸确定同项目 1 轴类零件;在确定装夹方式时,应考虑到液压缸体壁薄受夹紧力易变形的特点,有关设计内容见表 2.11。

表 2.11 液压缸加工工艺过程

序号	工序名称	工 序 内 容	定位与装夹
1	下料	无缝钢管切断长度为 1 690 mm	
2	车	1. 车外圆到 ϕ88 mm 及 M88×1.5 mm 螺纹(工艺用)	三爪自定心卡盘夹一端,大头顶尖顶另一端
		2. 车断面及倒角	三爪自定心卡盘夹一端,搭中心架托 ϕ88 mm 处
		3. 调头车外圆到 ϕ84 mm	三爪自定心卡盘夹一端,大头顶尖顶另一端
		4. 车端面及倒角取总长 1 686 mm(留加工余量 1 mm)	三爪自定心卡盘夹一端,搭中心架托 ϕ88 mm 处
3	深孔推镗	1. 粗镗孔到 ϕ67 mm	一端用 M88×1.5 mm 螺纹固定在夹具中,另一端搭中心架
		2. 半精镗孔到 ϕ68 mm	
		3. 精镗孔到 ϕ69.85 mm	
4	滚压孔	用滚压头滚压孔至 $\phi70^{+0.03}_{0}$ mm,表面粗糙度 Ra 为 0.32 μm	一端用 M88×1.5 mm 螺纹固定在夹具中,另一端搭中心架
5	车	1. 车去工艺螺纹,精车 ϕ82H7 到尺寸,切 R7 槽	软爪夹一端,以孔定位顶另一端
		2. 镗内锥孔 1°30′ 及车断面	软爪夹一端,中心架托另一端(百分表找正孔)
		3. 掉头精车 ϕ82H7 到尺寸	软爪夹一端,以孔定位顶另一端
		4. 镗内锥孔 1°30′ 及车断面取总长 1 685 mm	软爪夹一端,中心架托另一端(百分表找正孔)

④ 填写工艺规程文件。液压缸的机械加工工艺过程卡见表 2.12。

表 2.12　液压缸机械加工工艺过程卡

(某企业)	机械加工工艺过程卡片		产品型号			零件图号			共 1 页
			产品名称	液压缸		零件名称	液压缸		第 1 页
材料牌号 27SiMn	毛坯种类 无缝钢管	毛坯外形尺寸	总长 1 690 mm，外径 90 mm，内径 65 mm		每台毛坯件数 1	每台件数 1			备注

工序号	工序名称	工序内容	车间	工段	设备名称及编号	工艺装备名称及编号			工时	
						夹具	刀具	量具	准终	单件
1	备料	在毛坯上切无缝钢管，切断长度为 1 690 mm	下料					卷尺		
2	车削	1. 车外圆到 φ88 mm 及 M88×1.5 mm 螺纹（工艺用）； 2. 车断面及倒角； 3. 掉头车外圆到 φ84 mm； 4. 车端面及倒角取总长 1 686 mm（留加工余量 1 mm）	金工		CA6140	三爪卡盘、顶尖、中心架托	外圆车刀、螺纹刀	游标卡尺		
3	镗孔	1. 粗加工镗内孔直径到 φ67 mm； 2. 半精加工镗内孔直径到 φ68 mm； 3. 精加工镗内孔直径到 φ69.85 mm	金工		CA6140	三爪卡盘、中心架托	内镗刀	游标卡尺		
4	滚压	滚压孔到 $\phi70^{+0.03}_{0}$ mm，表面粗糙度 Ra 为 0.32 μm	金工		CA6140	夹具、架托	滚压头	游标卡尺		
5	车削	1. 车去工艺螺纹，精车 φ82H7 到尺寸，切 R7 槽； 2. 镗内锥孔 1°30′ 及车断面； 3. 掉头精车 φ82H7 到尺寸； 4. 镗内锥孔 1°30′ 及车断面取总长 1 685 mm	金工		CA6140	软爪、中心架托	外圆车刀、切槽刀、镗刀、切断刀	游标卡尺		
					编制（日期）	审核（日期）	会签（日期）	标准化（日期）	批准（日期）	
标记	处数	更改文件号	签字	日期	标记	处数	更改文件号	签字	日期	

（2）拟定图 2.1 所示滑动轴承套的加工工序内容，完成加工工艺规程。

2.3.3　实施

1. 组织方式

独立完成或成立小组讨论完成。

2. 实施主要步骤

（1）明确任务，知识准备；

（2）加工余量确定；

（3）工序尺寸确定；

（4）机床设备及工艺装备选择；

（5）切削用量确定；

（6）工时定额确定；

（7）填写工艺规程。

2.3.4　运作

评价见表 2.13。

表 2.13　任务评价参考表

项目		任务		姓名		完成时间		总分	
序号	评价内容及要求		评价标准	配分	自评(20%)	互评(20%)	师评(60%)	得分	
1	知识理解			10					
2	加工余量确定			10					
3	工序尺寸确定			10					
4	机床设备选择			10					
5	切削参数确定			10					
6	工时定额确定			10					
7	工艺规程制定			10					
8	学习与实施的积极性			10					
9	交流协作情况			10					
10	创新表现			10					

2.3.5　知识拓展

机床夹具是机床上装夹工件的一种工艺装备，作用是使工件相对于机床、刀具占有正确的位置，并且在整个加工过程中保持位置关系不变。图 2.28 所示为钻孔专用夹具。

1. 机床夹具及其组成

机床夹具具有不同的类型和结构，按照功能相同的原则，可将其组成分为以下几个部分。

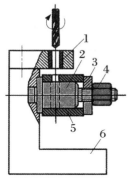

图 2.28　钻孔专用夹具
1. 钻套；　2. 销轴；　3. 开口垫圈；
4. 螺母；　5. 工件；　6. 夹具体

① 定位元件。是保证工件在夹具中具有正确位置的元件。如图 2.28 中的销轴 2。

② 夹紧装置。用于夹紧工件，使其在加工过程中能够抵抗外力始终保持正确位置的装置。一般由夹紧元件、中间传力机构及动力源组成。如图 2.28 中的开口垫圈 3 和螺母 4 就是夹紧元件。

③ 对刀或导向装置。用于确定或引导刀具，使其相对夹具具有正确的加工位置。如图 2.28 中的钻套 1。铣床夹具的对刀装置常为对刀块和塞尺。

④ 连接元件。确定夹具在机床上的正确位置，使其与机床连接的元件。如车床夹具上的过渡盘、铣床夹具上的定位键等。

⑤ 夹具体。用于连接夹具上的元件或装置，使其成为一个整体的基础件。如图 2.28 中的夹具体 6。

⑥ 其他元件或装置。为满足特定需要及使用方便，在夹具上还可设有分度机构、工件顶出装置、上下料机构等。

2. 机床夹具的分类

（1）按夹具的通用特性分类

① 通用夹具。指结构、尺寸已标准化，且具有一定通用性的夹具，如三爪自定心卡盘、四爪单动卡盘、台虎钳、万能分度头、中心架、电磁吸盘等。一般作为机床附件供用户选购。

② 专用夹具。针对某工件的某一工序的加工要求而专门设计和制造的夹具。一般用于批量生产中。

③ 可调夹具。通过调整或更换夹具上的个别元件，以适应多种工件加工的夹具。它可分为通用可调夹具和成组夹具两种。成组夹具用于相似零件的加工，通用可调夹具较成组夹具适用范围更大些。

④ 组合夹具。利用标准化的夹具元件组装成各种夹具，以满足不同加工要求的夹具。具有生产准备周期短，元件可重复使用，灵活多变的特点。特别适用于新产品开发和单件小批量生产。

⑤ 自动线夹具。一般分为固定式夹具和随行夹具，固定式夹具与专用夹具相似，随行夹具是指夹具随着工件一起运动，将工件顺着自动线从一个工位送至下一个工位。

（2）按夹具使用的机床分类

按使用的机床分类，可把夹具分为车床夹具、铣床夹具、钻床夹具、镗床夹具、磨床夹具、齿轮机床夹具、数控机床夹具等。

（3）按夹紧的动力源分类

夹具按夹紧动力源分为手动夹具、气动夹具、液压夹具、气液夹具、电动夹具、电磁夹具、真空夹具和离心力夹具等。

3. 机床夹具的作用

① 保证工件的加工精度；

② 提高生产效率，降低生产成本；

③ 减轻工人劳动强度，改善劳动条件；

④ 扩大工艺范围，实现一机多能；

⑤ 减少生产准备时间，缩短新产品试制周期。

项 目 作 业

1. 保证套筒类零件相互位置精度的方法有哪些？
2. 套筒类零件加工时容易变形，可采取哪些措施防止变形？
3. 套筒类零件加工时容易因夹紧不当产生变形，应如何处理？
4. 孔加工常用的方法有哪些？其中哪些方法属于粗加工？哪些方法属于精加工？
5. 编制图 2.3 所示轴套零件的加工工艺规程。

项目 3　箱体零件加工工艺规程编制

分析图 3.1 所示齿轮箱体的加工工艺,完成任务要求。

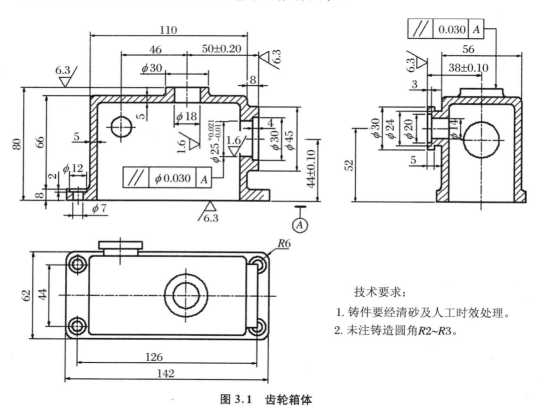

图 3.1　齿轮箱体

技术要求:
1. 铸件要经清砂及人工时效处理。
2. 未注铸造圆角 R2~R3。

任务 3.1　分析齿轮箱体零件图的工艺要求

3.1.1　构思

1. 箱体类零件的功用与结构特点

箱体类是机器或部件的基础零件,它将机器或部件中的轴、套、齿轮等有关零件组装成一个整体,使它们之间保持正确的相互位置,并按照一定的传动关系协调地传递运动或动力,因此,箱体的加工质量将直接影响机器或部件的精度、性能和寿命。

常见的箱体类零件有:机床主轴箱、机床进给箱、变速箱体、减速箱体、发动机缸体和机座等。根据箱体零件的结构形式不同,可分为整体式箱体,如图 3.2(a)、(b)、(d)所示;分离式箱体如图 3.2(c)所示。前者是整体铸造、整体加工,加工较困难,但装配精度高;后者可分别制造,便于加工和装配,但增加了装配工作量。

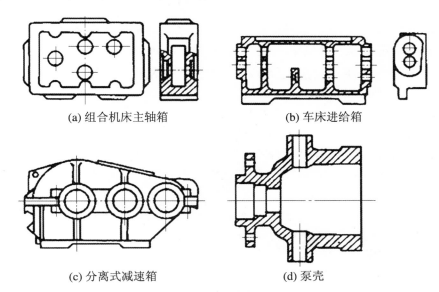

(a) 组合机床主轴箱　　　　　　　　(b) 车床进给箱

(c) 分离式减速箱　　　　　　　　(d) 泵壳

图 3.2　几种箱体结构

箱体的结构形式虽然多种多样,但仍有共同的主要特点:形状复杂、壁薄且不均匀,内部呈腔形,加工部位多,加工难度大,既有精度要求较高的孔系和平面,又有许多精度要求较低的紧固孔。因此,一般中型机床制造厂用于箱体类零件的机械加工劳动量约占整个产品加工量的 15%～20%。

2. 箱体类零件技术要求

(1) 孔的尺寸、形状精度

孔径的尺寸误差和几何形状误差会使轴承与孔的配合不良,影响主轴的回转精度、轴承寿命等。孔径过大,配合过松,会使主轴的回转轴线不稳定,并降低了支承刚度,易产生振动和噪音;孔径过小,使配合过紧,轴承将因外圈变形而不能正常运转,寿命缩短。装轴承的孔不圆,也会使轴承外圈变形而引起主轴的旋转精度和轴承寿命下降。

一般主轴孔的尺寸精度约为 IT6 级,其余孔为 IT7～IT8。孔的几何形状精度未作特殊规定的,一般控制在尺寸公差的范围内。

(2) 孔与孔的位置精度

同一轴线上各孔的同轴度误差和孔端面对轴线垂直度误差会使轴和轴承装配困难,产生歪斜,影响轴的回转精度和轴承寿命,造成主轴产生径向跳动和轴向窜动,同时,也使温度升高,加剧轴承的磨损;孔系之间的平行度误差会影响齿轮的啮合。一般孔距精度等级为IT6～IT7,同轴上各孔的同轴度约为最小孔尺寸公差的一半。

(3) 孔和平面的位置精度

主要孔对箱体装配基面的平行度决定了主轴与工作面(导轨)的相互位置关系,这项精度是在总装时通过修配刮研来达到的。

（4）主要平面的精度

装配基面的平面度误差影响箱体与机座连接时的接触刚度，若在加工过程中作为定位基准，还会影响主要孔的加工精度。因此，底面和导向面必须平直和相互垂直，其平面度、垂直度公差等级为 5 级。

（5）表面粗糙度

重要孔和主要平面的粗糙度会影响连接面的配合性质或接触刚度。一般主轴孔的表面粗糙度为 $Ra0.8\ \mu m$，其他各纵向孔的表面粗糙度为 $Ra1.6\ \mu m$，孔的内端面的表面粗糙度为 $Ra3.2\ \mu m$，装配基准面和定位基准面的表面粗糙度为 $Ra2.5\sim0.63\ \mu m$，其他平面的表面粗糙度为 $Ra12.5\sim2.5\ \mu m$。

3. 箱体类零件的材料、毛坯及热处理

箱体零件的材料大都选用 HT200～HT400 的各种牌号的灰铸铁。

常用毛坯种类有：铸件、锻件、焊件、冲压件、各种型材和工程塑料件等，某些单件、小批量生产的箱体零件，为了缩短毛坯制造周期和降低成本，可采用钢板焊接结构。在确定毛坯时，一般要综合考虑以下几个因素：

① 依据零件的材料及机械性能要求确定毛坯。例如，零件材料为铸铁，须用铸造毛坯；强度要求高而形状不太复杂的钢制品零件一般采用锻件。

② 依据零件的结构形状和外形尺寸确定毛坯，例如结构比较复杂的零件采用铸件比锻件合理；结构简单的零件宜选用型材，锻件；大型轴类零件一般都采用锻件。

③ 依据生产类型确定毛坯。大批大量生产中，应选用制造精度与生产率都比较高的毛坯制造方法。例如模锻、压力铸造等。单件小批生产则采用设备简单甚至用手工的毛坯制造方法，例如手工木模砂型铸造。

普通精度的箱体零件，一般在铸造之后安排一次人工时效处理。对一些高精度或形状特别复杂的箱体零件，在粗加工之后还要安排一次人工时效处理，以消除粗加工所造成的残余应力，箱体零件也可采用振动时效来达到消除残余应力的目的。

4. 箱体类零件结构工艺性

箱体的结构形状复杂，且壁薄不均匀，需要有足够的刚度，采用较复杂的截面形状和加强筋等。需要具有一定形状的空腔储存润滑油，还要有观察孔、放油孔等；箱壁上有互相平行或垂直的孔系。因此，安装时要有定位面、定位孔，还要有固定用的螺钉孔。箱体底面（有的是侧平面或上平面）既是装配基准，也是加工过程中的定位基准。

箱体类零件加工部位多，精度要求高，难度大，以孔和平面为主。因此，设计时应使其结构合理，具有较好的结构工艺性。

（1）孔的结构工艺性

箱体类零件加工的重点和难点是孔系。箱体的孔可分为通孔、阶梯孔、盲孔和交叉孔等。其中通孔的工艺性最好，盲孔的工艺性最差。应尽量采用通孔，避免盲孔。尤其是孔深 L 与孔径 D 之比 $L/D\leqslant1\sim1.5$ 的短圆柱孔工艺性最好，深孔（$L/D>5$）受镗杆刚性的影响，加工比较困难，应注意保证镗杆刚性。

同轴孔中，单件小批生产时，应使孔径大小向一个方向递减，且相邻两孔直径差大于小孔的加工余量，便于镗杆从一端伸入同时加工同轴线上各孔。大批大量生产时，应使孔径大小从两边向中间递减，便于采用组合机床从两边同时加工，缩短镗杆的悬伸长度。阶梯孔的结构工艺性较差,两孔直径相差越大其工艺性越差。

交叉孔的结构工艺性差,在加工孔的交叉贯通部位,由于刀具受径向力不均匀会造成孔轴线的偏移和损坏刀具。一般可采取交叉孔中直径小的孔不铸通,加工完大孔后再加工小孔,或在两孔交汇处铸出大于两孔的空间来避免加工时径向力不均匀。

(2) 平面的结构工艺性

平面加工在箱体类零件加工中也占有较大的比重,平面作为箱体的加工、装配基准,其加工精度能否达到要求将直接影响孔系的加工质量和生产效率。箱体的外端面应尽可能等高,以便一次性加工,以减少机床的调整次数;应尽量避免箱体内表面加工,必须加工时,应尽可能使内表面尺寸小于其前方刀具需穿过的孔的直径;箱体上的螺栓孔和螺纹孔的尺寸规格应尽量一致,以减少刀具数量和换刀次数;为便于安装,箱体底面尺寸应尽可能大;加工面积应尽可能小,以减少加工工时,提高底面接触刚度。

3.1.2　设计

(1) 分析图 3.3 所示某车床主轴箱体简图,并对其结构和技术要求进行分析。

① 对零件的结构特点和技术要求进行分析。

对图 3.3 进行分析,该箱体属于中批生产,其加工表面主要是平面和孔。现对箱体类零件的技术要求分析,应针对平面和孔的技术要求进行分析。

(a) 平面的精度要求。箱体零件的设计基准一般为平面,本箱体各孔系和平面的设计基准为 G 面、H 面和 P 面,其中 G 面和 H 面还是箱体的装配基准,因此它有较高的平面度和较小的表面粗糙度要求。

(b) 孔系的技术要求。箱体上有孔间距和同轴度要求的一系列孔,称为孔系。为保证箱体孔与轴承外圈配合及轴的回转精度,孔的尺寸精度为 IT7,孔的几何形状误差控制在尺寸公差范围之内。为保证齿轮啮合精度,孔轴线间的尺寸精度、孔轴线间的平行度、同一轴线上各孔的同轴度误差和孔端面对轴线的垂直度误差,均应有较高的要求。

(c) 孔与平面间的位置精度。箱体上主要孔与箱体安装基面之间应规定平行度要求。本箱体零件主轴孔中心线对装配基面(G、H 面)的平行度误差为 0.04 mm。

(d) 表面粗糙度。重要孔和主要表面的粗糙度会影响连接面的配合性质或接触刚度,本箱体零件主要孔表面粗糙度为 0.8 μm,装配基面表面粗糙度为 1.6 μm。

② 对零件的材料及毛坯进行分析。

此箱体零件的材料可选用 HT200 灰铸铁,因为灰铸铁抗压性能较好、成本较低;箱体零件的结构较复杂,内部呈腔形,壁厚不均匀,刚性差,铸造时因为热胀冷缩易产生残余应力。为了消除残余应力,减少加工后应力释放产生的变形,保证加工精度的稳定,应注意安排退火或时效处理。

(2) 图 3.1 为齿轮箱箱体,分析该箱体的结构特点及技术要求,并对零件毛坯进行分析。

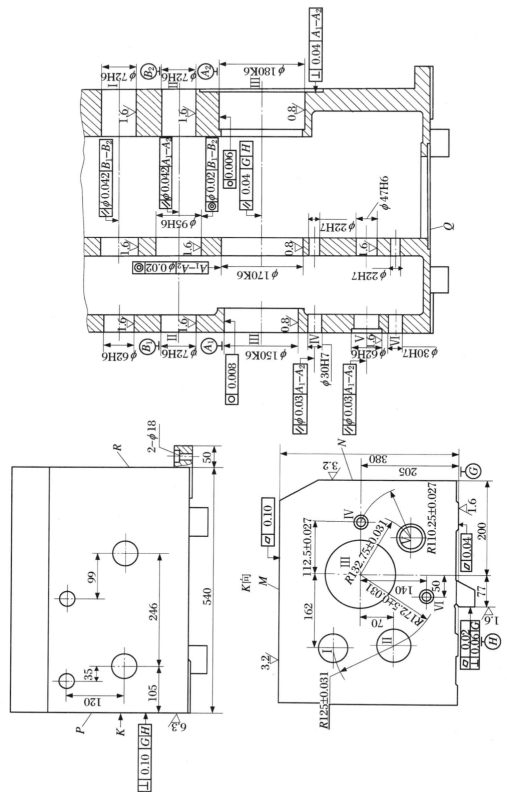

图 3.3　某车床主轴箱体简图

3.1.3　实施

1. 组织方式

独立完成或成立小组讨论完成。

2. 实施主要步骤

(1) 明确任务,知识准备;

(2) 图样分析;

(3) 结构及技术要求分析;

(4) 完成任务要求。

3.1.4　运作

评价见表3.1。

表 3.1　任务评价参考表

项目		任务		姓名		完成时间		总分	
序号	评价内容及要求	评价标准	配分	自评(20%)	互评(20%)	师评(60%)	得分
1	识图能力		10				
2	知识理解		10				
3	毛坯的分析		10				
4	技术要求的分析		20				
5	零件结构的分析		20				
6	学习与实施的积极性		10				
7	交流协作情况		10				
8	创新表现		10				

3.1.5　知识拓展

箱体零件的平面加工方法很多,常见的加工方法有刨、铣、拉、磨等,刨削和铣削常用作平面的粗加工和半精加工,而磨削则用作平面的精加工。此外还有刮研、研磨、超精加工、抛光等光整加工方法。

1. 刨削

刨削是单件小批量生产的平面加工最常用的加工方法,加工精度一般可达 IT9~IT7 级,表面粗糙度为 $Ra12.5\sim1.6\ \mu m$ 。刨削可以在牛头刨床或龙门刨床上进行,如图 3.4 所示。刨削的主运动是变速往复直线运动。因为在变速时有惯性,限制了切削速度的提高,并且在回程时不切削,所以刨削加工生产率低。但刨削所需的机床、刀具结构简单,制造安装方便,调整容易,通用性强。因此在单件、小批量生产中特别是加工狭长平面时被广泛应用。

　　当前,普遍采用宽刃刀精刨代替刮研,能取得良好的效果。采用宽刃刀精刨,切削速度较低(2~5 m/min),加工余量小(预刨余量为 0.08~0.12 mm,终刨余量为 0.03~0.05 mm),工件发热变形小,可获得较小的表面粗糙度值(Ra0.8~0.25 μm)和较高的加工精度(直线度为 0.02/1 000),且生产率也较高。图 3.5 为宽刃精刨刀,前角为 -10°~-15°,有挤光作用;后角为 5°,可增加后面支承,防止振动,刃倾角为 3°~5°。

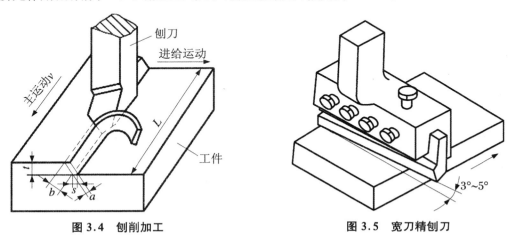

图 3.4　刨削加工　　　　　　　　　　　图 3.5　宽刃精刨刀

2. 铣削

　　铣削是平面加工中应用最普遍的一种方法,利用各种铣床、铣刀和附件,可以铣削平面、沟槽、弧形面、螺旋槽、齿轮、凸轮和特形面,如图 3.6 所示。一般经粗铣、精铣后,尺寸精度可达 IT9~IT7 级,表面粗糙度可达 Ra12.5~0.63 μm。铣削的主运动是铣刀的旋转运动,进给运动是工件的直线运动。图 3.7 为圆柱铣刀和面铣刀的切削运动。

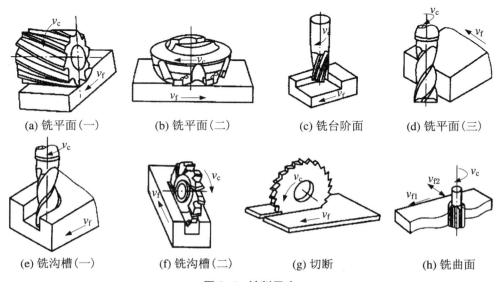

(a) 铣平面(一)　　　(b) 铣平面(二)　　　(c) 铣台阶面　　　(d) 铣平面(三)

(e) 铣沟槽(一)　　　(f) 铣沟槽(二)　　　(g) 切断　　　(h) 铣曲面

图 3.6　铣削用途

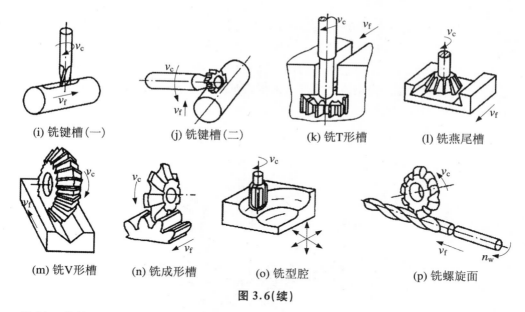

(i) 铣键槽(一)　　(j) 铣键槽(二)　　(k) 铣T形槽　　(l) 铣燕尾槽

(m) 铣V形槽　　(n) 铣成形槽　　(o) 铣型腔　　(p) 铣螺旋面

图 3.6(续)

铣削工艺特点有以下几点。

（1）**生产率高但不稳定**

由于铣削属于多刃切削,且可选用较大的切削速度,所以铣削效率较高。但由于各种原因易导致刀齿负荷不均匀,磨损不一致,从而引起机床的振动,造成切削不稳,直接影响工件的表面粗糙度。

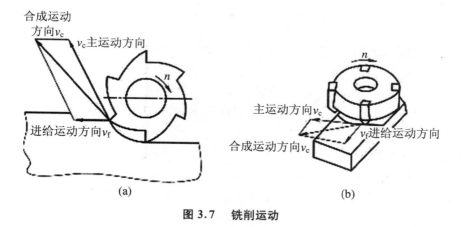

图 3.7　铣削运动

（2）**断续切削**

铣刀刀齿切入或切出时产生冲击,一方面使刀具的寿命下降,另一方面引起周期性的冲击和振动。但由于刀齿间断切削,工作时间短,在空气中冷却时间长,故散热条件好,有利于提高铣刀的耐用度。

（3）**半封闭切削**

由于铣刀是多齿刀具,刀齿之间的空间有限,若切屑不能顺利排出或没有足够的容屑槽,则会影响铣削质量或造成铣刀的破损,所以选择铣刀时要把容屑槽当作一个重要因素考虑。

3．磨削

磨削加工是在磨床上使用砂轮或其他磨具与工件做相对运动,对工件进行的一种多刀多刃的高速切削方法,其主运动是砂轮的旋转,图 3.8 为平面磨床。磨削在箱体平面加工中主要用于零件的精加工,尤其对难切削的高硬度材料(如淬硬钢、硬质合金、玻璃、陶瓷等)进行加工。因此,磨削往往作为箱体平面加工的最终加工工序。磨削加工范围很广,不同类型的磨床可加工不同的形面。

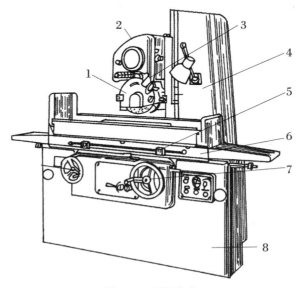

图 3.8　平面磨床

1. 磨头；　2. 拖板；　3. 砂轮修整器；　4. 立柱；　5. 撞块；　6. 工作台；　7. 手轮；　8. 床身

与其他加工方法相比,磨削加工有以下工艺特点:

① 磨削加工精度高。由于去除余量少,一般磨削可获得 IT6~IT4 级精度,表面粗糙度值低,磨削中参加工作的磨粒数多,各磨粒切去切屑少,故可获得较小的表面粗糙度值($Ra1.6~0.2\ \mu m$),若采用精磨、超精磨等,将获得更低的表面粗糙度值。

② 磨削加工范围广。磨削加工可适应各种表面,如内圆表面、外圆表面、圆锥面、平面、齿轮齿面、螺旋面及各种成形面;同时,磨削加工可适应多种工件材料,尤其是采用其他普通刀具难以切削的高硬高强材料,如淬硬钢、硬质合金、高速钢等。

③ 砂轮具有一定的自锐性。磨粒硬而脆,它可在磨削力作用下破碎、脱落、更新切削刃,保持刀具锋利,并在高温下仍不失去切削性能。

④ 磨削速度高,过程复杂,消耗能量多,切削效率低;磨削温度高,会使工件表面产生烧伤、残余应力等缺陷。

4．光整加工

对于尺寸精度和表面粗糙度要求很高的零件,一般都要进行光整加工。

（1）刮研

刮研适用于未淬火的工件,它可使两个平面之间达到紧密接触,能获得较高的形状和位置精度。刮研后的平面能形成具有润滑油膜的滑动面,因此,能减少相对运动表面间的磨损和增强零件接合面间的接触刚度。刮研表面质量用单位面积上接触点的数目来评定。刮研劳动强度大,生产率低,但刮研所需设备简单,生产准备时间短,刮研力小,发热小,变形小,加工精度和表面质量高,常用于单件小批生产及维修工作中。

(2)研磨

研磨是应用较广的一种光整加工。研磨时,在研具和工件表面间存在分散的细粒度砂粒(磨料和研磨剂),在两者之间施加一定的压力,并使其产生复杂的相对运动,这样经过砂粒的磨削和研磨剂的化学、物理作用,在工件表面上去掉极薄的一层材料,使研磨表面粗糙度低,质量好,零件可获得很高的形状精度和尺寸精度。研具材料一般比工件软,研具在研磨过程中同时受到切削和磨损。研磨对机床设备的精度要求低,应用范围广,既适用于单件手工生产,也适用于成批大量的机械化生产。既可加工平面、圆柱面、圆锥面,也可加工球面、螺纹牙型面、齿轮的齿面等。

采用哪种加工方法较合理,需根据零件的形状、尺寸、材料、技术要求、生产类型及工厂现有设备来决定,平面加工方案如表 3.2 所示。

表 3.2 平面加工方案

加工方案	经济精度	表面粗糙度 $Ra(\mu m)$	适用范围
粗车—半精	IT9	6.3～3.2	未淬硬钢、铸铁、有色金属工件
粗车—半精车—精车	IT7～IT8	1.6～0.8	
粗车—半精车—磨削	IT8～IT9	0.8～0.2	钢、铸铁
粗刨(或粗铣)—精刨(或精铣)	IT8～IT9	6.3～1.6	未淬硬钢、铸铁、有色金属工件批量较大时宜采用宽刃精刨方案
粗刨(或粗铣)—精刨(或精铣)—刮研	IT6～IT7	0.8～0.1	
以宽刃刨削代替上述方案刮研	IT7	0.8～0.2	
粗刨(或粗铣)—精刨(或精铣)—磨削	IT7	0.8～0.2	淬硬或未淬硬黑色金属工件
粗刨(或粗铣)—精刨(或精铣)—粗磨—精磨	IT6～IT7	0.4～0.02	
粗铣—拉	IT7～IT9	0.8～0.2	大量生产未淬硬较小的平面(精度视拉刀精度而定)
粗铣—精铣—磨削—研磨	IT6 以上	0.1～0.05	淬硬或未淬硬黑色金属工件

任务 3.2　确定齿轮箱体加工的工艺路线

3.2.1　构思

1. 箱体零件定位基准的选择

正确选择定位基准,特别是主要的精基准,对保证箱体零件加工精度、合理安排加工顺序起决定性的作用。所以,在拟定工艺路线时首先应考虑选择合适的定位基准。

(1) 箱体零件粗基准的选择

通常应满足以下几点要求:

① 在保证各加工面均有余量的前提下,应使重要孔的加工余量均匀,孔壁的厚薄尽量均匀,其余部位均有适当的壁厚。

② 装入箱体内的回转零件(如齿轮、轴套等)应与箱壁有足够的间隙。

③ 注意保持箱体必要的外形尺寸。此外,还应保证定位稳定,夹紧可靠。

为了满足上述要求,通常选用箱体重要孔的毛坯孔作粗基准。由于铸造箱体毛坯时,形成主轴孔、其他支承孔及箱体内壁的型芯是装成一整体放入的,它们之间有较高的相互位置精度,因此不仅可以较好地保证轴孔和其他支承孔的加工余量均匀,而且还能较好地保证各孔的轴线与箱体不加工内壁的相互位置,避免装入箱体内的齿轮、轴套等旋转零件在运转时与箱体内壁相碰。

根据生产类型不同,实现以主轴孔为粗基准的工件安装方式也不一样。大批大量生产时,由于毛坯精度高,可以直接用箱体上的重要孔在专用夹具上定位,工件安装迅速,生产率高。在单件、小批及中批生产时,一般毛坯精度较低,按上述办法选择粗基准,往往会造成箱体外形偏斜,甚至局部加工余量不够,因此通常采用划线找正的办法进行第一道工序的加工,即以主轴孔及其中心线为粗基准对毛坯进行划线和检查,必要时予以纠正,纠正后孔的余量应足够,但不一定均匀。

(2) 箱体零件精基准的选择

为了保证箱体零件孔与孔、孔与平面、平面与平面之间的相互位置和距离尺寸精度,箱体类零件精基准选择常用两种原则:基准统一原则、基准重合原则。

① 一面两孔(基准统一原则)。在多数工序中,箱体利用底面(或顶面)及其上的两孔作定位基准,加工其他的平面和孔系,以避免由于基准转换而带来的累积误差。

② 三面定位(基准重合原则)。箱体上的装配基准一般为平面,而它们又往往是箱体上其他要素的设计基准,因此以这些装配基准平面作为定位基准,避免了基准不重合误差,有利于提高箱体各主要表面的相互位置精度。

由分析可知,这两种定位方式各有优缺点,应根据实际生产条件合理确定。在中、小批量生产时,尽可能使定位基准与设计基准重合,以设计基准作为统一的定位基准。而大批生产时,优先考虑的是如何稳定加工质量和提高生产率,由此而产生的基准不重合误差通过工艺措施解决,如提高工件定位面精度和夹具精度等。

2. 箱体零件表面加工工艺方案的选择

由于表面的要求(尺寸、形状、表面质量、机械性能等)不同,往往同一表面的加工需采用多种加工方法完成。某种表面采用各种加工方法所组成的加工顺序称为表面加工工艺方案。

箱体的主要表面有平面和轴承支承孔。主要平面的加工,对于中、小件,一般在牛头刨床或普通铣床上进行;对于大件,一般在龙门刨床或龙门铣床上进行。刨削的刀具结构简单,机床成本低,调整方便,但生产率低;在大批大量生产时,多采用铣削;当生产批量大且精度又较高时可采用磨削。单件小批生产精度较高的平面时,除一些高精度的箱体仍需手工刮研外,一般采用宽刃精刨。当生产批量较大或为保证平面间的相互位置精度时,可采用组合铣削和组合磨削,如图 3.9 所示。

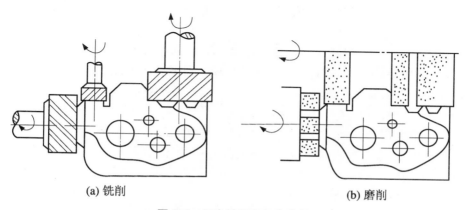

(a) 铣削　　　　　　　　　　　(b) 磨削

图 3.9　组合铣削和组合磨削

箱体支承孔的加工,对于直径小于 50 mm 的孔,一般不铸出,可采用钻→扩(或半精镗)→铰(或精镗)的方案。对于已铸出的孔,可采用粗镗→半精镗→精镗(用浮动镗刀片)的方案。由于主轴轴承孔精度和表面质量要求比其余轴孔高,所以,在精镗后,还要用浮动镗刀片进行精细镗。对于箱体上的高精度孔,最后精加工工序也可采用珩磨、滚压等工艺方法。

3. 箱体零件加工阶段的划分

加工阶段粗、精分开。箱体的结构复杂,壁厚不均,刚性不好,而加工精度要求又高,故箱体重要加工表面都要划分粗、精加工两个阶段,这样可以避免粗加工造成的内应力、切削力、夹紧力和切削热对加工精度的影响,有利于保证箱体的加工精度。粗、精分开也能及时发现毛坯缺陷,避免更大的浪费;同时还能根据粗、精加工的不同要求来合理选择设备,有利于提高生产率。

4. 加工顺序的安排

(1) 加工顺序为先面后孔

箱体类零件的加工顺序均为先加工面,以加工好的平面定位,再来加工孔。因为箱体孔的精度要求高,加工难度大,先以孔为粗基准加工平面,再以平面为精基准加工孔,这样不仅为孔的加工提供了稳定可靠的精基准,同时还可以使孔的加工余量较为均匀。

(2) 工序间合理安排热处理

箱体零件的结构复杂,壁厚也不均匀,因此,在铸造时会产生较大的残余应力。为了消除残余应力,减少加工后的变形和保证精度的稳定,在铸造之后必须安排人工时效处理。人工时效的工艺规范为:加热到 500~550 ℃,保温 4~6 h,冷却速度小于或等于 30 ℃/h,出炉温度小于或等于 200 ℃。

普通精度的箱体零件,一般在铸造之后安排 1 次人工时效处理。对一些高精度或形状特别复杂的箱体零件,在粗加工之后还要安排 1 次人工时效处理,以消除粗加工所造成的残余应力。有些精度要求不高的箱体零件毛坯,有时不安排时效处理,而是利用粗、精加工工序间的停放和运输时间,使之得到自然时效。箱体零件人工时效的方法,除了加热保温法外,也可采用振动时效来达到消除残余应力的目的。

3.2.2　设计

(1) 分析图 3.3 所示某车床主轴箱体简图,并拟定该箱体工艺路线。

① 该箱体加工定位基准的选择。

(a) 粗基准的选择。粗基准的选择对零件主要有两个方面的影响,即影响零件上加工表面与不加工表面的位置和加工表面的余量分配。为了满足上述要求,一般宜选箱体的重要孔的毛坯孔作粗基准。本箱体零件就适宜以主轴孔 Ⅲ 和距主轴孔较远的 Ⅱ 轴孔作为粗基准。本箱体不加工面中,内壁面与加工面(轴孔)间位置关系重要,因为箱体中的大齿轮与不加工内壁间隙很小,若是加工出的轴承孔与内壁有较大的位置误差,会使大齿轮与内壁相碰。从这一点出发,应选择内壁为粗基准,但是夹具的定位结构不易实现以内壁定位。由于铸造时内壁和轴孔是同一个型心浇铸的,以轴孔为粗基准可同时满足上述两方面的要求,因此实际生产中,一般以轴孔为粗基准。

(b) 精基准的选择。选择精基准主要是应能保证加工精度,所以一般优先考虑基准重合原则,本零件的各孔系和平面的设计基准和装配基准为 G 面、H 面和 P 面,因此可采用 G、H、P 三面作精基准定位。

② 该箱体主要表面的加工方法选择。

箱体的主要加工表面有平面和轴承支承孔。

箱体平面的粗加工和半精加工主要采用刨削和铣削,也可采用车削。当生产批量较大时,可采用各种组合铣床对箱体各平面进行多刀、多面同时铣削;尺寸较大的箱体,也可在多轴龙门铣床上进行组合铣削,可有效提高箱体平面加工的生产率。箱体平面的精加工,单件小批量生产时,除一些高精度的箱体仍需手工刮研外,一般多用精刨代替传统的手工刮研;当生产批量大而精度又较高时,多采用磨削。为提高生产效率和平面间的位置精度,可采用专用磨床进行组合磨削等。

箱体上公差等级为 IT7 级精度的轴承支承孔,一般需要经过 3~4 次加工。可采用扩—粗铰—精铰,或采用粗镗—半精镗—精镗的工艺方案进行加工(若未铸出预孔应先钻孔)。以上两种工艺方案,表面粗糙度值可达 $Ra0.8~1.6\ \mu m$。铰的方案用于加工直径较小的孔,镗的方案用于加工直径较大的孔。当孔的加工精度超过 IT6 级,表面粗糙度值 Ra 小于 $0.4\ \mu m$ 时,还应增加一道精密加工工序,常用的方法有精细镗、滚压、珩磨、浮动镗等。

③ 该箱体加工顺序的安排。

箱体机械加工顺序的安排一般应遵循以下原则:

(a) 先面后孔的原则。箱体加工顺序的一般规律是先加工平面,后加工孔。先加工平面,可以为孔加工提供可靠的定位基准,再以平面为精基准定位加工孔。平面的面积大,以平面定位加工孔的夹具结构简单、可靠,反之则夹具结构复杂、定位也不可靠。由于箱体上的孔分布在平面上,先加工平面可以去除铸件毛坯表面的凹凸不平、夹砂等缺陷,对孔加工有利,如可减小钻头的歪斜、防止刀具崩刃,同时对刀调整也方便。

　　(b) 先主后次的原则。箱体上用于紧固的螺孔、小孔等可视为次要表面,因为这些次要孔往往需要依据主要表面(轴孔)定位,所以这些螺孔的加工应在轴孔加工后进行。对于次要孔与主要孔相交的孔系,必须先完成主要孔的精加工,再加工次要孔,否则会使主要孔的精加工产生断续切削、振动,影响主要孔的加工质量。

　　④ 该箱体零件的加工工艺路线。

　　箱体零件的主要加工表面是孔系和装配基准面。如何保证这些表面的加工精度和表面粗糙度,孔系之间及孔与装配基准面之间的距离尺寸精度和相互位置精度,是箱体零件加工的主要工艺问题。

　　箱体零件的典型加工路线为:平面加工→孔系加工→次要面(紧固孔等)加工。其生产类型为中小批生产;材料为 HT200;毛坯为铸件。该箱体的加工工艺路线见表3.3。

表 3.3　车床主轴箱体零件的加工工艺路线

序号	工　序　内　容	定位基准
1	铸造	
2	时效	
3	清砂、涂底漆	
4	划各孔各面加工线,考虑Ⅱ、Ⅲ孔加工余量并照顾内壁及外形	
5	按线找正,粗刨 M 面、斜面,精刨 M 面	
6	按线找正,粗精刨 G、H、N 面	M 面
7	按线找正,粗精刨 P 面	G 面、H 面
8	粗镗纵向各孔	G 面、H 面、P 面
9	铣底面 Q 处开口沉槽	M 面、P 面
10	刮研 G、H 面达 8~10 点/25 mm²	
11	半精镗、精镗纵向各孔及 R 面主轴孔法兰面	G 面、H 面、P 面
12	钻镗 N 面上横向各孔	G 面、H 面、P 面
13	钻 G、N 面上各次要孔、螺纹孔	M 面、P 面
14	攻螺纹	
15	钻 M、P、R 面上各螺纹底孔	G 面、H 面、P 面
16	攻螺纹	
17	检验	

　　(2) 任务要求:图3.1为齿轮箱箱体,设计分析该箱体的工艺路线。

3.2.3   实施

1. 组织方式

独立完成或成立小组讨论完成。

2. 实施主要步骤

(1) 明确任务,知识准备;

(2) 定位基准的选择;

(3) 加工阶段的划分;

(4) 加工顺序的安排;

(5) 拟定工艺路线。

3.2.4   运作

评价见表 3.4。

表 3.4   任务评价参考表

项目		任务		姓名		完成时间		总分	
序号	评价内容及要求		评价标准	配分	自评(20%)	互评(20%)	师评(60%)		得分
1	确定定位基准			10					
2	加工阶段的选择			20					
3	加工顺序的选择			20					
4	工艺路线拟定			20					
5	学习与实施的积极性			10					
6	交流协作情况			10					
7	创新表现			10					

3.2.5   知识拓展

箱体上一系列相互位置有精度要求的孔的组合,称为孔系。孔系可分为平行孔系(图 3.10(a))、同轴孔系(图 3.10(b))、交叉孔系(图 3.10(c))。

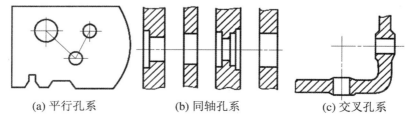

(a) 平行孔系   (b) 同轴孔系   (c) 交叉孔系

图 3.10   孔系的分类

孔系加工不仅对孔本身精度的要求较高,而且对孔距精度和相互位置精度的要求也高,因此是箱体加工的关键。孔系的加工方法根据箱体批量不同和孔系精度要求的不同而不同,现分别予以讨论。

1. 平行孔系的加工

平行孔系的主要技术要求是各平行孔中心线之间及中心线与基准面之间的距离尺寸精度和相互位置精度。生产中常采用以下几种方法。

(1) 找正法

找正法是在通用机床上,借助辅助工具来找正要加工孔的正确位置的加工方法。这种方法加工效率低,一般只适用于单件小批生产。根据找正方法的不同,找正法又可分为以下几种:

① 划线找正法。加工前按照零件图在毛坯上划出各孔的位置轮廓线,然后按划线一一进行加工。划线和找正时间较长,生产率低,而且加工出来的孔距精度也低,一般在±0.5 mm 左右。为提高划线找正的精度,往往结合试切法进行。即先按划线找正镗出一孔,再按线将主轴调至第二孔中心,试镗出一个比图样要小的孔,若不符合图样要求,则根据测量结果更新调整主轴的位置,再进行试镗、测量、调整,如此反复几次,直至达到要求的孔距尺寸。此法虽比单纯的按线找正所得到的孔距精度高,但孔距精度仍然较低,且操作的难度较大,生产率低,适用于单件小批生产。

② 心轴和块规找正法。镗第一排孔时将心轴插入主轴孔内(或直接利用镗床主轴),然后根据孔和定位基准的距离组合一定尺寸的块规来校正主轴位置,如图 3.11 所示。校正时用塞尺测定块规与心轴之间的间隙,以避免块规与心轴直接接触而损伤块规。镗第二排孔时,分别在机床主轴和加工孔中插入心轴,采用同样的方法校正主轴线的位置,以保证孔心距的精度。这种找正法的孔心距精度可达±0.3 mm 。

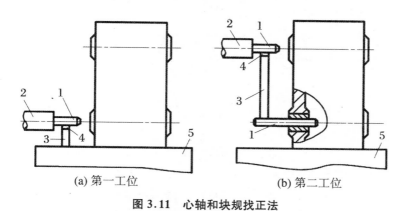

(a) 第一工位　　　　　　　　　　　　(b) 第二工位

图 3.11　心轴和块规找正法

1. 心轴; 2. 镗床主轴; 3. 量规; 4. 塞尺; 5. 镗床工作台

③ 样板找正法。用 10~20 mm 厚的钢板制造样板,装在垂直于各孔的端面上(或固定于机床工作台上),如图 3.12 所示。样板上的孔距精度较箱体孔系的孔距精度高(一般为±0.1~±0.3 mm),孔径较工件孔径大,以便于镗杆通过。样板上孔径尺寸精度要求不高,但要有较高的形状精度和较低的表面粗糙度值。当样板准确地装到工件上后,在机床主轴上装一千分表,按样板找正机床主轴,找正后,即换上镗刀加工。此法加工孔系不易出差错,找正方便,孔距精度可达±0.05 mm 。这种样板成本低,仅为镗模成本的 1/7~1/9,单件小

批的大型箱体加工常用此法。

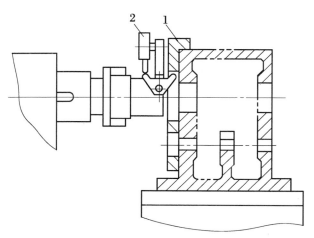

图 3.12　样板找正法

1. 样板；　2. 千分表

④ 定心套找正法。如图 3.13 所示,先在工件上划线,再按线攻螺纹孔,然后装上形状精度高而光滑的定心套,定心套与螺钉间有较大间隙,然后按图样要求的孔心距公差的 1/3 ～1/5 调整全部定心套的位置,并拧紧螺钉。复查后即可上机床,按定心套找正镗床主轴位置,卸下定心套,镗出一孔。每加工一个孔找正一次,直至孔系加工完毕。此法工装简单,可重复使用,特别适宜于单件生产下的大型箱体和缺乏坐标镗床条件下加工钻模板上的孔系。

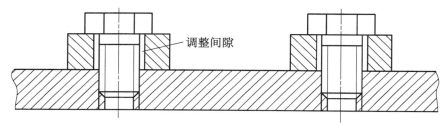

调整间隙

图 3.13　定心套找正法

（2）镗模法

镗模法即利用镗模夹具加工孔系。镗孔时,工件装夹在镗模上,镗杆被支承在镗模的导套里,增加了系统刚性。这样,镗刀便通过模板上的孔将工件上相应的孔加工出来,机床精度对孔系加工精度影响很小,孔距精度主要取决于镗模的制造精度,因而可以在精度较低的机床上加工出精度较高的孔系。当用两个或两个以上的支承来引导镗杆时,镗杆与机床主轴必须浮动连接。

镗模法加工孔系时镗杆刚度大大提高,定位夹紧迅速,节省了调整、找正的辅助时间,生产率高,是中批生产、大批大量生产中广泛采用的加工方法。但由于镗模自身存在的制造误差,导套与镗杆之间存在间隙与磨损,所以孔距的精度一般可达 ±0.05 mm,同轴度和平行度从一端加工时可达 0.02～0.03 mm,当分别从两端加工时可达 0.04～0.05 mm。此外,镗模的制造要求高、周期长、成本高,大型箱体较少采用镗模法。用镗模法加工孔系,既可在通用机床上加工,也可在专用机床或组合机床上加工。图 3.14 为组合机床上用镗模加工孔系的示意图。

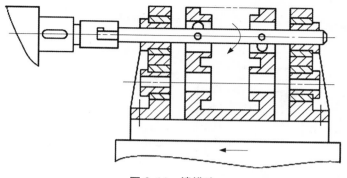

图 3.14　镗模法

（3）一面二销安装

箱体以一面两孔定位，是为了实现基准统一，提高生产效率和加工精度。这种组合定位方式所采用的定位元件为支承板、圆柱销和菱形销，故又称为一面两销定位。工件以平面作为主要定位基准，限制三个自由度，圆柱销限制两个自由度，菱形销限制一个自由度。采用一面两孔定位时，需要确定两销的中心距及公差、圆柱销的直径及公差、菱形销的直径及公差，最后进行定位误差计算，以确保加工精度。

2. 同轴孔系的加工

成批生产中，一般采用镗模加工孔系，其同轴度由镗模保证。单件小批生产时，其同轴度用以下几种方法来保证。

（1）利用已加工孔作支承导向

如图 3.15 所示，当箱体前壁上的孔加工好后，在孔内装一导向套，支承和引导镗杆加工后壁上的孔，以保证两孔的同轴度要求。此法适于加工箱壁较近的孔。

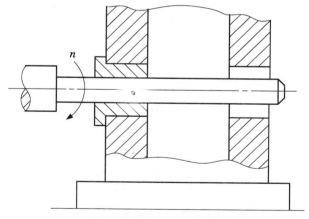

图 3.15　已加工孔作支承

（2）利用镗床后立柱上的导向套支承镗杆

这种方法其镗杆系两端支承，刚性好，但此法调整麻烦，镗杆较长，很笨重，故只适用于大型箱体的加工。

（3）采用调头镗

当箱体箱壁相距较远时,可采用调头镗,如图 3.16 所示。工件在一次装夹下,镗好一端孔后,将镗床工作台回转 180°,调整工作台位置,使已加工孔与镗床主轴同轴,然后再加工孔。

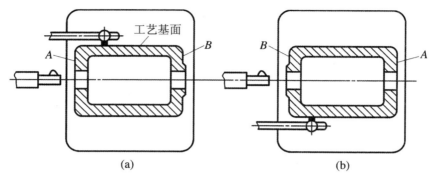

图 3.16　调头镗对工件的校正

当箱体上有一较长并与所镗孔轴线有平行度要求的平面时,镗孔前应先用装在镗杆上的百分表对此平面进行校正,使其与镗杆轴线平行。如图 3.16(a)所示,校正后加工孔 A,孔加工后,再将工作台回转 180°,并用装在镗杆上的百分表沿此平面重新校正,如图3.16(b)所示,然后再加工孔 B,这样就可保证 A、B 孔同轴。若箱体上无长的加工好的工艺基面,也可用平行长铁置于工作台上,使其表面与要加工的孔轴线平行后固定。调整方法同上,也可达到两孔同轴的目的。

3. 交叉孔系的加工

交叉孔系的主要技术要求是控制有关孔的垂直度误差。在普通镗床上主要靠机床工作台上的 90°对准装置。它是挡块装置,结构简单,但对准精度低。当有些镗床工作台 90°对准装置精度很低时,可用心棒与百分表找正来提高其定位精度,即在加工好的孔中插入心棒,工作台转位 90°,摇工作台,用百分表找正,如图 3.17 所示。

孔加工方案适用范围见表3.5。

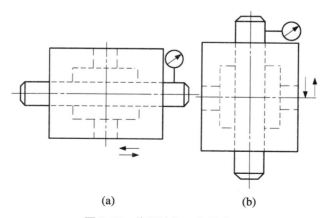

图 3.17　找正法加工交叉孔系

表 3.5　孔加工方案适用范围

加工方案	经济精度	表面粗糙度 $Ra(\mu m)$	适用范围
钻	IT11～IT12	12.5	加工未淬火钢及铸铁的实心毛坯,也可用于加工孔径小于 15～20 mm 的有色金属(但表面稍粗糙)
钻—铰	IT9	3.2～1.6	
钻—铰—精铰	IT7～IT8	1.6～0.8	
钻—扩	IT10～IT11	12.5～6.3	同上,但孔径大于 15～20 mm
钻—扩—铰	IT8～IT9	3.2～1.6	
钻—扩—粗铰—精铰	IT7	1.6～0.8	
钻—扩—机铰—手铰	IT6～IT7	0.4～0.1	
钻—扩—拉	IT7～IT9	1.6～0.1	大批大量生产中小零件的通孔(精度由拉刀的精度而定)
粗镗(或扩孔)	IT11～IT12	12.5～6.3	除淬火钢外有铸出孔或锻出孔的各种材料、毛坯
粗镗(粗扩)—半精镗(精扩)	IT8～IT9	3.2～1.6	
粗镗(扩)—半精镗(精扩)—精镗(铰)	IT7～IT8	1.6～0.8	
粗镗(扩)—半精镗(精扩)—精镗—浮动镗刀精镗	IT6～IT7	0.8～0.4	
粗镗(扩)—半精镗—磨孔	IT7～IT8	0.8～0.2	主要用于淬火钢,也可用于未淬火钢,但不宜用于有色金属
粗镗(扩)—半精镗—精镗—精磨	IT6～IT7	0.2～0.1	
粗镗(扩)—半精镗—精镗—金刚镗	IT6～IT7	0.2～0.1	
钻—(扩)—粗铰—精铰—珩磨;钻—(扩)—拉—珩磨;半粗镗—精镗—珩磨	IT6～IT7	0.4～0.05	主要用于精度要求高的有色金属加工
以研磨代替上述方案中的珩磨	IT6 级以上	<0.1	黑色金属

任务 3.3　确定齿轮箱体的工序内容,填写工艺规程文件

3.3.1　构思

1. 箱体类零件工序内容的确定

(1) 机械加工余量及工序尺寸的计算可参照学习情境 1 的项目 1 中轴类零件的计算方法。

(2) 箱体类零件常用设备及工艺装备见表 3.6。

表 3.6　箱体类零件常用设备及工艺装备

机　床	夹　具	刀　具	量　具	辅　具
镗床、钻床、铣床、磨床等	镗模、钻模等专用夹具和对刀块、塞尺等	镗刀、砂轮、铣刀等	量规、千分尺、百分表等	检验心轴、V 形架等

(3) 镗孔切削用量确定。镗孔与车外圆切削用量确定过程相同,见学习情境 1 的项目 1。

2. 填写箱体类零件工艺规程文件

箱体零件工艺规程的类型与轴类零件相同,见学习情境 1 的项目 1。

3.3.2　设计

(1) 图 3.18 为小型涡轮减速器箱体。该箱体为单件小批量生产,表面由许多精度要求不同的孔和平面组成,内部结构比较简单但壁的厚薄不均匀,现分析该箱体工艺性,编制其加工工艺规程。

① 零件技术要求分析。

涡轮减速器箱体的主要技术要求如图 3.18 所示。

② 毛坯的确定及估算毛坯的机械加工余量。

按技术要求涡轮减速器箱体的材料是 HT200,其毛坯是铸件。

此涡轮减速器箱体零件毛坯的精度低,加工余量大,其平面余量一般为 7～12 mm,孔在半径上的余量为 8～14 mm。为了减少加工余量,无论是单件小批生产还是成批生产,均需在两对轴承孔位置的毛坯上铸出预孔。现拟定顶面的机械加工余量为 7,底面及侧面的机械加工余量为 6 mm,各加工表面的机械加工余量统一取 7 mm,减速箱箱体毛坯的尺寸偏差为 ±2.5 mm。具体见表 3.7。

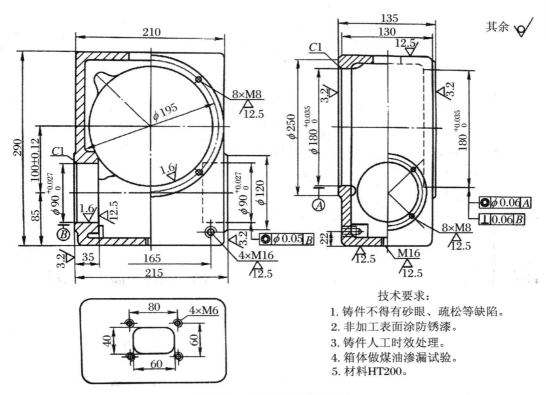

图 3.18　小型涡轮减速器箱体

技术要求:
1. 铸件不得有砂眼、疏松等缺陷。
2. 非加工表面涂防锈漆。
3. 铸件人工时效处理。
4. 箱体做煤油渗漏试验。
5. 材料HT200。

表 3.7　涡轮减速器箱体毛坯尺寸公差及机械加工余量　　　（单位:mm）

加工零件	机械加工余量	毛坯尺寸及公差
箱体长度 215	12.5	227.5±5.5
箱体高度 290	13	303±6
箱体宽度 135	12	147±5
2 个轴承孔 $\phi180^{+0.035}_{0}$	12.5	$\phi167.5±5.5$
2 个轴承孔 $\phi90^{+0.027}_{0}$	11.5	$\phi78.5±5.5$

③ 加工工艺路线的拟定。

（a）定位基准的选择。

ⅰ. 精基准的选择。

蜗轮减速器箱体中 $\phi90$ 轴承孔和 $\phi180$ 轴承孔有一定的尺寸精度和位置精度要求,其尺寸精度均为 IT7 级,位置精度包括: $\phi90$ 轴承孔对 $\phi90$ 轴承孔轴线的同轴度公差为 $\phi0.05$ mm、$\phi180$ 轴承孔对 $\phi180$ 轴承孔轴线的同轴度公差为 $\phi0.06$ mm、$\phi180$ 轴承孔轴线对 $\phi90$ 轴承孔轴线的垂直度公差为 0.06。为了保证以上几项要求,加工箱体顶面时应以底面为精基准,使顶面加工时的定位基准与设计基准重合;加工两对轴承孔时,仍以底面为主要定位基准,这样既符合"基准统一"的原则,也符合"基准重合"的原则,有利于保证轴承孔轴线与装配基准面的尺寸精度。同时为了定位更加准确可靠,外加底面 M16 的螺纹孔和箱体的右侧面作为精基准。

ⅱ. 粗基准的选择。

一般箱体零件的粗基准都用它上面的重要孔和另一个相距较远的孔作为粗基准,以保证孔加工时余量均匀。蜗轮减速器箱体加工选择以重要表面孔 $\phi90$ 及 $\phi180$ 为粗基准,通过划线的方法确定第一道工序加工面位置,尽量使各毛坯面加工余量得到保证,即采用划线装夹,按线找正加工即可。

(b) 加工方法的确定。

根据加工表面的精度和表面粗糙度要求,箱体各主要表面和轴承孔的加工方案见表 3.8。

表 3.8　减速器箱体表面加工方案

加工表面	尺寸精度等级	表面粗糙度 Ra	加工方案
箱体底面	IT13	12.5	粗铣
箱体顶面	IT13	12.5	粗铣
$\phi120$ 凸台	IT8	3.2	粗铣—精铣
$\phi250$ 凸台	IT8	3.2	粗铣—精铣
$\phi180$ 轴承孔	IT8	1.6	粗镗—半精镗—精镗
$\phi90$ 轴承孔	IT8	1.6	粗镗—半精镗—精镗
$4 \times M16$	IT13	12.5	钻孔—攻丝
$4 \times M6$	IT13	12.5	钻孔—攻丝
$8 \times M8$	IT13	12.5	钻孔—攻丝

(c) 加工阶段的划分。

减速箱体整个加工过程可分为两大阶段,即先对箱盖和底座分别进行加工,然后再对装合好的整个箱体进行加工——合件加工。在加工时,粗、精加工阶段要分开。减速箱箱体毛坯为铸件,加工余量较大,而在粗加工中切除的金属较多,因而夹紧力、切削力都较大,切削热也较多。而且粗加工后,工件内应力重新分布也会引起工件变形,因此,对加工精度影响较大。为此,把粗精加工分开进行,有利于把已加工后由于各种原因引起的工件变形充分暴露出来,然后在精加工中将其消除。

(d) 工序的集中与分散。

箱体的体积、重量较大,故应尽量减少工件的运输和装夹次数。为了便于保证各加工表面的位置精度,应在一次装夹中尽量多加工一些表面。工序安排相对集中。箱体零件上相互位置要求较高的孔系和平面,一般尽量集中在同一工序中加工,以减少装夹次数,从而减少安装误差的影响,有利于保证其相互位置精度要求。

(e) 工序顺序的安排。

ⅰ. 机械加工工序。

• 遵循"先基准后其他"的工艺原则,首先加工精基准对合面。

• 遵循"先粗后精"的工艺原则,先安排粗加工工序,后安排精加工工序。

• 遵循"先主后次"的工艺原则,由于轴承孔及各主要平面,都要求与对合面保持较高的位置精度,所以在平面加工方面,先加工对合面,然后再加工其他平面。

• 遵循"先面后孔"的工艺原则,还遵循组装后镗孔的原则。因为如果不先将箱体的对合面加工好,轴承孔就不能进行加工。另外,镗轴承孔时,必须以底座的底面为定位基准,所以底座的底面也必须先加工好。

ⅱ. 热处理工序。

箱体零件的结构复杂,壁厚也不均匀,因此,在铸造时会产生较大的残余应力。为了消除残余应力,减少加工后的变形和保证精度的稳定,在铸造之后必须安排人工时效处理。本例减速箱体在铸造之后安排 1 次人工时效处理,粗加工之后没有安排时效处理,而是利用粗、精加工工序间的停放和运输时间,使之得到自然时效。

ⅲ. 辅助工序。

在铸造后安排了清砂、涂漆工序;箱盖和底座拼装前,安排了中间检验工序和底座的煤油渗漏试验工序;箱体精加工后,安排了拆箱、去毛刺、清洗、合箱和终检工序。

（f）确定工艺路线。

在综合考虑了上述工序顺序安排原则的基础上,涡轮减速器箱体的加工工艺路线如下:铸造箱体→清砂→人工时效处理→油漆→划线→铣削各加工表面(先按照 $\phi180$ 轴承孔的底面划线加工出底面,再加工顶面和侧面)→钻底面 M16 孔(与一个 $\phi18$ 的圆柱销配合,同时与底面和右侧面构成精基准)→镗削轴承孔→钻 M6、M8 底孔→攻丝 M6、M8、M16 螺纹→油漆不加工表面→检验→入库。

④ 工序内容的确定。

（a）加工余量及工序尺寸的确定。

ⅰ. 确定尺寸 290 mm 上、下端面的加工余量及工序尺寸(尺寸 290 mm 上、下端面的加工余量、工序尺寸和公差的确定见表 3.9)。

加工过程:先找正所划底面加工线,粗铣底面,保证工序尺寸;然后以底面为基准,找正所划上端面加工线,粗铣上端面,保证工序尺寸。

表 3.9　尺寸 290 mm 上、下端面的加工余量及工序尺寸

工　序	加工余量	工序基本尺寸	精度等级(公差)	工序尺寸
粗铣(上端面)	6.5	290	IT13(0.81)	$290_{-0.81}^{0}$
粗铣(下端面)	6.5	296.5	IT13(0.81)	$290_{-0.81}^{0}$
毛坯	13	303	IT13(12)	303 ± 6

ⅱ. 确定尺寸 215 mm 左、右端面的加工余量及工序尺寸(尺寸 215 mm 左、右端面加工余量、工序尺寸和公差的确定见表 3.10)。

表 3.10　尺寸 215 mm 左、右端面的加工余量及工序尺寸

工　序	加工余量	工序基本尺寸	精度等级(公差)	工序尺寸
精铣(左端面)	1.5	215	IT8(0.072)	$215_{-0.072}^{0}$
粗铣(左端面)	4.75	216.5	IT8(0.072)	$216.5_{-0.072}^{0}$
精铣(右端面)	1.5	221.25	IT13(0.72)	$221.25_{-0.072}^{0}$
粗铣(右端面)	4.75	222.75	IT13(0.72)	$222.75_{-0.072}^{0}$
毛坯	12.5	227.5	IT13(11)	227.5 ± 5.5

加工过程:先以左端面为基准,找正所划右端面加工线,粗铣右端面,留余量;再以左端面为基准,精铣右端面,保证工序尺寸;然后以右端面为基准,粗铣左端面,留余量;最后以右

端面为基准,精铣左端面,保证工序尺寸。

ⅲ. 确定尺寸 135 mm 前、后端面的加工余量及工序尺寸(尺寸 135 mm 前、后端面加工余量、工序尺寸和公差的确定见表 3.11)。

加工过程:先以后端面为基准,找正所划前端面加工线,粗铣前端面,留余量;再以后端面为基准,精铣前端面,保证工序尺寸;然后以前端面为基准,粗铣后端面,留余量;最后以前端面为基准,精铣后端面,保证工序尺寸。

表 3.11　尺寸 135 mm 前、后端面的加工余量及工序尺寸

工　序	加工余量	工序基本尺寸	精度等级(公差)	工序尺寸
精铣(后端面)	1.5	135	IT8(0.063)	$135_{-0.063}^{0}$
粗铣(后端面)	4.5	136.5	IT8(0.063)	$136.5_{-0.063}^{0}$
精铣(前端面)	1.5	141	IT13(0.63)	$141_{-0.63}^{0}$
粗铣(前端面)	4.5	142.5	IT13(0.63)	$142.5_{-0.63}^{0}$
毛坯	12	147	IT13(10)	147 ± 5

ⅳ. 确定尺寸 $\phi 180$ mm 孔的加工余量及工序尺寸(尺寸 $\phi 180$ mm 孔的加工余量、工序尺寸和公差的确定见表 3.12)。

表 3.12　尺寸 $\phi 180$ mm 孔的加工余量及工序尺寸

工　序	加工余量	工序基本尺寸	精度等级(公差)	工序尺寸
精镗	0.7	$\phi 180$	IT8(0.035)	$\phi 180_{0}^{+0.035}$
半精镗	1.2	$\phi 179.3$	IT10(0.16)	$\phi 179.3_{0}^{+0.16}$
粗镗	10.6	$\phi 178.1$	IT12(0.40)	$\phi 178.1_{0}^{+0.4}$
毛坯	12.5	$\phi 167.5$	IT13(11)	$\phi 167.5 \pm 5.5$

ⅴ. 确定尺寸 $\phi 90$ mm 孔的加工余量及工序尺寸(尺寸 $\phi 90$ mm 孔的加工余量、工序尺寸和公差的确定见表 3.13)。

表 3.13　尺寸 $\phi 90$ mm 孔的加工余量及工序尺寸

工　序	加工余量	工序基本尺寸	精度等级(公差)	工序尺寸
精镗	0.7	$\phi 90$	IT8(0.027)	$\phi 90_{0}^{+0.027}$
半精镗	1.2	$\phi 89.3$	IT10(0.14)	$\phi 89.3_{0}^{+0.14}$
粗镗	9.6	$\phi 88.1$	IT12(0.35)	$\phi 88.1_{0}^{+0.35}$
毛坯	11.5	$\phi 78.5$	IT13(9)	$\phi 78.5 \pm 5.5$

(b) 确定机床及工艺装备(见后面的工艺卡片)。

⑤ 填写工艺规程文件,该箱体部分工艺卡片编制见表 3.14～表 3.17。

表 3.14　涡轮减速器箱体机械加工工艺过程卡片

企业名称		机械加工工艺过程卡片	产品型号	涡轮减速器	零件图号	1	共 2 页
			产品名称	涡轮减速器	零件名称	涡轮减速器箱体	第 1 页
材料牌号 HT200	毛坯种类 铸件	毛坯外形尺寸 227.5 mm×147 mm×303 mm		每件毛坯可制件数 1	每台件数 1		备注 单件

工序号	工序名称	工 序 内 容	设备	工艺装备	工时（准终）	工时（单件）
1	铸造	铸造毛坯				
2	清砂	清洗浇注系统、冒口、型砂、飞边、毛刺等				
3	热处理	人工时效				
4	油漆	喷漆底漆				
5	划线	1. 以直径 180 mm 毛坯为基准，找正、垫平、画出底面加工线和左右凸台凸台加工线； 2. 以底面加工线为基准，划出顶面加工线		高度游标卡尺，90°角度尺		
6	铣削	以底面为基准，找正所划顶面加工线，粗铣顶面，保证工序尺寸 $290_{-0.81}$ mm	X6132	游标卡尺		
7	铣削	以底面为精基准，压紧工件，铣削左右端面至右端面尺寸 $215_{-0.072}$ mm	X6132	游标卡尺		
8	铣削	以底面为精基准，压紧工件，铣削左右端面至右端面尺寸 $135_{-0.063}$ mm	X6132	游标卡尺		
9	钻孔	划线找准底面 M16 螺纹孔，夹紧工件，钻 M16 螺纹底孔 $\phi12$	Z3032			
10	粗镗	以底面为精基准，压紧工件，兼顾中心与地面高度 185 mm 尺寸，粗镗直径 180 mm 的孔至 178.1 mm	T617A	游标卡尺		
11	半精镗	以底面为精基准，压紧工件，兼顾中心与地面高度 185 mm 尺寸，半粗镗直径 180 mm 的孔至 179.3 mm	T617A	游标卡尺		
			设计（日期）	校对（日期）	审核（日期）	标准化（日期）	会签（日期）
标记	处数	更改文件号	签字	日期	标记	处数	更改文件号	签字	日期

续表

企业名称		机械加工工艺过程卡片		产品型号		零件图号			共 2 页
				产品名称	涡轮减速器	零件名称	涡轮减速器箱体		第 2 页
材料牌号 HT200	毛坯种类 铸件	毛坯外形尺寸 227.5 mm×147 mm×303 mm		每件毛坯可制件数 1		每台件数 1			

工序号	工序名称	工 序 内 容	设备	工艺装备	工时 准终	工时 单件	备注
12	精镗	以底面为精基准,压紧工件,兼顾中心与地面高度 185 mm 尺寸,精镗直径 180 mm 的孔至工序尺寸	T617A				
13	粗镗	以底面为精基准,压紧工件,兼顾中心与地面高度 85 mm 尺寸,粗镗直径 90 mm 的孔至 88.1 mm	T617A	游标卡尺			
14	半精镗	以底面为精基准,压紧工件,兼顾中心与地面高度 85 mm 尺寸,半精镗直径 90 mm 的孔至 89.3 mm	T617A				
15	精镗	以底面为精基准,压紧工件,兼顾中心与地面高度 85 mm 尺寸,精镗直径 90 mm 的孔至工序尺寸	T617A				
16	钻孔	划线,夹紧工件,钻 M6,M8,M16 螺纹底孔	Z3032				
17	攻丝	夹紧工件,攻丝 M6,M8,M16 螺纹					
18	检验	综合检查					
19	入库	清洗,上油,入库					
			设计 (日期)	校对 (日期)	审核 (日期)	标准化 (日期)	会签 (日期)
标记	处数	更改文件号	签字	日期	标记	处数	更改文件号	签字	日期

表 3.15　涡轮减速器箱体机械加工工序卡片

机械加工工序卡片	产品型号	涡轮减速器		零件图号			共 1 页
单位	产品名称	涡轮减速器		零件名称	涡轮减速器箱体		第 1 页
	车间	机加工	工序号	6	工序名称	铣削	材料牌号　HT200
	毛坯种类	铸件	毛坯外形尺寸	303 mm	每件毛坯可制件数	1	每台件数　1
	设备名称	卧式铣床	设备型号	X6132	设备编号		同时加工件数　1
	夹具编号		夹具名称	直线进给式铣床夹具			切削液
	工位器具编号		工位器具名称				工序工时(min)　准终/单件

工步号	工 步 内 容	工艺装备	主轴转速(r/min)	切削速度(m/min)	进给量(mm/r)	背吃刀量(mm)	走刀次数	工步工时(min) 机动	辅助
1	粗铣底面至 $296.5^{\ 0}_{-0.81}$ mm,精度等级为 IT13	游标卡尺	250	80	0.15	3.5	2		
2	精铣底面至 $290^{\ 0}_{-0.81}$ mm,精度等级为 IT13	游标卡尺	250	80	0.15	3.5	2		

			设计(日期)	校对(日期)	审核(日期)	标准化(日期)	会签(日期)
标记	处数	更改文件号	签字	日期	标记 处数	更改文件号 签字	日期

表 3.16　涡轮减速器箱体机械加工工序卡片

机械加工工序卡片	产品型号		零件图号		共 1 页
	产品名称	涡轮减速器	零件名称	涡轮减速器箱体	第 1 页
车间	工序号	工序名称	材料牌号		
机加工	7	铣削	HT200		
毛坯种类	毛坯外形尺寸	每件毛坯可制件数	每台件数		
铸件	227.5 mm	1	1		
设备名称	设备型号	设备编号	同时加工件数		
卧式铣床	X6132		1		
夹具编号	夹具名称		切削液		
	直线进给式铣床夹具				
工位器具编号	工位器具名称		工序工时(min)		
			准终		单件

工步号	工步内容	工艺装备	主轴转速 (r/min)	切削速度 (m/min)	进给量 (mm/r)	背吃刀量 (mm)	走刀次数	工步工时(min) 机动	辅助
1	粗铣右端面至 $222.75_{-0.72}^{0}$ mm，精度等级为 IT13，Ra=12.5	游标卡尺	250	80	0.15	2.5	2		
2	精铣右端面至 $221.25_{-0.072}^{0}$ mm，精度等级为 IT8，Ra=3.2	游标卡尺	250	80	0.15	1	2		
3	粗铣左端面至 $216.5_{-0.72}^{0}$ mm，精度等级为 IT13，Ra=12.5	游标卡尺	250	80	0.15	2.5	2		
4	精铣左端面至 $215_{-0.072}^{0}$ mm，精度等级为 IT8，Ra=3.2	游标卡尺	250	80	0.15	1	2		

				设计 (日期)	校对 (日期)	审核 (日期)	标准化 (日期)	会签 (日期)
单位								
标记	处数	更改文件号	签字	日期	标记	处数	更改文件号	签字	日期

表 3.17　涡轮减速器箱体机械加工工序卡片

机械加工工序卡片	产品型号	涡轮减速器	零件图号		共 1 页
	产品名称	涡轮减速器	零件名称	涡轮减速器箱体	第 1 页
					材料牌号　HT200

车间	机加工	工序号	8	工序名称	铣削	每台件数	1
毛坯种类	铸件	毛坯外形尺寸	147 mm	每个毛坯可制件数	1	同时加工件数	1
设备名称	卧式铣床	设备型号	X6132	设备编号		切削液	
夹具编号		夹具名称	直线进给式铣床夹具				
工位器具编号		工位器具名称					

工步号	工步内容	工艺装备	主轴转速 (r/min)	切削速度 (m/min)	进给量 (mm/r)	背吃刀量 (mm)	走刀次数	工步工时 (min) 机动	工步工时 (min) 辅助
1	粗铣 1 面至 $142.5^{\ 0}_{-0.63}$ mm，精度等级为 IT13，$Ra = 12.5$	游标卡尺	250	80	0.15	2.5	2		
2	精铣 1 面至 $141^{\ 0}_{-0.63}$ mm，精度等级为 IT8，$Ra = 3.2$	游标卡尺	250	80	0.15	1	2		
3	粗铣 2 面至 $136.5^{\ 0}_{-0.063}$ mm，精度等级为 IT13，$Ra = 12.5$	游标卡尺	250	80	0.15	2.5	2		
4	精铣 2 面至 $135^{\ 0}_{-0.063}$ mm，精度等级为 IT8，$Ra = 3.2$	游标卡尺	250	80	0.15	1	2		

				设计 (日期)	校对 (日期)	审核 (日期)	标准化 (日期)	会签 (日期)
标记	处数	更改文件号	签字	日期	标记	处数	更改文件号	签字	日期

单位

（2）任务要求：编制图 3.1 所示齿轮箱箱体零件加工工艺规程卡片。

3.3.3　实施

1．组织方式

独立完成或成立小组讨论完成。

2．实施主要步骤

（1）明确任务，知识准备；

（2）工序尺寸的计算；

（3）切削用量的选择；

（4）机床设备与工艺装备的选择；

（5）填写加工工艺规程卡片。

3.3.4　运作

评价见表 3.18。

表 3.18　任务评价参考表

项目		任务		姓名		完成时间		总分	
序号	评价内容及要求		评价标准	配分	自评(20%)	互评(20%)	师评(60%)		得分
1	工序尺寸的计算			10					
2	切削用量的选择			10					
3	机床设备与工艺装备的选择			20					
4	填写机械加工工艺过程卡片			15					
5	填写机械加工工序卡片			15					
6	学习与实施的积极性			10					
7	交流协作情况			10					
8	创新表现			10					

3.3.5　知识拓展

1．铣床夹具介绍

（1）铣床夹具的分类

在箱体零件加工过程中，使用最多的加工设备是铣床，而铣床上必不可少的工装设备就是铣床夹具。铣床夹具种类很多，按其使用范围可分为通用铣夹具、专用铣夹具和组合铣夹具三类；按工件在铣床上加工的运动特点，可分为直线进给夹具、圆周进给夹具、沿曲线进给夹具（如仿形装置）三类；还可按自动化程度和夹紧动力源的不同（如气动、电动、液压）以及装夹工件数量的多少（如单件、双件、多件）等进行分类。其中，最常用的分类方法是按使用范围进行分类。

（2）常用铣床夹具

① 平口虎钳。铣床常用的通用夹具主要有平口虎钳，它主要用于装夹长方形工件，也可用于装夹圆柱形工件，使用时以固定钳口为基准，其结构如图 3.19 所示。

机用平口虎钳是通过虎钳体固定在机床上。固定钳口和钳口铁起垂直定位作用，虎钳体上的导轨平面起水平定位作用。活动座、螺母、丝杆和紧固螺钉可作为夹紧元件。回转底座和定位键分别起角度分度和夹具定位作用。

② 分度头。分度头是铣床上的重要精密附件，利用分度头进行分度，可完成多面体、齿槽等铣削加工，分度头结构如图 3.20 所示。分度手柄与分度盘、定位插销、分度叉配合使用完成分度工作。

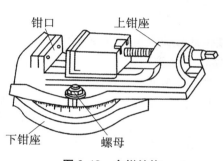

图 3.19　台钳结构

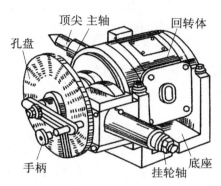

图 3.20　分度头结构

分度头内部的传动系统如图 3.21(a)所示。使用时拔出定位销，转动手柄，通过一对传动比为 1∶1 的圆柱齿轮和一对传动比为 1∶40 的蜗杆蜗轮传动，使分度头主轴带动工件转动一定角度。手柄转过一圈，主轴带动工件转 1/40 圈。

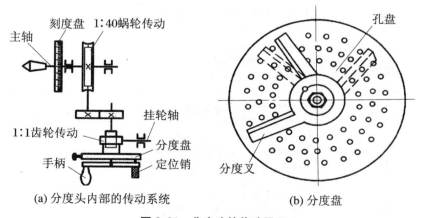

(a) 分度头内部的传动系统　　　　　　　(b) 分度盘

图 3.21　分度头的传动原理

如果要将工件的圆周分为 Z 等分，则每次分度工件应转过 $1/Z$ 圈。设每次分度手柄的转数为 n，则手柄转数 n 与工件等分数 Z 之间有如下关系：分度时，如果求出的手柄转数不是整数，可利用分度盘上的等分孔距来确定。分度盘如图 3.21(b)所示，其正反面各钻有许多圈孔，各圈的孔数均不相等，而同一孔圈上的孔距是相等的。常用的分度盘正面各圈孔数分别为：24、25、28、30、34、37；反面各圈孔数分别为：38、39、41、42、43。

例如,要将手柄转过 40/19 圈,先将分度手柄上的定位销拔出,调到孔数为 19 倍数的孔圈(即孔数为 38)上,手柄转过 2 整圈后,再继续转过 2×2＝4 个孔距,即完成第一次分度。为减少每次分度时数孔的麻烦,可调整分度盘上的分度叉的夹角,形成固定的孔间距数,在每次分度时,只要拨动分度叉即可准确分度。

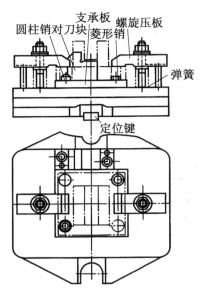

图 3.22　单件加工直线进给式铣床夹具

③ 直线进给式铣床夹具。图 3.22 为直线进给式铣床夹具,夹具安装在铣床工作台上随工作台一起做直线进给运动。按照在夹具上装夹工件的数目,可将夹具分为单件夹具和多件夹具。多件夹具可按先后加工、平行加工或平行—先后加工等方式设计铣床夹具,以节省切削的基本时间或使切削的基本时间重合,在中、小零件成批或大量生产中应用广泛。

2. 箱体零件的测量

箱体零件主要检验项目包括:各加工表面的表面粗糙度及外观检查;孔、平面的尺寸精度及几何形状精度;孔距尺寸精度及相互位置精度(孔的轴心线之间的同轴度、平行度、垂直度、孔的轴心线与平面的平行度、垂直度等)。详见表 3.19。

表 3.19　箱体类零件测量方法

测 量 项 目	测 量 方 法	特点及应用
平面的直线度	① 用平尺或厚薄规检验; ② 用水平仪与桥板检验	
平面的平面度	① 用自准直仪或水平仪与桥板检验; ② 用涂色检验	
孔轴心线与端面的垂直度	① 模拟心轴、百分表; ② 模拟心轴、检验圆盘	
孔轴心线的垂直度	① 90°角尺、模拟心轴、百分表; ② 专用测量工具	
孔轴心线的平行度	① 模拟心轴、百分表; ② 专用测量工具及量规	单件小批生产用① 大批大量生产用②
孔的圆度和圆柱度	用塞规或量规检验	
孔的尺寸精度	① 内径千分尺或内径千分表; ② 塞规	单件小批生产用① 大批大量生产用②
孔轴心线的同轴度	① 用塞规或量规检验; ② 用自准直仪和测量桥检验	如孔径不同,采用阶梯式塞规,其本身的同轴度误差应小于被测孔同轴度的 1/5

续表

测量项目	测量方法	特点及应用
孔距尺寸精度	① 游标卡尺、内径千分尺； ② 专用测量工具及量规	单件小批生产用① 大批大量生产用②
表面粗糙度	目测或标准样块比较法	将被测表面与标准表面粗糙度样板进行比较，近似确定粗糙度值。适用于车间。标准样板为成套金属样板

项 目 作 业

1. 箱体零件的结构特点及主要技术要求是什么？这些技术要求对箱体零件在机器中的作用有何影响？

2. 箱体加工中是否需要安排热处理工序？它起什么作用？安排在工艺过程的哪个阶段较合适？

3. 拟定箱体零件机械加工工艺的原则是什么？

4. 箱体类零件常用什么材料？箱体类零件加工工艺要点如何？

5. 何谓孔系？孔系加工方法有哪几种？试举例说明各种加工方法的特点和适用范围。

6. 铣削加工可完成哪些工作？铣削加工有何特点？

7. 刨削加工有何特点？刨削加工应用范围如何？

8. 在箱体平行孔系加工中如何保证孔系之间的孔距精度？

9. 在箱体同轴孔系加工中如何保证同轴孔系的同轴度？

10. 在箱体交叉孔系加工中如何控制有关孔的垂直度？

11. 箱体类零件平面磨削加工中常见的问题及解决的办法有哪些？

12. 图 3.23 所示滑座体的材料为 HT200，生产类型为小批。试编制其机械加工工艺规程卡片。

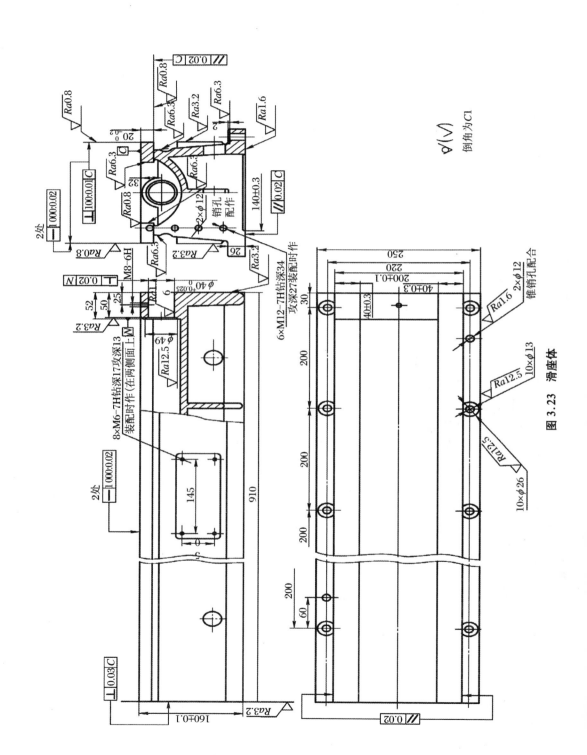

图 3.23　滑座体

项目4　连杆零件加工工艺规程编制

图4.1为连杆,成批生产,材料为灰口铸铁,试分析其加工工艺,完成任务要求。

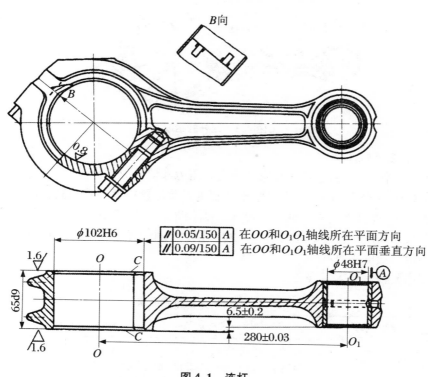

图4.1　连杆

任务4.1　分析连杆零件图的工艺要求

4.1.1　构思

1. 连杆的功用与结构特点

连杆是汽车与船舶等活塞式发动机中的主要传动部件之一,如图4.2所示。在柴油机中,它连接着活塞和曲轴,其作用是将活塞的往复运动转变为曲轴的旋转运动,并把作用在活塞上的力传给曲轴以输出功率。

(a) 斜切口连杆　　　　　　(b) 直切口连杆

图 4.2　连杆

如图 4.3 所示,连杆由大头、小头和连杆体等三部分组成;与活塞销连接的部分称为连杆小头,与曲轴连接的部分称为连杆大头,连接小头与大头的杆部称为连杆体。

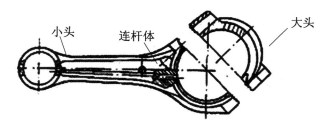

图 4.3　连杆的组成

2. 连杆的主要技术要求

在发动机工作过程中,连杆受膨胀气体交变压力和惯性力的作用,连杆的加工精度将直接影响柴油机的性能,因此其尺寸精度、形状精度以及位置精度要求较高。反应连杆精度的参数主要有 5 个:连杆大端中心面和小端中心面相对连杆杆身中心面的对称度;连杆大、小头孔中心距尺寸精度;连杆大、小头孔平行度;连杆大、小头孔尺寸精度和形状精度;连杆大头螺栓孔与接合面的垂直度。

连杆的主要技术要求见表 4.1。

表 4.1　连杆的主要技术要求

主要技术要求项目	具体要求或数值	满足的主要性能
大、小头孔的尺寸精度	尺寸公差等级 IT7～IT6,圆度、圆柱度 0.004～0.006 mm	保证连杆与轴瓦的良好配合,减少冲击的不良影响和便于传热
大、小头孔的中心距	±0.03～±0.05 mm	影响气缸的压缩比精度,即影响到发动机的效率
两孔轴线在两个互相垂直方向上的平行度	在连杆轴线平面内的平行度为(0.02～0.04):100;在垂直连杆轴线平面内的平行度为(0.04～0.06):100	减少气缸壁与曲轴颈的磨损
大孔两端面对其轴线的垂直度	0.1:100	减少轴瓦的安装和磨损,避免烧伤
两定位螺孔的位置精度	在垂直方向上的平行度为(0.02～0.04):100;对结合面的垂直度为(0.1～0.2):100	保证正常承载和轴颈与轴瓦的良好配合
同一组内的重量差	±2%	保证运转平稳

3. 连杆的材料和毛坯

（1）材料

连杆在工作中承受多向交变载荷的作用，要求具有很高的强度。因此，连杆材料一般采用高强度碳钢和合金钢，如 45 钢、55 钢、40Cr、40CrMnB 等。近年来连杆材料也有采用球墨铸铁的。

粉末冶金零件的尺寸精度高，材料损耗少，成本低。随着粉末冶金锻造工艺的出现和应用，使粉末冶金件的密度和强度大为提高。因此，采用粉末冶金的办法制造连杆是一个很有发展前途的制造方法。

（2）毛坯

目前连杆毛坯主要有两种形式，即整体式锻造毛坯和连杆体、连杆盖分离铸造形式。其中整体式因有节材节能、节省锻造模具等特点被广泛采用。

连杆毛坯制造方法的选择，主要根据生产类型、材料的工艺性（可塑性、可锻性）及零件对材料的组织性能要求、零件的形状及其外形尺寸、毛坯车间现有生产条件及采用先进的毛坯制造方法的可能性来确定。

4.1.2　设计

（1）图 4.4 为某柴油机发动机连杆简图，材料为 45 钢，对其工艺性进行分析。

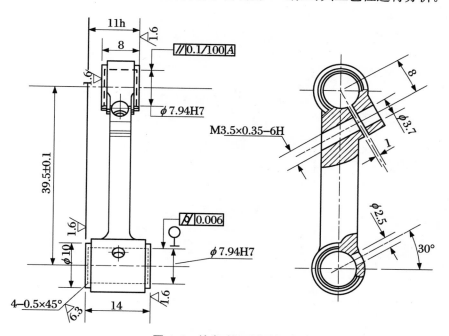

图 4.4　某发动机连杆简图

该零件属于连杆结构，形状不规则，尺寸精度、位置精度要求不是非常高，零件的主要技术要求分析如下：

① 两个 ϕ7.94H7 mm 孔的平行度为 100：0.1。

② 两个 ϕ7.94 孔的圆柱度为 0.06。

③ 为保证连杆能正确地与其他零件配合，必须保证两个 $\phi7.94H7$，的中心距为 $39.5\pm0.1\ \mathrm{mm}$。

④ 零件不能有裂纹、疏松等缺陷，以保证零件的强度、硬度及刚度，在外力作用下不至于发生意外事故。

⑤ 由于零件的结构不是很复杂，形状简单，所以采用模锻。工件材料为 45 钢，毛坯的尺寸精度要求为 IT7～IT8 级。毛坯锻出后应进行时效处理，以消除锻件在锻造过程中产生的内应力，减少工件的变形。

（2）分析图 4.1 所示连杆工艺性要求，并对零件毛坯进行分析。

4.1.3　实施

1. 组织方式
独立完成或成立小组讨论完成。

2. 实施主要步骤
（1）明确任务，知识准备；

（2）图样分析；

（3）结构及技术要求分析；

（4）完成任务要求。

4.1.4　运作

评价见表 4.2。

表 4.2　任务评价参考表

项目		任务		姓名		完成时间		总分	
序号	评价内容及要求		评价标准	配分	自评(20%)	互评(20%)	师评(60%)		得分
1	识图能力			20					
2	知识理解			10					
3	零件结构工艺分析			20					
4	零件技术要求分析			20					
5	材料及毛坯确定			20					
6	学习与实施的积极性			10					

4.1.5　知识拓展

连杆加工的工艺特点如下：

（1）连杆是较细长的变截面非圆形杆件，其杆身截面从大头到小头逐步变小，以适应在工作中承受的急剧变化的动载荷。如图 4.5 所示，连杆杆身断面一般为工字形，刚度大、质量轻，适于模锻。工字形断面的 $y\text{-}y$ 轴在连杆运动平面内。有的连杆在杆身内加工有油道，用来润滑小头衬套或冷却活塞。如果是后者,须在小头顶部加工出喷油孔。

(2)连杆体和盖厚度不一样,改善了加工工艺性。盖两端面精度要求不高,可一次加工而成。由于加工面小,冷却条件好,使加工振动和磨削烧伤不易产生。

连杆体和盖装配后不存在端面不一致的问题,故连杆两端面的精磨不需要在装配后进行,可在螺栓孔加工之前。螺栓孔、轴瓦对端面的位置精度可由加工精度直接保证,而不会受精磨加工精度的影响。

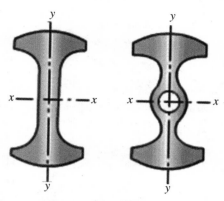

图4.5 连杆身的工字形断面

(3)连杆小头两端面由斜面和一段窄平面组成。这种楔形结构的设计可增大其承压面积,以提高活塞的强度和刚性。在加工方面,增加了斜面加工和小头孔两斜面上倒角工序;用提高零件定位及压头导向精度来避免衬套压偏现象的发生,但却增加了压衬套工序加工的难度。

(4)连杆结合面。连杆结合面结构种类较多,有平切口和斜切口,还有键槽形、锯齿形和带止口的。从使用性能上看,重复定位精度高,在拧紧螺钉时,可自动滑移消除止口间隙。从工艺性上看,定位可靠,连杆成品经拆装后大头孔径圆度变化小,如图4.6所示。螺栓孔和结合面分别先后加工,为达到互换性装配要求,加工精度要求较高。

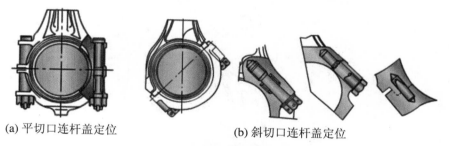

(a) 平切口连杆盖定位　　　　　　(b) 斜切口连杆盖定位

图4.6 连杆盖的定位方式

任务4.2　拟定连杆的加工工艺过程

4.2.1　构思

拟定连杆的加工工艺过程同项目1拟定轴类零件的加工工艺过程一样,都包括拟定工艺路线、工序设计两大部分内容,采用方法基本相同,以下针对连杆工艺的特殊性说明相关方面。

连杆的主要加工表面为大小头孔、两端面、连杆盖与连杆体的接合面和螺栓等。次要表面为油孔、锁口槽、供作工艺基准的工艺凸台等。

1. 定位基准的选择

（1）粗基准的选择

粗基准的正确选择和初定位夹具的合理设计是加工工艺中至关重要的问题。在加工连杆大、小头端面时，采用连杆的基准端面及小头毛坯外圆三点和大头毛坯外圆二点粗基准定位方式。这样保证了大、小头孔和盖上各加工面加工余量均匀，保证了连杆大头称重去重均匀，保证了零件总成最终形状及位置。图 4.7 为加工两端面的粗基准定位，图 4.8 为加工连杆大、小头的粗基准定位。

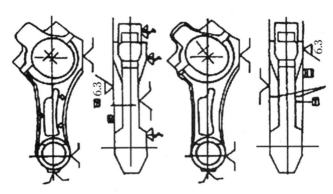

图 4.7　加工两端面粗基准定位

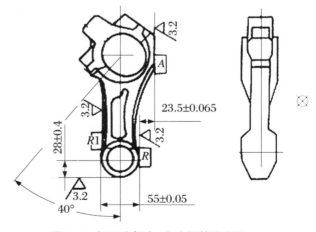

图 4.8　加工连杆大、小头粗基准定位

（2）精基准的选择

精加工采用了无间隙定位方法，在产品加工中设计出定位基准面。如图 4.9 所示，在连杆总成和连杆体的加工中，采用杆体端面、小头顶面和侧面、大头侧面的加工定位方式；如图 4.10 所示，在螺栓孔至止口斜结合面加工工序的连杆盖加工中，采用了以其端面、螺栓两座面、一螺栓座面的侧面的加工定位方法。这种重复定位精度高且稳定可靠的定位、夹紧方法，可使零件变形小，操作方便，能通用于从粗加工到精加工中的各道工序。由于定位基准统一，使各工序中定位点的大小及位置也保持相同。这些都为稳定工艺、保证加工精度提供了良好的条件。

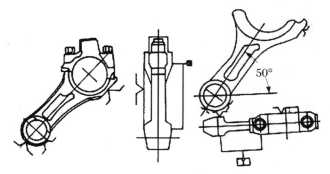

图 4.9　连杆总成和连杆体加工定位

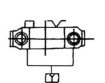

图 4.10　连杆盖加工定位

2．加工阶段的划分

因为连杆本身的刚度比较低，在外力作用下容易变形；另外，由于连杆是模锻件，孔的加工余量较大，切削加工时易产生残余应力。所以多采用工序分散原则，在安排加工顺序时，应把各主要表面的粗、精加工工序分开，这样粗加工产生的变形就可以在半精加工中得到修正，半精加工中产生的变形可以在精加工中得到修正。

连杆加工工艺过程常分为以下三个阶段。

（1）粗加工阶段

粗加工阶段也是连杆身和盖合并前的加工阶段。主要是基准面的加工，包括辅助基准面的加工；准备连杆身及盖合并前的加工，如两者对口面的铣、磨等。

（2）半精加工阶段

半精加工阶段也是连杆身和盖合并后的加工，如精磨两平面、半精加工大头孔及孔口倒角等，总之是为精加工大、小头孔做准备的阶段。

（3）精加工阶段

精加工阶段主要是最终保证连杆主要表面大、小头孔全部达到图纸要求的阶段。如珩磨大头孔、精镗小头轴承孔等。

一些次要表面的加工，则可以视需要和可能安排在工艺过程的中间或后面。

3．装夹方法的确定

由于连杆是一个刚性比较差的工件，装夹时应该注意夹紧力的大小、方向及着力点的选择，避免因受夹紧力的作用而产生变形，以影响加工精度。

在粗铣两端面的夹具中，夹紧力的方向与端面平行，在夹紧力的作用方向上，大头端部与小头端部的刚性高、变形小，即使有一些变形，亦产生在平行于端面的方向上，很少或不会影响端面的平面度。夹紧力通过工件直接作用在定位元件上，可避免工件产生弯曲或扭转变形。

在加工大、小头孔工序中，主要夹紧力垂直作用于大头端面上，并由定位元件承受，以保证所加工孔的圆度。在精镗、大小头孔时，只以大平面（基面）定位，并且只夹紧大头这一端。小头一端以假销定位后，用螺钉在另一侧面夹紧。小头一端不在端面上定位夹紧，避免可能产生的变形。

4．连杆加工常用的工艺路线

常用的连杆加工工艺路线有两种：

（1）粗磨上、下端面→钻、拉小头孔→拉侧面→切开→拉半圆孔、接合面、螺栓孔→配对加工螺栓孔→装成合件→精加工合件→大小头孔光整加工→去重分组、检验。

（2）拉大小头两端面→粗磨大小头两端面→拉连杆大小头侧定位面→拉连杆盖两端面及杆两端面倒角→拉小头两斜面→粗拉螺栓座面，拉配对打字面、去重凸台面及盖定位侧面→粗镗杆身下半圆、倒角及小头孔→粗镗杆身上半圆、小头孔及大小头孔倒角→清洗零件→零件探伤、退磁→精铣螺栓座面及圆弧→铣断杆、盖→小头孔两斜端面上倒角→精磨连杆杆身两端面→加工螺栓孔→拉杆、盖结合面及倒角→去配对杆盖毛刺→清洗配对杆盖→检测配对杆盖结合面精度→人工装配→扭紧螺栓→打印杆盖配对标记号→粗镗大头孔及两侧倒角→半精镗大头孔及精镗小头衬套底孔→检查大头孔及精镗小头衬套底孔精度→压入小头孔衬套→称重去重→精镗大头孔、小头衬套孔→清洗→最终检查→成品防锈。

5. 各工序设备和工艺装备的确定

加工连杆常用设备及工艺装备见表 4.3。

表 4.3　加工连杆零件常用设备及工艺装备

机　　床	夹　　具	刀　　具	量　　具	辅　　具
镗床、钻床、铣床、插床和车床等	支撑板、螺栓压板和 V 形架等	镗刀、铣刀和孔加工刀具等	千分尺、百分表等	对刀块、塞尺等

6. 铣削用量的确定

（1）侧吃刀量 a_e

铣削时的侧吃刀量是指垂直于铣刀轴线和工件进给方向测量的切削层宽度。一般立铣刀和端铣刀的侧吃刀量约为铣刀直径的 $50\% \sim 60\%$。

（2）背吃刀量 a_p

铣削时的背吃刀量是指平行于铣刀轴线方向测量的切削层厚度。立铣刀粗铣时的背吃刀量以不超过铣刀半径为原则，一般不超过 7 mm，以防止背吃刀量过大而造成刀具损坏，精铣时为 0.05~0.3 mm；端铣刀粗铣时为 2~5 mm，精铣时为 0.1~0.5 mm。

（3）每齿进给量 f_z

每齿进给量是指铣刀每转中每一刀齿在进给运动方向上相对工件的位移量。在工件、机床、强度、刚度和表面粗糙度要求许可的条件下，进给量应尽量取大些。

（4）铣削速度 v_c

铣削速度可用下式计算：

$$v = \frac{C_v d^{q_v}}{T^m a_p^{x_v} f_z^{y_v} a_e^{u_v} z^{p_v}} k_v$$

式中：z——铣刀齿数；

$\quad T$——刀具使用寿命；

$\quad d$——铣刀直径；

$\quad C_v$、q_v、x_v、y_v、u_v、p_v、m——系数及指数；

$\quad k_v$——切削条件改变时的修正系数。

根据 $n = \dfrac{1\,000\,v}{\pi d}$ 计算主轴转速 n，然后根据机床说明书选择相等或相近较低档的机床转速 n_s，再根据 $v_c = \dfrac{\pi d n_s}{1\,000}$ 计算出实际铣削速度。

4.2.2　设计

（1）完成图 4.11 所示某柴油机用连杆的加工工艺过程分析。工件材料为 45 钢，生产批量大批生产。

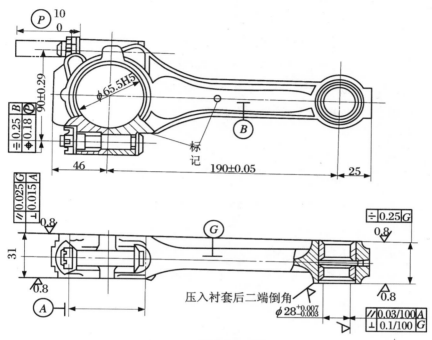

图 4.11　某柴油机用连杆

① 加工表面工序的安排。

各主要表面的工序安排如下：

（a）两端面：粗铣、精铣、粗磨、精磨。

（b）小头孔：钻孔、扩孔、铰孔、精镗、压入衬套后再精镗。

（c）大头孔：扩孔、粗镗、半精镗、精镗、金刚镗、珩磨。

一些次要表面的加工，则视需要和可能安排在工艺过程的中间或后面。

② 连杆加工工艺过程。

连杆加工工艺过程见表 4.4。

表 4.4　某柴油机连杆加工工艺过程

工序	工序名称	工　序　内　容	设备
1	锻		
2	热处理		
3	铣	铣连杆大、小头两平面	X52K
4	粗磨	以一大平面定位，磨另一大平面，保证中心线对称	M7350
5	钻	以基面定位，钻、扩、铰小头孔	Z3080

续表

工序	工序名称	工　序　内　容	设备
6	铣	以基面及大、小头孔定位,装夹工件铣尺寸 190 ± 0.05 mm 两侧面,保证对称	X62W
7	扩	以基面定位,以小头孔定位,扩大头孔	Z3080
8	铣	以基面及大、小头孔定位,装夹工件,切开工件	X62W
9	铣	以基面和一侧面定位装夹工件,铣连杆体和盖结合面	X62W
10	磨	以基面和一侧面定位装夹工件,磨连杆体和盖的结合面	M7350
11	铣	以基面及结合面定位装夹工件,铣连杆体和盖斜槽	X62W
12	锪	以基面、结合面和一侧面定位,装夹工件,锪两螺栓座面	X62W
13	钻	钻螺栓孔	Z3050
14	扩	扩螺栓孔并倒角	Z3050
15	铰	铰螺栓孔	Z3050
16	钳	用专用螺钉,将连杆体和连杆盖装成连杆组件	
17	镗	粗镗大头孔	T68
18	倒角	大头孔两端倒角	X62W
19	磨	精磨大、小头两端面,保证大端面厚度	M7130
20	镗	以基面、一侧面定位,半精镗大头孔,精镗小头孔至尺寸,中心距为 190 ± 0.05 mm	可调双轴镗
21	镗	精镗大头孔至尺寸	T2115
22	称重	称量不平衡质量	弹簧秤
23	钳	按规定值去重量	
24	钻	钻连杆体小头油孔	Z3025
25	压铜套		双面气动压床
26	挤压铜套孔		压床
27	倒角	小头孔两端倒角	Z3050
28	镗	半精镗、精镗小头铜套孔	T2115
29	珩磨	珩磨大头孔	珩磨机床
30	检	检查各部分尺寸及精度	
31	探伤	无损探伤及检验硬度	
32	入库		

（2）试拟定图 4.1 所示连杆的工艺过程。

4.2.3　实施

1．组织方式

独立完成或成立小组讨论完成。

2．实施主要步骤

（1）明确任务，知识准备；

（2）定位基准的选择；

（3）合理的装夹方法；

（4）加工阶段的划分；

（5）加工顺序的安排；

（6）工艺过程的确定。

4.2.4　运作

评价见表 4.5。

表 4.5　任务评价参考表

项目		任务		姓名		完成时间		总分		
序号	评价内容及要求		评价标准		配分	自评(20%)	互评(20%)	师评(60%)		得分
1	明确任务，知识准备				10					
2	定位基准的选择				10					
3	装夹方法的确定				20					
4	加工阶段的划分				10					
5	加工顺序的安排				20					
6	工艺过程的确定				20					
7	创新总结				10					

4.2.5　知识拓展

连杆在机械加工中要进行中间检验，加工完毕后要进行最终检验，检验项目按图纸上的技术要求进行。一般有以下几项。

1．外表缺陷及表面粗糙度检验

连杆的外表缺陷和粗糙度的检验可通过将待测的零件与标准零件用肉眼（有时也借助放大镜）或凭经验者的感觉（手指甲触感）进行比较。这种方法简便易行，但是测量精度不高。此外还有针描法、光切法和显微干涉法等较为精确的检查表面粗糙度的方法。

2．杆大头孔圆柱度的检验

用量缸表，在大头孔内分三个断面测量其内径，每个断面测量两个方向，三个断面测量的最大值与最小值之差的一半即圆柱度。

3．连杆体、连杆上盖对大头孔中心线的对称度的检验

采用图 4.12 所示专用检具(用一平尺安装上百分表)。用结合面为定位基准分别测量连杆体、连杆上盖两个半圆的半径值,其差为对称度误差。

4．连杆大小头孔平行度的检验

如图 4.13 所示,将连杆大小头孔穿入专用心轴,在平台上用等高 V 形铁支撑连杆大头孔心轴,测量小头孔心轴在最高位置时两端面的差值,其差值的一半即为平行度。

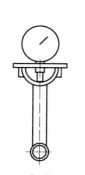 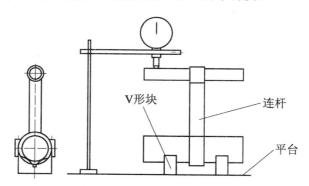

图 4.12　两杆体对大头孔中　　　　　　图 4.13　大小头孔平行度的检验图
　　　　　心线对称度的检查

5．连杆螺钉孔与结合面垂直度的检验

制作专用垂直度检验心轴,检测心轴直径公差分三个尺寸段制作,配以不同公差的螺钉,检查其接触面积,一般在 90% 以上为合格,或配用塞尺检测,塞尺厚度的一半为垂直度公差值。

任务 4.3　填写连杆的工艺规程文件

4.3.1　构思

连杆的工艺规程文件填写要求与学习情境 1 中项目 1 轴类零件的完全相同。

4.3.2　设计

(1) 图 4.11 所示零件的机械加工工艺过程卡和部分工序过程卡片分别见表 4.6、表 4.7。

(2) 编制图 4.1 所示连杆的机械加工工艺规程过程卡。

表4.6　图4.11所示连杆加工工艺过程卡片

	机械加工工艺过程卡片		产品型号		零件图号		共3页　第1页
			产品名称 柴油机		零件名称 连杆		

| 材料牌号 45 | 毛坯种类 锻件 | 毛坯外形尺寸 | 每毛坯件数 1 | | 每台件数 1 | | |

工序号	工序名称	工序内容	车间	工段	设备	工艺装备	备注
1	锻	锻造毛坯	外协				
2	热处理	调质热处理	外协				
3	铣	铣连杆大小头两平面，每面留磨量0.5 mm			X52K 立式铣床	专用夹具	
4	粗磨	粗磨大、小头平面，保证中心线对称			M7350 平面磨床	磁力吸盘	
5	钻	以基面定位，分别钻、扩、铰小头孔至尺寸 φ27.8 mm			Z3080 摇臂钻床	滑柱钻模	
6	铣	以基面和一侧面定位，铣开连杆体和盖			X62W 万能铣床	专用夹具	
7	扩	以基面和小头孔定位，扩大头孔为 φ60 mm			Z3080 摇臂钻床	滑柱钻模	
8	铣	以基面及大、小头孔定位，装夹工件，切开工件，杆身及盖分别打标记			X62W 万能铣床	专用夹具	
9	铣	以基面和一侧面定位装夹工件，铣连杆体和盖的结合面，保证直径方向测量深度			X62W 万能铣床	专用夹具	
10	磨	以基面和一侧面定位装夹，磨连杆体和盖的结合面			M7350 平面磨床	专用夹具	
11	铣	以基面，结合面定位装夹工件，铣连杆体和盖斜槽			X62W 万能铣床	专用夹具	
12	镗	以基面，结合面和一侧面定位，镗两螺栓座面			X62W 卧式铣床	专用夹具	

					工时		
					准终	单件	
		设计 （日期）	校对 （日期）	审核 （日期）	标准化 （日期）	会签 （日期）	

标记	处数	更改文件号	签字	日期	标记	处数	更改文件号	签字	日期

续表

机械加工工艺过程卡片		产品型号		零件图号			共3页	第2页
		产品名称	柴油机	零件名称	连杆			

材料牌号	45	毛坯种类	锻件	毛坯外形尺寸		每毛坯件数		每台件数	1	备注	

工序号	工序名称	工 序 内 容	车间	工段	设备	工艺装备	工时	
							准终	单件
13	钻	钻螺栓孔			Z3050摇臂钻床	滑柱钻模		
14	扩	扩螺栓孔并倒角			Z3050摇臂钻床	滑柱钻模		
15	铰	铰螺栓孔			Z3050摇臂钻床	滑柱钻模		
16	钳	用专用螺钉,将连杆体和连杆盖装成连杆组件,其扭力矩为100~120 N·m						
17	镗	两次粗镗大头孔至 φ64 mm			T68镗床	专用镗模		
18	倒角	大头孔两端倒角			X62W万能铣床	专用夹具		
19	磨	精磨大小头两端面,保证大端面厚度			M7130平面磨床	磁力吸盘		
20	镗	以基面、一侧面定位,半精镗大头孔至 φ65,精镗小头孔至图纸尺寸,中心距为190±0.05 mm			可调双轴镗			
21	镗	精镗大头孔至图纸尺寸			T2115	专用夹具		
22	称重	称量不平衡质量			弹簧秤			
23	钳	按规定值去重量						
24	钻	钻连杆体小头油孔			Z3025摇臂钻床	滑柱钻模		

	设计（日期）	校对（日期）	审核（日期）	标准化（日期）	会签（日期）

标记	处数	更改文件号	签字	日期	标记	处数	更改文件号	签字	日期

续表

机械加工工艺过程卡片

产品型号	柴油机	零件图号	连杆		共3页	第3页
产品名称		零件名称	连杆			

材料牌号	45	毛坯种类	锻件	毛坯外形尺寸		每毛坯件数	1	每台件数	1	备注	

工序号	工序名称	工序内容	车间	工段	设备	工艺装备	准终	单件
25	压铜套	压铜套孔			双面气动压床			
26	挤压铜套孔				压床			
27	倒角	小头孔两端倒角						
28	镗	半精镗、精镗小头铜套孔			Z3050摇臂钻床	滑柱钻模		
29	珩磨	珩磨大头孔至图纸尺寸			T2115			
30	检	检查各部分尺寸及检验精度			珩磨机床			
31	探伤	无损探伤及检验硬度						
32	入库							

			设计(日期)	校对(日期)	审核(日期)	标准化(日期)	会签(日期)
标记	处数	更改文件号	签字	日期			
标记	处数	更改文件号	签字	日期			

表 4.7　机械加工工序卡片

机械加工工序卡片		产品型号		零(部)件图号		共(1)页 第(1)页
		产品名称		零(部)件名称	连杆	材料牌号

车间	机加工	工序号	9	工序名称	铣	每台件数	1
毛坯种类		毛坯外形尺寸		每毛坯可制件数			
设备名称	万能铣床	设备型号	X62W	设备编号		同时加工件数	1
工位器具编号		工位器具名称				工序工时	准终 / 单件

工步号	工步内容	工艺装备	主轴转速 (r/min)	切削速度 (m/min)	进给量 (mm/r)	切削深度 (mm)	进给次数	工步工时 (min)
1	粗铣连杆上盖结合面	YG6 硬质合金镶齿铣刀	100	0.39	0.12	2.0		0.25
2	精铣连杆上盖结合面	YG6 硬质合金镶齿铣刀	110	0.43	0.007	0.5		0.78
3	粗铣螺母座面	YG6 硬质合金镶齿铣刀	100	0.39	0.15	5.0		0.2
4	铣轴瓦锁口槽	YG6 硬质合金镶齿铣刀	100	0.33	0.02	2		0.2

13.4

13.4

30.4

13.4

5±0.1

5±0.1

4.3.3　实施

1. 组织方式

独立完成或成立小组讨论完成。

2. 实施主要步骤

(1) 明确任务,知识准备;

(2) 编制工艺规程。

4.3.4　运作

评价见表 4.8。

表 4.8　任务评价参考表

项目		任务		姓名		完成时间			总分		
序号	评价内容及要求		评价标准	配分		自评(20%)	互评(20%)	师评(60%)			得分
1	连杆加工工艺过程卡的编制			20							
2	连杆加工工序卡的编制			20							
3	连杆加工工艺卡的编制			20							
4	查阅资料的能力			20							
5	创新表现			20							

4.3.5　知识扩展

金属切削机床是用于制造机械的机器,也是唯一能制造机床自身的机器。不同的机床,其自身构造不同,加工范围、加工精度及表面质量、自动化程度都不同。为了方便选用、管理和维护机床,应对机床进行适当的分类和编号。

根据 GB/T 15375—2008 金属切削机床型号编制方法实施,机床型号用汉语拼音字母和阿拉伯数字组合而成。型号由基本部分和辅助部分组成,中间用"/"隔开,读作"之"。其表示方法如图 4.14 所示。

1. 机床的类代号

机床的类代号用大写汉语拼音字母表示,居型号的首位。例如用"C"表示"车床",读作"车"。机床按加工性质和所用刀具分为十一大门类。其分类和代号见表 4.9。

2. 机床的特性代号

机床的特性代号包括通用特性代号和结构特性代号,也用汉语拼音字母表示。除普通型号外,表 4.10 列出了各种通用特性,使用时直接加在类别代号后。如 CM6132 型号中的"M"表示"精密"之意,指精密普通车床。

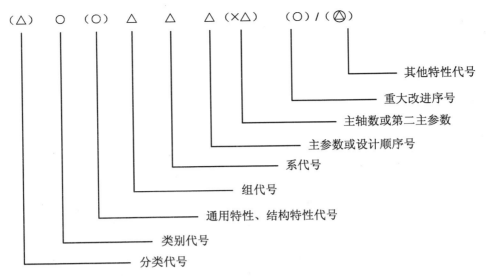

图 4.14   通用机床型号的表示方法

注：① 有"（）"的代号或数字，当无内容时则不表示，若有内容则不带括号；

② 有"○"符号者，为大写的汉语拼音字母；

③ 有"△"符号者，为阿拉伯数字；

④ 有"⬡"符号者，为大写的汉语拼音字母，或阿拉伯数字，或两者兼有之。

表 4.9   普通机床的类别代号

类别	车床	钻床	镗床	磨床			齿轮加工机床	螺纹加工机床	铣床	刨插床	拉床	锯床	其他机床
代号	C	Z	T	M	2M	3M	Y	S	X	B	L	G	Q
读音	车	钻	镗	磨	二磨	三磨	牙	丝	铣	刨	拉	割	其他

表 4.10   机床通用特性代号

通用特性	代号	通用特性	代号
高精度	G	自动换刀	H
精度	M	仿形	F
自动	Z	万能	W
半自动	B	轻型	Q
数字程序控制	K	简式	J

机床机构特性代号用于区别主参数相同而结构不同的机床，如 CA6140 和 C6140 是结构有区别而主参数相同的普通车床。当机床既有通用特性代号，又有结构特性代号时，通用特性代号写在结构特性代号之前。

3．机床的组号和系别代号

按用途、性能、结构的不同，每一类机床又可分为若干组，每组又可分为若干系。如车床可分为 10 组，用阿拉伯数字"0～9"表示，见表 4.11；"落地及卧式车床组"又可分为 6 个系，用阿拉伯数字"0～5"表示，见表 4.12。

表 4.11　车床组别

代号	0	1	2	3	4
组号	仪表车床	单轴自动车床	多轴自动、半自动车床	回轮、转塔车床	曲轴及凸轮轴车床
代号	5	6	7	8	9
组号	立式车床	落地及卧式车床	仿形及多刀车床	轮、轴、辊、锭及铲齿车床	其他车床

表 4.12　落地及卧式车床系别

代号	0	1	2	3	4	5
系别	落地车床	卧式车床	马鞍车床	轴车床	卡盘车床	球面车床

4. 机床的主参数和第二主参数

机床的主参数是表示机床规格和加工能力的主要参数,用折算值(一般为机床主参数实际值的 1/10 或 1/100)表示。如 C6150 车床,主参数折算值为 50,折算系数为 1/10,即主参数(最大回转直径)为 500 mm。

第二主参数加在主参数后面,用"×"加以分开,如 C2150×6 表示最大棒料直径为 50 mm 的卧式六轴自动车床。

5. 机床重大改进的序号

当机床的结构、性能有重大改进时,应按改进的次序在原机床型号后面加上英文字母 A、B、C、D……表示是第几次改进。如 C6140A 表示 C6140 型车床经过第一次重大改进后的车床。

项 目 作 业

1. 简述连杆的作用。
2. 连杆的主要加工表面和技术要求是什么?
3. 连杆加工过程中应注意哪些关键问题?
4. 连杆加工常用的工艺过程有哪两类?
5. 完成图 4.4 所示连杆的工艺规程编制。

项目 5 齿轮零件加工工艺规程编制

分析图 5.1 直齿圆柱齿轮的加工工艺,完成任务要求。

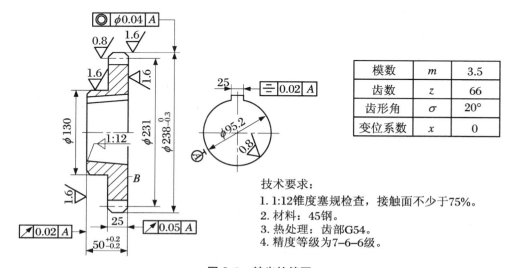

模数	m	3.5
齿数	z	66
齿形角	σ	20°
变位系数	x	0

技术要求:

1. 1:12 锥度塞规检查,接触面不少于 75%。
2. 材料:45 钢。
3. 热处理:齿部 G54。
4. 精度等级为 7-6-6 级。

图 5.1 某齿轮简图

任务 5.1 分析齿轮零件图的工艺要求

5.1.1 构思

渐开线齿轮传动广泛应用在各类机械传动中,其质量直接影响产品的工作性能、使用寿命及工作精度。随着科学技术的发展,对齿轮的传动精度和圆周速度等方面的要求越来越高,因此,其加工方法在机械制造业中占有重要地位。

1. 齿轮的功用及分类

齿轮的功用是传递动力,还可以改变转速和回转方向。

齿轮因在使用中作用不同而具有不同的结构形状,但从工艺上讲,齿轮均由轮齿和轮体两部分组成。按轮体不同,齿轮可分为盘形齿轮、套筒齿轮、轴齿轮、扇形齿轮和齿条,如图 5.2 所示;按轮齿的分布形式,齿轮又可分为直齿、斜齿和人字齿等,如图 5.3 所示。

2. 齿轮的技术要求

齿轮本身的制造精度对其工作性能、承载能力及使用寿命都有很大影响,通常对齿轮的制造提出以下几方面的要求。

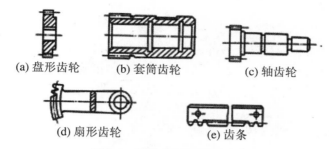

(a) 盘形齿轮   (b) 套筒齿轮   (c) 轴齿轮

(d) 扇形齿轮   (e) 齿条

图 5.2 圆柱齿轮的结构形式

(a) 直齿   (b) 斜齿   (c) 人字齿

图 5.3 圆柱齿轮的分布形式

（1）传递运动的精确性

确保齿轮准确地传递运动和恒定的传动比，即主动轮转过一个角度时，从动轮应按给定的传动比转过相应的角度。

（2）工作的平稳性

要求齿轮传动平稳，工作过程中无冲击，振动和噪声小。

（3）齿面接触的良好性

由于齿轮工作时，载荷主要由齿面承受，要求齿轮工作时，齿面接触要均匀，以使齿轮在传递动力时不致因载荷分布不均匀而使接触应力过大，引起齿面过早磨损而失效。

（4）齿侧间隙大小要适当

要求齿轮工作时，非工作齿面间留有一定的间隙，以存润滑油，补偿因温度、弹性变形引起的尺寸变化和加工、装配时的一些误差。

齿轮的制造精度和尺侧间隙主要根据齿轮的用途和工作条件而定。对于分度传动用的齿轮，主要要求齿轮的运动精度高；对于高速动力传动用齿轮，为了减少冲击和噪声，对工作平稳性精度有较高要求；对于重载低速传动用的齿轮，则要求齿面有较高的接触精度，以保证齿轮不致过早磨损。

3．齿轮材料、毛坯和热处理

（1）齿轮材料

齿轮的材料一般有锻钢、铸钢、铸铁、塑料等。齿轮加工时根据要求和工作条件选取合适的材料。普通齿轮可选用中碳钢和中碳合金钢，如 45、20Cr、35SiMn2MoV、20CrMnTi 等；要求较高的齿轮可选用 18CrMnTi、20Mn2B、30CrMnTi 等低碳合金钢；低载低速的开式传动齿轮可选取 ZG40、ZG45 等铸钢或灰口铸铁;非传力齿轮可选取尼龙、夹布塑料等材料。

（2）齿轮毛坯

齿轮的毛坯形式有棒料、铸件、锻件。毛坯的选择取决于齿轮的材料、形状、尺寸、使用条件、批量等因素。棒料用于尺寸较小、结构简单且对强度要求低的齿轮;锻件一般用于高速重载齿轮;铸铁件机械强度较差,但加工性能好,成本低,故主要用于受力不大、无冲击的低速齿轮。

除上述毛坯外,对高速轻载齿轮,为减少噪音,可用夹布胶木制造,或用尼龙、塑料压铸成形。

（3）齿轮热处理

在轮齿加工过程中,热处理工序的位置安排十分重要,直接影响齿轮的力学性能和切削加工的难易程度。一般在加工中分齿坯的热处理和齿面的热处理两种处理工序。齿轮常见的热处理方法见表 5.1。

表 5.1　齿轮零件常用的热处理方法

种　类	齿坯热处理			齿面热处理		
	退火	正火	调质	高频淬火	渗碳	氮化
适用场合	粗车前		粗车后,半精车前	中碳钢或中碳低合金钢	低碳钢或低碳合金钢	高速齿轮和要求热处理变形极小的中、小模数齿轮

4. 齿坯加工

齿形加工之前的齿轮加工称为齿坯加工,齿坯的内孔（或轴颈）、端面或外圆经常是齿轮加工、测量和装配的基准,齿坯的精度对齿轮的加工精度有着重要的影响。因此,齿坯加工在整个齿轮加工中占有重要的地位。

（1）齿坯加工精度

齿坯加工中,主要要保证基准孔或轴颈的尺寸精度和形状精度、基准端面相对于基准孔或轴颈的位置精度。不同精度的孔或轴颈的齿坯公差及表面粗糙度要求不同,见表 5.2～表 5.4。

表 5.2　齿坯公差

齿轮精度等级[①]	4	5	6	7	8	9	10
孔　尺寸公差 形状公差	IT4	IT5	IT6	IT7		IT8	
轴　尺寸公差 形状公差	IT4	IT5			IT6	IT7	
顶圆直径[②]	IT7		IT8			IT9	

注:① 当三个公差组的精度等级不同时,按最高精度等级确定公差值;

　　② 当顶圆不作为测量齿厚基准时,尺寸公差按 IT11 给定,但应小于 0.1 mm。

表 5.3 齿轮基准面径向和端面圆跳动公差 （单位：μm）

分度圆直径(mm)		精度等级				
大于	到	1 和 2	3 和 4	5 和 6	7 和 8	9 和 12
—	125	2.8	7	11	18	28
125	400	3.6	9	14	22	36
400	800	5.0	12	20	32	50
800	1 600	7.0	18	28	45	71

表 5.4 齿轮基准面的表面粗糙度参数 R （单位：μm）

精度等级	3	4	5	6	7	8	9	10
基准孔	≤0.2	≤0.2	≤0.2～0.4	≤0.8	≤1.6～0.8	≤1.6	≤3.2	≤3.2
基准轴颈	≤0.1	0.2～0.1	≤0.2	≤0.4	≤0.8	≤1.6	≤1.6	≤1.6
基准端面	0.2～0.1	0.4～0.2	0.6～0.4	0.6～0.3	1.6～0.8	3.2～1.6	≤3.2	≤3.2

（2）齿坯加工方案的选择

齿坯加工方案的选择主要与齿轮的轮体结构、技术要求和生产批量等因素有关。一般情况下，大批量生产时常用钻孔、车端面→拉孔→加工其他表面的方案，加工设备常用多刀半自动车床；中、小批量生产时则安排在普通车床上进行，采用粗车各部→精加工孔→精车各部的加工方案。

5.1.2 设计

（1）图 5.4 为某圆柱齿轮，分析其加工工艺性。

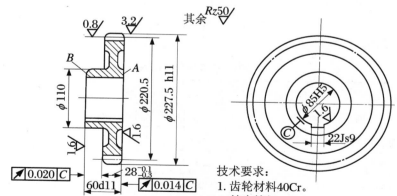

技术要求：
1. 齿轮材料40Cr。
2. 精度等级6-5-5。
3. 齿部热处理：高频淬火，HRC52~54。

模数	齿数	精度等级	基节累积误差	基节极限偏差	齿形公差	齿向公差	公法线平均长度	跨齿数
3.5	63	655KM	0.045	±0.065	0.007	0.007	70.130	7

图 5.4 传动齿轮零件图

如图 5.4 所示,齿轮径向尺寸较大,轴向尺寸相对较小。由内圆柱面、外圆柱面、端面、键槽及渐开线齿形表面等结构要素组成。其主要加工表面有渐开线齿形表面、内圆柱面、外圆柱面及端面,其余均为次要加工表面。零件结构工艺性合理。

该齿轮零件齿数 z 为 63,模数 m 为 3.5 mm,是压力角 α 为 20°的直齿圆柱齿轮。齿轮的齿顶圆及内圆柱表面的尺寸精度等级分别为 IT11 和 IT6,A、B 两端面间距的尺寸精度等级为 IT11,A、B 两端面相对内孔轴线的端面圆跳动公差分别为 0.014 mm 和 0.020 mm。齿顶圆柱表面粗糙度 Ra 值为 3.2 μm,A、B 两端面表面粗糙度 Ra 值均为 1.6 μm,其余表面轮廓最大高度 Rz 值为 50 μm。热处理要求为齿面高频淬火,硬度达到 52~54HRC。

该传动齿轮主要作用是传递动力和运动,对力学性能要求较高,所用材料为 40Cr,齿面经淬火处理后,提高了齿面硬度及耐磨性,满足使用要求。由于零件属大批量生产,毛坯可选择模锻件,内孔应锻出。齿坯热处理为正火、调质,齿面热处理为高频淬火及回火。

(2) 分析图 5.1 所示齿轮的加工工艺性。

5.1.3　实施

1. 组织方式

独立完成或成立小组讨论完成。

2. 实施主要步骤

(1) 了解齿轮的作用和分类;

(2) 齿轮的技术要求;

(3) 齿轮的热处理方法和目的;

(4) 齿轮的毛坯加工及加工方案选择;

(5) 齿轮的加工方法分类。

5.1.4　运作

评价见表 5.5。

表 5.5　任务评价参考表

项目		任务		姓名		完成时间		总分	
序号	评价内容及要求		评价标准	配分	自评(20%)	互评(20%)	师评(60%)	得分	
1	明确齿轮的作用和分类			20					
2	齿轮的技术要求分析			20					
3	齿轮的热处理分析			20					
4	齿轮毛坯的选择			20					
5	学习与实施的积极性			10					
6	创新表现			10					

5.1.5　知识拓展

齿面加工的方法很多,主要有滚齿、插齿、剃齿、磨齿、铣齿、刨齿、梳齿、挤齿、研齿和珩齿等,其中使用最多的是以下几种:滚齿、插齿、剃齿、磨齿和铣齿等。

1. 滚齿

滚切齿轮属于展成法,可将其看作是无啮合间隙的齿轮与齿条传动。如图 5.5 所示,当滚齿旋转一周时,相当于齿条在法向移动一个刀齿,滚刀的连续传动,犹如一根无限长的齿条在连续移动。当滚刀与滚齿坯间严格按照齿轮与齿条的传动比强制啮合传动时,滚刀刀齿在一系列位置上的包络线就形成了工件的渐开线齿形。随着滚刀的垂直进给,即可滚切出所需的齿廓。滚齿是目前应用最广的切齿方法,可加工渐开线齿轮、圆弧齿轮、摆线齿轮、链轮、棘轮、蜗轮和包络蜗杆,精度一般可达到 4～7 级。目前滚齿的先进技术有:① 多头滚刀滚齿;② 硬齿面滚齿技术;③ 大型齿轮滚齿技术;④ 高速滚齿技术。

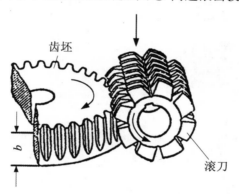

图 5.5　滚齿加工原理

2. 插齿

插齿特别适合于加工内齿轮和多联齿轮。如图 5.6 所示。采用特殊刀具和附件后,还可加工无声链轮、棘轮、内外花键、齿形皮带轮、扇形齿轮、非完整齿轮、特殊齿形结合子、齿条、端面齿轮和锥度齿轮等。目前先进插齿技术有:① 多刀头插齿技术;② 微机数控插齿机;③ 硬齿面齿轮插削技术。

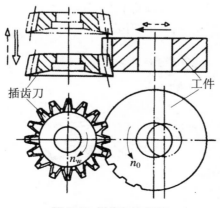

图 5.6　插齿加工原理

3. 剃齿

剃齿加工是根据一对螺旋角不等的螺旋齿轮啮合的原理,剃齿刀与被切齿轮的轴线空间交叉一个角度,它们的啮合为无侧隙双面啮合的自由展成运动。如图 5.7 所示。剃齿是一种高效齿轮精加工方法,和磨齿相比,剃齿具有效率高、成本低、齿面无烧伤和裂纹等优点。所以在成批生产的汽车、拖拉机和机床等齿轮加工中,得到广泛应用。对角剃齿法和径向剃齿法还可用于带台肩齿轮的精加工。

4. 磨齿

磨齿是获得高精度齿轮最有效和可靠的方法。如图 5.8 所示。目前碟形砂轮和大平面砂轮磨齿精度可达 DIN2 级,但效率很低。蜗杆砂轮磨齿精度达 DIN3～4 级,效率高,适用于中、小模数齿轮磨齿,但砂轮修正较为复杂。磨齿的主要问题是效率低、成本高,尤其是大尺寸的齿轮。所以提高磨齿效率,降低费用是当前的主要研究方向。近年来磨齿方面的新技术有:① 双面磨削法;② 立方氮化硼砂轮高效磨齿;③ 连续成型磨齿技术和超高速磨削技术。

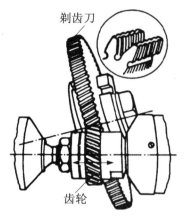

图 5.7　剃齿加工原理

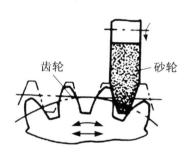

图 5.8　锥面砂轮磨齿

5. 铣齿

铣齿属成形法加工齿轮,刀具的截形与被加工齿轮的齿槽形状相同。如图 5.9 所示,刀具沿齿轮的齿槽方向进给,一个齿槽铣完,被加工齿轮分度后,再铣第二个齿槽,齿轮的齿节距由分度控制。由于齿轮的齿槽形状与齿轮的齿数、修正量、甚至齿厚公差有关,成形法铣齿难于实现刀具齿形与被加工齿轮齿槽都相同,实际上铣齿大都是近似齿形。大模数的齿轮,铣齿生产效率较高,铣齿广泛用于粗切齿。

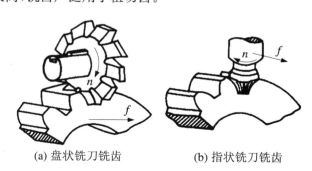

(a) 盘状铣刀铣齿　　　　　　　(b) 指状铣刀铣齿

图 5.9　铣齿加工原理

任务 5.2 拟定齿轮加工的工艺路线

5.2.1 构思

一个零件往往需要经过几种机床加工,齿轮加工也是这样。如加工轴齿轮,需要经过车削、铣削、磨削、齿形加工、钳加工等工序。而这些加工工序是彼此联系的,因此加工时必须全面考虑,具体分析零件的特点及技术要求,根据产品的质量、生产批量、经济性以及设备条件等情况进行选择,定制出经济的、先进的、合理的加工路线。

1. 定位基准的选择

定位基准的精度对齿形加工精度有直接的影响。带孔齿轮加工齿形时定位基准的选择见表5.6。

表 5.6 带孔齿轮加工齿形时定位基准的选择

条 件	大批量生产	单件小批量生产
定位基准	内孔和端面定位	外圆和端面定位

注:带轴齿轮主要采用中心孔定位,轴孔径大时采用锥堵。

齿轮加工时的定位基准应尽可能与装配基准、测量基准相一致,避免由于基准不重合而产生误差,要符合"基准重合"原则。连轴齿轮的齿坯、齿形加工与一般轴类零件加工相似,对于小直径轴类齿轮的齿形加工一般选择两端中心孔或锥体为定位基准,大直径轴类齿轮多选齿轮轴颈,并以一个较大的端面作为支承;带孔齿轮,则以孔定位和一个端面支承,其中盘套类齿轮的齿形加工常采用两种定位基准。

(1) 内孔和端面定位

选择既是设计基准又是测量和装配基准的内孔作为基准,既符合"基准重合"原则,又能使齿形加工等工序基准统一,用于成批生产中。

(2) 外圆和端面定位

以齿坯的外圆和端面作为定位基准,齿坯内孔在通用心轴上安装,用找正外圆来决定孔中心位置,端面作轴向定位基准,故要求齿坯外圆对内孔的径向跳动要小。因找正效率低,一般用于单件、小批生产。

2. 加工方法的选择

齿轮轮齿加工方法很多,按在加工过程中有无切削,可分为无切削加工和有切削加工。无切削加工包括精密锻造、精密铸造、热轧、冷轧及粉末冶金等,但这些方法工艺不够稳定,尤其是加工高精度的齿轮还有一定的困难。目前齿轮轮齿的加工仍然以有切削加工为主。齿形的有切削加工,具有良好的加工精度,按其加工原理可分为成形法和展成法两种。常用的齿面加工方法见表5.7。

表 5.7　齿面加工方法的选择

齿面加工方案	齿轮精度等级	齿面粗糙度 $Ra(\mu m)$	适 用 范 围
铣齿	9 级以下	6.3～3.2	单件配备生产中,加工低精度的外圆柱齿轮、齿条、锥齿轮、蜗轮
拉齿	7 级	1.6～0.4	大批量生产 7 级内齿轮
滚齿	8～7 级	3.2～1.6	各种批量生产中,加工中等质量外圆柱齿轮及蜗轮
插齿	8～7 级	1.6	各种批量生产中,加工中等质量的内、外圆柱齿轮
滚(插)齿→淬火→珩齿	8～7 级	0.8～0.4	用于齿面淬火的齿轮
滚齿→剃齿	7～6 级	0.8～0.4	用于大批量生产
滚齿→剃齿→淬火→珩齿	7～6 级	0.4～0.2	用于大批量生产
滚(插)齿→淬火→磨齿	6～3 级	0.4～0.2	用于高精度齿轮的齿面加工,生产率低、成本高
滚(插)齿→磨齿	6～3 级	0.4～0.2	用于高精度齿轮的齿面加工,生产率低、成本高

3．加工阶段的划分

齿轮的加工概括起来可分为为齿坯加工、齿形加工、热处理和齿形精加工等四个阶段。

加工的第一阶段为齿坯最初进入机械加工的阶段。这个阶段主要是为下一阶段加工齿形准备精基准,使齿的内孔和端面的精度基本达到规定的技术要求。因为齿轮的传动精度主要取决于齿形精度和齿距分布的均匀性,而这与切齿时采用的定位基准(孔和端面)的精度有着直接的关系。

加工的第二阶段为齿形的加工。需要淬硬的齿轮,必须在这个阶段中加工出能满足齿形的最后精加工要求的齿形精度,这个阶段的加工是保证齿轮加工精度的关键阶段,应予以特别注意。不需要淬火的齿轮,一般来说这个阶段也就是齿轮的最后加工阶段,经过这个阶段就应该加工出完全符合图样要求的齿轮。

加工的第三阶段是热处理阶段。使齿面达到规定的硬度要求。

加工的最后阶段是齿形的精加工阶段。这个阶段的加工目的,是修正齿轮经过淬火后所引起的齿形变形,进一步提高齿形精度和降低表面粗糙度。在这个阶段中,主要应对定位基准面(孔和端面)进行修整,以修整过的基准面定位进行齿形精加工,能够使定位准确可靠,余量分布比较均匀,以便达到精加工的目的。

4．齿轮加工的工艺路线

齿轮加工的工艺路线常因齿轮结构形状、精度等级、生产批量及生产条件不同而不同,一般圆柱齿轮的加工工艺路线如下。

（1）只需调质热处理的齿轮

毛坯制造→热处理→齿坯粗加工→调质热处理→齿坯精加工→齿面粗加工→齿面精加

工(剃齿、珩齿)。

　　(2) 齿面需经表面淬火的中碳结构钢、合金结构钢齿轮

　　毛坯制造→热处理→尺寸粗加工→调质热处理→齿坯半精加工→齿面半精加工→齿面淬火→齿坯精加工(磨削)→齿面精加工(磨齿、珩齿)。

　　(3) 齿面需经渗碳或渗氮的齿轮

　　毛坯制造→热处理→齿坯粗加工→调质热处理→齿坯半精加工→齿面粗加工→齿面热处理(渗碳、渗氮或淬火)→齿坯精加工(磨削)→齿面精加工(磨齿、珩齿)。

5.2.2　设计

　　(1) 完成图 5.4 所示齿轮的加工工艺路线。

　　① 根据各加工表面的精度及粗糙度要求,可确定各加工面的加工方法,见表 5.8。

表 5.8　齿轮各加工表面的加工方法

加工表面	加工方法
齿顶圆	粗车→半精车→精车
内孔	粗车→半精车→粗磨→精磨
端面	粗车→半精车→粗磨→精磨
齿面	滚齿→磨齿

　　② 根据零件的技术要求,加工阶段划分为:粗加工阶段、半精加工阶段和精加工阶段。

　　③ 热处理工序的安排顺序为:毛坯→正火→粗加工→调质→半精加工→淬火及回火→精加工。

　　因此,此齿轮的加工工艺路线为:锻造毛坯→正火→粗加工外圆、端面及内孔→半精及精加工大外圆;半精加工端面、内孔及其余表面→滚齿→高频淬火及回火→插键槽→粗精磨内孔→磨齿面→检验。

　　(2) 完成图 5.1 所示齿轮的加工工艺路线。

5.2.3　实施

1. 组织方式

独立完成或成立小组讨论完成。

2. 实施主要步骤

　　(1) 明确任务,知识准备;

　　(2) 材料分析、毛坯及热处理的确定;

　　(3) 定位基准的选择;

　　(4) 加工方法的选择;

　　(5) 加工阶段的划分;

　　(6) 加工顺序的安排;

　　(7) 工艺路线的拟定。

5.2.4　运作

评价见表5.9。

表 5.9　任务评价参考表

项目		任务		姓名		完成时间		总分	
序号	评价内容及要求		评价标准	配分	自评(20%)	互评(20%)	师评(60%)		得分
1	材料分析、毛坯及其热处理的确定			10					
2	定位基准的选择			10					
3	加工方法的选择			10					
4	加工阶段的划分			10					
5	加工顺序的安排			15					
6	工艺路线的拟定			15					
7	学习与实施的积极性			10					
8	交流协作情况			10					
9	创新表现			10					

5.2.5　知识拓展

按照被加工齿轮的种类不同,齿轮加工机床可分为圆柱齿轮加工机床和锥齿轮加工机床。圆柱齿轮加工机床主要有滚齿机、插齿机、剃齿机、珩齿机和磨齿机等;锥齿轮加工机床主要有直齿锥齿轮加工机床(如刨齿机、铣齿机和拉齿机等)和弧齿锥齿轮加工机床(如弧齿锥齿轮铣齿机和弧齿锥齿轮拉齿机等)。这里主要介绍几种常见的圆柱齿轮加工机床。

1. 滚齿机

滚齿机是用滚刀按展成法加工直齿、斜齿和人字齿圆柱齿轮及蜗轮的齿轮加工机床。图 5.10 为 Y3150E 型滚齿机,由床身、立柱、刀架溜板、后立柱和工作台等组成。立柱固定在床身上,刀架溜板可沿立柱导轨做垂直方向进给运动或快速移动。滚刀通过滚刀架安装在滚刀主轴上,可做旋转运动。工件安装在工作台的心轴上或直接安装在工作台上,随同工作台一起做旋转运动。工作台和后立柱装在同一溜板上,可沿床身的水平导轨移动,用于调整径向位置或做径向进给运动。

2. 插齿机

插齿机是用插齿刀采用展成法插削内、外圆柱齿面的齿轮加工机床。图 5.11 为 Y5132 型插齿机的外形图。插齿刀装在刀架的刀具主轴上,由主轴带动做上下往复的插削运动和旋转运动,工件装在工作台上,可随工作台直线移动,实现径向切入运动。插齿时,插齿刀沿工件轴向方向做上下往复切削运动,同时插齿刀和被加工齿轮之间保持着一对渐开线齿轮相啮合的关系,从而加工出全部轮齿齿廓。

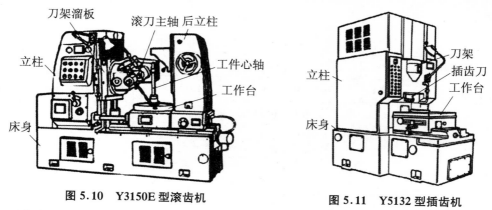

图 5.10　Y3150E 型滚齿机　　　　图 5.11　Y5132 型插齿机

3. 磨齿机

磨齿机是利用砂轮作为刀具来磨削已经加工出的齿轮齿面,用以提高齿轮精度和表面光洁度的机床。图 5.12 为 MSG-450 型锯片磨齿机,其研磨锯片外径 50~450 mm,锯片最大齿距 25 mm,锯片最大齿深 8 mm,锯片最大厚度 8 mm,砂轮转速可达 4 200 r/min。所使用的砂轮规格直径为 150 mm,孔径为 25 mm,厚度依据锯片的齿型和齿距选择。磨削加工时,砂轮相当于滚刀,相对工件做展成运动,磨出渐开线。工件做轴向直线往复运动,以磨削直齿圆柱齿轮,如果做倾斜运动,就可磨削斜齿圆柱齿轮。

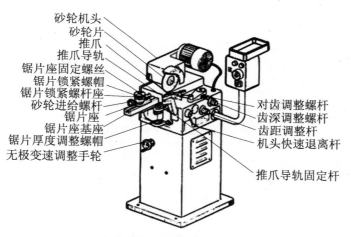

图 5.12　MSG-450 型锯片磨齿机

任务 5.3　确定齿轮加工的工序内容

5.3.1　构思

1. 机械加工余量的确定

在实际加工中,加工余量应考虑工件的结构形状、生产数量、车间设备条件及工人技术等级等各项因素,可根据表 5.10 酌情修正。

表 5.10　齿轮加工的机械加工余量

齿轮模数 m			2	3	4	5	6	7	8	9	10	11	12
精滚、精插余量 a			0.6	0.75	0.9	1.05	1.2	1.35	1.5	1.7	1.9	2.1	2.2
剃齿余量 a	齿轮直径	≤50	0.08	0.09	0.1	0.11	0.12	—	—	—	—	—	—
		50～100	0.09	0.1	0.11	0.12	0.14	—	—	—	—	—	—
		100～200	0.12	0.13	0.14	0.15	0.16	—	—	—	—	—	—
磨齿余量 a			0.15	0.2	0.23	0.26	0.29	0.32	0.35	0.38	0.4	0.45	0.5
渗碳齿轮余量 a	齿轮直径	≥40～50	—	—	—	—	—	—	—	—	0.45	0.5	0.6
		>50～75	—	—	—	—	—	0.45	0.5	0.55	0.6	0.65	0.7
		>75～100	—	—	—	0.45	0.5	0.55	0.6	0.65	0.7	0.75	0.8
		>100～150	—	0.45	0.5	0.55	0.6	0.65	0.7	0.75	0.8	—	—
		>150～200	0.5	0.55	0.6	0.65	0.7	0.75	—	—	—	—	—
		>200	0.6	0.65	0.7	0.75	—	—	—	—	—	—	—

2. 工序尺寸及公差的确定

工序尺寸及公差的确定方法见学习情境 1 中的项目 1。

3. 设备及工艺装备的选择

(1) 齿轮加工设备的选择根据生产纲领、齿轮的类型、精度等级和加工方法等因素来确定。常见的齿轮加工设备及其加工范围见表 5.11。

表 5.11　齿轮加工设备的选择

机　床	加工精度及适应范围
滚齿机或铣床	大型无槽人字齿的主要加工方法
拉床	加工精度和生产效率较高,拉刀专用
滚齿机	加工精度 6～10 级,常用于直齿轮、斜齿轮等的加工
插齿机	加工精度 7～9 级,常用于圆柱齿轮、齿条和锥齿轮等的加工
剃齿机	加工精度 6～7 级,常用于滚齿、插齿后,淬火前的精加工
珩齿机	加工精度 6～7 级,常用于剃齿后或高频淬火后的齿形精加工
剃齿机	

(2) 齿轮类零件常用的工艺装备见表 5.12。

表 5.12　齿轮零件常用的工艺装备

夹　具	刀　具	量　具	辅　具
三爪自定心卡盘、心轴、支撑板和螺栓压板等	内外圆车刀、滚刀、插刀、砂轮等	千分尺、百分表、塞规、齿轮周节检查仪等	顶尖座、圆棒、表架等

4. 齿轮加工切削用量的选择

切削用量的确定是齿轮加工过程中十分重要的环节。选择合理的切削用量既能充分发挥刀具的切削性能和机床性能,又对提高加工质量、生产率和获得良好的经济效益有重要意义。切削用量的确定要遵循"切削用量与加工生产率、加工表面质量和刀具寿命相适应"的原则。

（1）背吃刀量与切削次数的选择

滚齿加工时,一般中等模数的齿轮采用一次走刀切至全齿深。对于模数大于 4 mm 的齿轮可分两次走刀切削,第一次切深 $1.4m$（m 为齿轮模数）,第二次切至全齿深。当模数大于 7 mm 时,要分三次切削。

（2）轴向进给量的选择

粗加工时一般不考虑其对表面粗糙度的影响,常采用较大的进给量。实际生产中常根据工件材料、直径、背吃刀量等因素,凭经验确定进给量。高速钢单头滚刀加工 35 钢和 45 钢圆柱齿轮的进给量见表 5.13。

表 5.13　高速钢单头滚刀加工 35 钢和 45 钢圆柱齿轮的进给量

模数 m（mm）	滚刀轴向进给量			
	粗加工		精加工	
	滚齿机功率		表面粗糙度 Ra（μm）	
	3～4	5～9	6.3～3.2	1.6～0.8
≤1.5	1.4～1.8	1.6～1.8	1.0～1.2	0.6～0.8
＞1.5～2.5	2.4～2.8	2.4～2.8	1.2～1.8	0.8～1.0
＞2.4～4	2.6～3.0	2.6～3.0		

（3）切削速度的确定

齿轮加工时刀具的切削速度 v 可按下式计算：

$$v = \frac{C_v}{T^{m_v} f_a^{y_v} m^{x_v}} K_v$$

式中：m——齿轮模数；

C_v、m_v、y_v、x_v——与切削条件有关的常数或参数；

k_v——切削速度修正系数,对于不重要的加工,可直接选 $k_v = 1$。

然后根据 $n = \dfrac{1\,000\,v}{\pi d}$ 计算主轴转速 n,查机床说明书选择相等或相近较低档的机床转速 n_s,再根据 $v_c = \dfrac{\pi d n_s}{1\,000}$,算出实际切削速度 v_c。

5.3.2　设计

完成图 5.13 所示双联齿轮零件的工序内容设计。

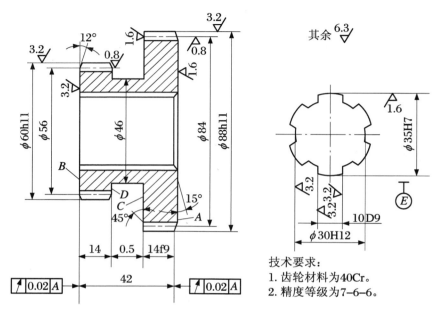

技术要求：
1. 齿轮材料为40Cr。
2. 精度等级为 7-6-6。

齿号	模数	齿数	齿面径向跳动	基节偏差	齿形公差	齿向公差	跨齿数	公法线平均长度
1	2	28	0.030	±0.016	0.017	0.017	4	21.36
2	2	42	0.042	±0.016	0.018	0.017	5	27.6

图 5.13　双联齿轮

① 加工余量的确定。

查表，对于两齿轮外圆 ϕ60h11 和 ϕ88h11 精加工余量为 1.5～2 mm；对于花键槽 ϕ30H12 和花键 ϕ30H7 可以不留精加工余量直接加工至图纸尺寸。

② 工序尺寸及公差的确定。

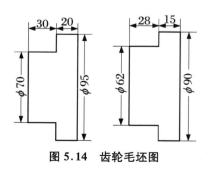

图 5.14　齿轮毛坯图

如图 5.14 所示，根据加工余量可确定齿轮毛坯形状，在对其进行外圆及端面粗车时，工步可设计为：

工步一　车床三爪卡盘夹紧 A 端面，B 端面用顶针顶住，加工外径至 ϕ62 mm，平端面 2 mm，端面留有余量，长度 28 mm；

工步二　换头用同样方法车夹紧 B 端面，A 端面用顶针顶住，加工外径至 ϕ90 mm，平端面5 mm，端面留有余量，长度为 15 mm。

工序的尺寸公差可查阅机械加工工艺手册。

③ 选择加工设备和工艺装备。

该齿轮的加工可选择 CA6140 普通卧式车床、M1432 型万能外圆磨床、M7130 型平面磨床、B5030 插床、Y3150 滚齿机和磨齿机等。

选择通用夹具、标准刀具,加工合金钢质零件可采用 YT 类硬质合金刀具,粗加工用 YT5、半精加工采用 T15、精加工用 YT30。

夹具可选择通用机床加专用夹具。

④ 切削用量的选择(略)。

5.3.3　实施

1. 组织方式

独立完成或成立小组讨论完成。

2. 实施主要步骤

(1) 明确任务,知识准备;

(2) 加工余量的确定;

(3) 工序尺寸及公差的确定;

(4) 设备及工艺装备的选择;

(5) 切削用量的选择。

5.3.4　运作

评价见表 5.14。

表 5.14　任务评价参考表

项目		任务		姓名		完成时间		总分		
序号	评价内容及要求		评价标准	配分	自评(20%)	互评(20%)	师评(60%)		得分	
1	明确任务,知识准备			20						
2	加工余量的确定			20						
3	工序尺寸及公差的确定			20						
4	设备及工艺装备的选择			20						
5	切削用量的选择			20						

5.3.5　知识拓展

齿轮加工刀具是加工各种圆柱齿轮、锥齿轮和其他带齿工件齿部的刀具。齿轮加工刀具按加工对象分为圆柱齿轮加工刀具和锥齿轮加工刀具两类,圆柱齿轮加工刀具按加工原理又可分为成形齿轮刀具和展成齿轮刀具两种。成形齿轮刀具主要包括盘形齿轮铣刀、指形齿轮铣刀、齿轮拉刀和插齿刀头等;展成齿轮刀具常用的有齿轮滚刀、插齿刀、剃齿刀及磨具等。由于展成齿轮刀具的加工精度和生产率较高,因此在生产中应用很广。

1. 齿轮滚刀

齿轮滚刀是一个蜗杆形刀具。在蜗杆上垂直螺纹的方向(或轴向)开有若干个容屑槽,形成前刀面和前角,并经铲背形成后刀面及后角。由于渐开线滚刀的设计和制造比较困难,目前我国规定凡模数在 10 mm 以下的精加工齿轮滚刀均为阿基米德齿轮滚刀。

齿轮滚刀的模数和压力角要与被切齿轮的模数和压力角相同。

齿轮滚刀按结构可分为整体滚刀、焊接式滚刀和装配式滚刀三大类。

(1) 整体式滚刀

图 5.15 为整体式滚刀的结构,可分为刀体和刀齿两大部分。

滚刀的容屑槽有螺旋槽和直槽两种,如图 5.16 所示,直槽滚刀制造方便,目前多采用这种槽形。

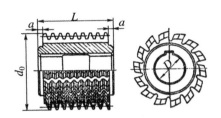

图 5.15　整体齿轮滚刀示意图

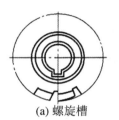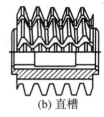

(a) 螺旋槽　　　(b) 直槽

图 5.16　整体滚刀容屑槽

(2) 镶片式滚刀

大模数和中模数滚刀可做成镶片式结构,一方面可节省刀具材料,同时还可保证刀片的热处理性能,使滚刀耐用性提高,如图 5.17 所示。这种结构的滚刀可更换刀片。

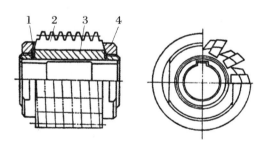

图 5.17　镶片齿轮滚刀示意图

1. 紫铜垫片；　2. 刀片；　3. 刀体；　4. 压紧螺母

2．插齿刀

插齿刀是插齿加工中的关键部件,根据插齿加工原理可知插齿刀精度直接影响到被加工齿轮的精度。

插齿刀实际上是一个变位齿轮,不同点是在插齿刀上有前角和后角,以便切削工件。为了获得后角以及刃磨后不影响齿形,常把它设计成连续变位直齿(或斜齿)齿形的形式。

标准插齿刀的顶刃前角为 5°,顶刃后角为 6°,侧刃后角约为 2°。常用的有以下几种。

(1) 盘形插齿刀

如图 5.18 所示,盘形插齿刀主要加工内、外啮合的直齿、斜齿和人字齿轮。这种插齿刀以内孔及断面定位,用螺母紧固在机床主轴上。盘形插齿刀是应用最多的一种刀具,常用的公称分度圆直径有

图 5.18　盘形插齿刀

40 mm、48 mm、75 mm、100 mm、125 mm、160 mm、200 mm 等几种。

（2）碗形直齿插齿刀

如图 5.19 所示，碗形插齿刀主要加工带台肩的和多联的内、外啮合的直齿轮，它与盘形插齿刀的区别在于工作时夹紧用的螺母可容纳在插齿刀的刀体内，因而不妨碍加工。常用的公称分度圆直径有 50 mm、75 mm、100 mm、125 mm 四种。

（3）锥柄插齿刀

如图 5.20 所示，锥柄插齿刀主要用于加工内啮合的直齿和斜齿齿轮。这种插齿刀为带锥柄的整体结构。其公称分度圆直径有两种：25 mm 和 38 mm。

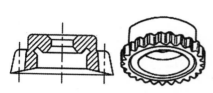

图 5.19　碗形直齿圆柱插齿刀

图 5.20　锥柄插齿刀

3. 剃齿刀

剃齿刀有盘形和齿条形，盘形剃齿刀应用较为普遍和广泛。剃齿刀的形状类似螺旋齿轮，齿面上制作了许多小沟槽，以便形成切削力，其结构形状如图 5.21 所示。

图 5.21　盘形剃齿刀

任务 5.4　填写齿轮的工艺规程文件

5.4.1　构思

齿轮的工艺规程文件填写要求与学习情境 1 中项目 1 轴类零件的完全相同。

5.4.2　设计

（1）完成图 5.4 所示齿轮的工艺规程编制。

该齿轮加工工艺过程卡片见表 5.15。

（2）完成图 5.1 所示齿轮的加工工艺过程卡片。

表 5.15　齿轮加工工艺过程卡片

机械加工工艺过程卡片		产品型号				零件图号				共 2 页	第 1 页
		产品名称				零件名称	某高精度齿轮				
材料牌号	45Cr	毛坯种类	锻件	毛坯外形尺寸		每毛坯件数		每台件数	1	备注	
工序号	工序名称	工 序 内 容			车间	工段	设备	工艺装备		工时	
										准终	单件
1	锻造	毛坯锻造									
2	热处理	正火									
3	粗车	粗车外形,各处留加工余量 1.5～2 mm					C616	车刀,游标卡尺,两顶针,三爪卡盘			
4	精车	精车各处,内孔至 φ84.6 mm,留磨削余量 0.2 mm,其余至尺寸			机加		C616	车刀,游标卡尺,两顶针,三爪卡盘			
5	检查										
6	滚齿	滚切齿面,齿厚留磨齿余量 0.10～0.15 mm			机加		Y38	工作台,滚齿心轴			
7	倒角	倒角至图纸尺寸						倒角机			
8	钳工	去毛刺									
9	热处理	齿面高频淬火									
10	插削	插键槽至图纸尺寸			机加		C616	切槽刀,工作心轴,三爪卡盘			
11	磨内孔	磨内孔至 φ85H7					平面磨床	三爪卡盘			
								设计	校对	审核	标准化	会签
								(日期)	(日期)	(日期)	(日期)	(日期)
标记	处数	更改文件号	签字	日期	标记	处数	更改文件号	签字	日期		

续表

机械加工工艺过程卡片		产品型号		零件图号		1	某高精度齿轮		共 2 页	第 2 页
		产品名称		零件名称		1				单件
材料牌号	45Cr	毛坯种类	锻件	毛坯外形尺寸	235×65	每毛坯件数	1	每台件数	1	备注	
工序号	工序名称	工序内容		车间	工段	设备	工艺装备			工时	
										准终	单件
12	磨平面	磨大端面,使总长度至图纸尺寸				平面磨床	三爪卡盘				
13	磨平面	磨小端面,使总长度至图纸尺寸				平面磨床	三爪卡盘				
14	磨齿	齿面磨削				Y7150	磨齿心轴				
15	检验										
								设计(日期)	校对(日期)	审核(日期)	标准化(日期)	会签(日期)
标记	处数	更改文件号	签字	日期	标记	处数	更改文件号	签字	日期		

5.4.3　实施

1. 组织方式

独立完成或成立小组讨论完成。

2. 实施主要步骤

(1) 明确任务,知识准备;

(2) 编制工艺规程。

5.4.4　运作

评价见表 5.16。

表 5.16　任务评价参考表

项目		任务		姓名		完成时间		总分	
序号	评价内容及要求		评价标准	配分	自评(20%)	互评(20%)	师评(60%)		得分
1	明确任务,知识准备			10					
2	分析零件图			10					
3	确定毛坯			10					
4	选择定位基准(基面)			10					
5	拟定工艺路线			10					
6	确定工序尺寸			10					
7	确定加工和工装设备			10					
8	确定切削用量			10					
9	各主要工序检查方法			10					
10	填写工艺文件			10					

5.4.5　知识拓展

齿轮本身的制造精度对于齿轮工作时运动传递的准确性、工作平稳性等影响很大。为保证齿轮的加工精度,夹具的选用及设计是至关重要的。

1. 滚齿夹具

滚齿夹具是滚齿加工中的重要部件,对被加工零件起直接固定作用,将直接影响加工的精度和质量。

(1) 夹具的典型结构

夹具的结构形式和被切齿轮的大小、结构和精度有关,常用的滚齿夹具及轮齿的安装见表 5.17。

表 5.17 常用滚齿夹具及齿轮安装

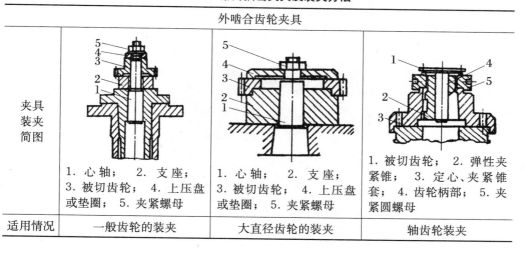

立式滚齿机夹具及齿轮安装			
小型带孔齿轮	中型带孔齿轮	带孔齿轮(后立柱支撑)	轴齿轮
1. 工作台；2. 齿轮；3. 垫圈；4. 螺母；5. 心轴	1. 支座；2. 齿轮；3. 压板；4. 可换套筒；5. 心轴		

卧式滚齿机用夹具		
带孔齿轮	轴齿轮	人字齿轮
1. 心轴；2. 法兰盘	1. 主轴；2. 后顶尖；3. 卡盘	1. 主轴；2. 支架；3. 卡盘

（2）夹具设计的一般原则

滚齿加工中夹具的设计一般应满足以下几点：

① 定位基准可靠。

② 要有足够的刚性和夹紧力。结构简单，便于制造，并能保证安装时易于校正和更换。

③ 齿坯轴心线要与工作台的旋转轴线重合。

2. 插齿夹具

插齿夹具在插齿加工中起到了固定工件的作用，对齿轮的加工精度影响很大，插齿加工所用的典型结构及工件的装夹见表 5.18。

表 5.18 常用插齿夹具及装夹方法

	外啮合齿轮夹具		
夹具装夹简图	1. 心轴；2. 支座；3. 被切齿轮；4. 上压盘或垫圈；5. 夹紧螺母	1. 心轴；2. 支座；3. 被切齿轮；4. 上压盘或垫圈；5. 夹紧螺母	1. 被切齿轮；2. 弹性夹紧锥；3. 定心、夹紧锥套；4. 齿轮柄部；5. 夹紧圆螺母
适用情况	一般齿轮的装夹	大直径齿轮的装夹	轴齿轮装夹

续表

	外啮合齿轮夹具		
夹具装 夹简图	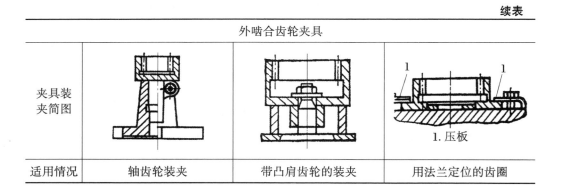		1.压板
适用情况	轴齿轮装夹	带凸肩齿轮的装夹	用法兰定位的齿圈

项 目 作 业

1. 齿轮的结构特点和技术要求有哪些？为什么要对其进行分析？它对制定工艺规程起什么作用？

2. 对于圆柱齿轮,齿坯加工方案是如何选择的？

3. 对于不同类型的齿轮,其定位基准如何选择？

4. 齿轮加工中安排两种热处理工序及其目的是什么？

5. 已知某双联齿轮,大批量生产,材料为 40Cr,齿部高频淬火 50～55HRC,齿面粗糙度 $Ra = 0.8\ \mu m$,$z_1 = 34$,$m_1 = 2.5\ mm$,精度 IT7 级;$z_2 = 39$,$m_2 = m_1$,精度 IT7 级,两齿轮之间的轴向距离为 7 mm,试分别选择两齿轮的齿形加工方案。

6. 完成图 5.13 所示齿轮的工艺规程编制。

学习情境 2
数控机床加工工艺规程编制

项目6　轴类零件数控车削工艺规程编制

图6.1为轴零件,现小批量生产,试分析其加工工艺,完成任务要求。

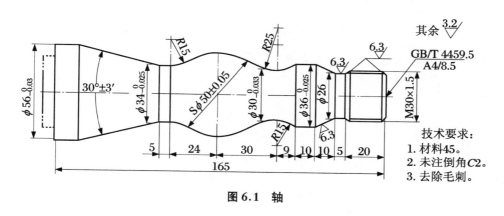

图6.1　轴

任务6.1　拟定轴的加工工艺路线

6.1.1　构思

1. 数控车削加工工艺性分析

数控加工工艺性分析不但涉及普通加工的工艺性分析内容,还应从数控加工的可能性和方便性方面加以分析。

(1) 零件图上尺寸数据的给出应遵循编程方便原则

① 尺寸标注方法应适应数控加工。以同一基准引注尺寸或直接给出坐标尺寸,既便于数控编程,也便于尺寸之间的相互协调,有利于保持设计基准、工艺基准、测量基准与工件编程原点设置的一致性。零件设计人员往往在尺寸标注中较多地考虑装配等使用特性方面的问题,从而不得不采取局部分散的标注方法,这样会给工序安排与数控加工带来诸多不便,由于数控加工精度和重复定位精度都很高,不会因产生较大的累积误差而破坏使用特性,所以宜将局部分散的尺寸标注方法改为集中引注或坐标式标注的方法。

② 零件轮廓的几何要素应条件充分。手工编程时,要计算构成零件轮廓的每一个节点坐标;自动编程时,要对构成零件轮廓的所有几何要素进行定义。因此应仔细审查分析零件图中轮廓几何要素是否充分。如圆弧与直线、圆弧与圆弧到底是相切还是相交,有些明明画

的是相切,但根据图纸给出的尺寸计算,相切条件不充分而变为相交或相离状态等,这些都会使编程无法进行,在图 6.2 中轮廓几何要素定义存在问题。遇到上述情况时,应与零件设计者协商解决。

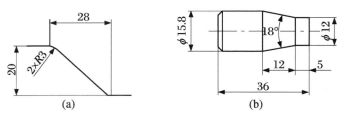

图 6.2　轮廓几何要素定义错误示例

(2) 零件的结构工艺性应符合数控加工的特点

① 零件的内腔和外形最好采用统一的几何类型和尺寸。可以减少刀具规格和换刀次数,使编程方便,生产效益提高。

② 应采用统一的基准定位。在数控加工中,若没有统一的基准定位,会导致重新安装加工后的面与前次安装加工的面轮廓位置及尺寸不协调等问题。因此须采用统一的基准定位,保证两次装夹加工后相对位置的准确性。实际生产中,可选用零件上合适的孔作为定位基准孔,如果没有合适的孔,通过在毛坯上增加工艺凸台或在后续工序要铣去的余量上设置工艺孔,即使无法制出工艺孔,也应选择经过精加工的表面作为统一基准,以减少两次装夹产生的误差。

③ 控制变形,保证零件加工精度。数控加工比普通加工精度高,但与普通加工一样,在加工过程中也会发生受力变形情况。因此,对于悬伸结构、内腔狭小结构、薄壁结构的零件,通过合理选择刀具角度,合理设置刀具切削运动轨迹以及采用适当的夹紧方式等措施,防止或减小加工部位变形,达到零件精度要求。

2. 定位基准的选择

对于轴类零件,在径向定位后应保证工件坐标系 Z 轴与机床主轴同轴,在轴向定位后应保证加工表面轴向的工序基准或设计基准与工件坐标系 X 轴的位置要求,一般情况下,将轴类零件的轴线和左端大端面作为定位基准,即定位基面常为轴的圆柱面、大端面、中心孔。选择精基准时,应从基准重合、便于装夹、便于对刀几方面考虑。

3. 加工工序的划分

在数控车床上加工工件,一般按工序集中的原则划分工序,即在一次安装下尽可能完成大部分甚至全部的加工。根据零件的结构形状不同,通常选择外圆和端面或内孔和端面装夹,并力求设计基准、工艺基准和编程原点的统一。通常有以下几种划分方法。

(1) 按工件安装次数划分

以一次安装所完成的工艺过程作为一道工序。此划分方法适用于加工内容不多,加工完毕后就能达到待检状态的工件。

(2) 按所用刀具划分

以同一把刀具完成的那一部分工艺过程作为一道工序。此划分方法适用于工件待加工面较多,机床连续工作时间较长,加工程序的编制和检查难度较大等情况。

(3) 按加工部位划分

以一次安装进行相同型面加工的工艺过程作为一道工序。这种划分方法适用于加工面多而复杂的工件,可按外形、内形、平面、曲面等结构特点划分为多道工序。

（4）按粗、精加工划分

以粗加工完成的工艺过程作为一道工序,以精加工完成的工艺过程作为另一道工序。这种划分方法适用于加工后变形较大,毛坯余量较大,需粗、精加工分开的零件。

如图 6.3 所示的轴承内圈就是按粗、精加工划分工序的。考虑到轴承内圈的内孔对小端面的垂直度,滚道和大挡边对内孔回转中心的角度差以及滚道与内孔间的壁厚差均有严格的要求,将精加工划分为两道工序,分别在两台数控车床上加工完成。如图 6.3(a)所示,第一道工序装夹轴承内圈的大端面和大外径,车削其滚道、小端面及内孔,能够保证上述的位置精度要求。第二道工序如图 6.3(b)所示,通过装夹轴承内圈的内孔和小端面车削大外圆和大端面。

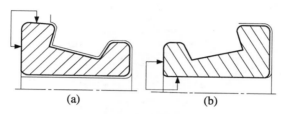

(a)　　　　　　　　　　(b)

图 6.3　轴承内圈工序划分

4．加工顺序的确定

在分析了数控车削加工工艺性及确定了工序之后,接下来要确定零件的加工顺序。制订加工顺序一般遵循下列原则。

（1）先粗后精

按照粗车→半精车→精车的顺序进行,逐步提高加工精度。粗车要在较短的时间内切除工件毛坯上的大部分加工余量,达到提高加工效率和满足精车余量均匀性要求的目的。若粗车后,所留余量的均匀性满足不了精度要求,则要安排半精加工,为精车做准备。精车要保证加工精度要求,根据图样尺寸一刀连续切出零件的轮廓。图 6.4 为粗车切除虚线内加工余量。

（2）先近后远

这里所说的远近是指加工部位相对于对刀点的距离不同,在一般情况下,离对刀点远的部位后加工,以便缩短刀具移动距离,减小空行程时间。对于车削而言,先近后远还有利于保持坯件或半成品件的刚性,改善其切削条件。在数控车床上,对刀点一般选在工件的右端面。如图 6.5 所示的直径相差不大的阶梯轴,若第一刀的背吃刀量未超限,应按 $\phi34 \rightarrow \phi36 \rightarrow \phi38$ 的次序先近后远地安排车削顺序。

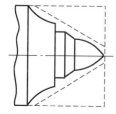

图 6.4　先粗后精示例

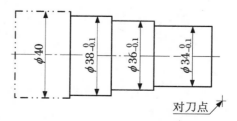

图 6.5　先近后远示例

（3）内外交叉

对既有内表面（内型、腔），又有外表面需要加工的零件，安排加工顺序时，应先进行内外表面的粗加工，后进行内外表面的精加工。切不可将工件的一部分表面（外表面或内表面）加工完毕后，再加工其他表面（内表面或外表面）。

6.1.2　设计

（1）图 6.6 为手柄零件，加工坯料是 $\phi 32$ 的棒料，要批量生产，加工时用一台数控车床，该零件的加工工艺路线见表 6.1。

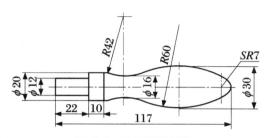

图 6.6　手柄零件简图

表 6.1　手柄零件加工工艺路线

工序号	工序内容	工序简图	定位基准
1	车出 $\phi 12$ mm 和 $\phi 20$ mm 两圆柱面及 20°圆锥面（粗车掉 $R42$ mm 圆弧的部分余量），换刀后按总长要求留下加工余量切断		外圆柱面
2	先车削包络 $SR7$ mm 球面的 30°圆锥面，然后半精车全部圆弧表面（留少量的精车余量），最后换精车刀，将全部圆弧表面一刀精车成形		外圆柱面和一端面

（2）完成图 6.1 所示轴的工艺路线拟定。

6.1.3　实施

1. 组织方式
独立完成或成立小组讨论完成。

2. 实施主要步骤
（1）明确任务，知识准备；

（2）材料分析、毛坯及热处理的确定；

（3）定位基准的选择；

（4）表面加工方法的选择；

（5）工序的划分；

（6）工步的划分；

（7）加工顺序的安排；

（8）拟定工艺路线。

6.1.4　运作

评价见表6.2。

表6.2　任务评价参考表

项目		任务		姓名		完成时间		总分		
序号	评价内容及要求		评价标准	配分	自评（20%）	互评（20%）	师评（60%）	得分		
1	材料分析、毛坯及热处理的确定			10						
2	定位基准的选择			20						
3	工序的划分			20						
4	加工顺序的安排			20						
5	学习与实施的积极性			10						
6	交流协作情况			10						
7	创新表现			10						

6.1.5　知识拓展

1. 数控车床的主要加工对象

数控车削是数控加工中用得最多的加工方法之一。由于数控车床具有加工精度高、能作直线和圆弧插补以及在加工过程中能自动变速等功能，所以它的加工范围要比普通车床宽得多。针对数控车床的特点，适合数控车削加工的零件有下面几种：

（1）精度要求高的回转体零件

由于数控车床制造精度高、刚性好、对刀精确度高，以及能方便和精确地进行人工补偿和自动补偿，所以能加工精度要求高的零件，有些时候可以以车代磨。此外，由于数控车削的刀具运动是通过高精度插补运算和伺服驱动来实现的，所以它能加工直线度、圆度、圆柱度等形状精度要求高的零件；由于数控车床装夹次数少、工序集中程度高，所以也能有效地提高零件的位置精度。如图6.7所示的轴承内圈，原来在三台液压半自动车床和一台液压仿形车床上通过多次装夹加工，造成较大的壁厚差，不能达到图纸要求，后改用数控车床加工，一次装夹即可完成滚道和内孔的车削，且壁厚差非常小，加工质量稳定。

（2）表面粗糙度值小的回转体零件

数控车床具有恒线速切削功能，能加工出表面粗糙度小而均匀的零件。使用恒线速切削功能，就可选用最佳速度来切削锥面、球面和端面，使切削后的工件表面粗糙度既小又一致。数控车床还适合加工各表面粗糙度要求不同的工件。粗糙度值要求大的表面选用较大的进给量,要求小的表面选用小的进给量。

（3）轮廓形状复杂的回转体零件

由于数控车床具有直线和圆弧插补功能,而且部分车床数控装置还有非圆曲线插补功能,所以数控车床可以车削由任意直线和曲线组成的形状复杂的回转体零件,包括不能用数学方程式描述的列表曲线类零件。如图 6.8 所示的壳体零件封闭内腔的成形面,在普通车床上是无法加工的,而在数控车床上则很容易加工出来。对于由直线或圆弧组成的轮廓,直接利用机床的直线或圆弧插补功能;对于由非圆曲线组成的轮廓,应先用直线或圆弧去逼近,然后再用直线或圆弧插补功能进行插补切削。

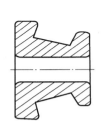

图 6.7　轴承内圈示意图

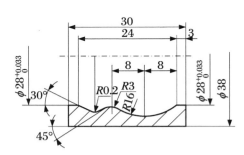

图 6.8　成形内腔零件示意图

（4）带特殊螺纹的回转体零件

普通车床所能车削的螺纹类型相当有限。数控车床不但能车削任何等导程的圆柱、圆锥和端面螺纹,而且能车削增导程、减导程,以及要求在等导程与变导程之间平滑过渡的螺纹。数控车床车削螺纹时,主轴回转与刀架进给保持同步关系,主轴转向不必像普通车床那样交替变换,可以循环切削,直到完成,所以车螺纹的效率很高。数控车床可以配备精密螺纹切削功能,而且一般采用硬质合金成形刀片,使用较高的转速车削,所以加工出来的螺纹精度高、表面粗糙度值小。

2. 数控车床加工工艺的基本特点和主要内容

（1）数控车床加工工艺的基本特点

普通机床加工是指操作者按工艺规程加工零件,而数控机床加工是指由根据工艺要求编制的程序自动控制机床加工零件。一般说数控机床加工工艺与普通机床加工工艺在原则上基本相同,但数控加工又有工序内容复杂、工步安排更为详尽等特点。可见数控车床加工工艺与普通车床加工工艺的关系也是如此,因此,在设计零件的数控车床加工工艺时,既要遵循普通车床加工工艺的基本原则和方法,又要考虑数控车床加工本身的特点和零件编程要求。

（2）数控车床加工工艺的主要内容

① 对零件进行加工工艺性分析,确定加工内容及技术要求;

② 确定零件的加工方案,拟定数控加工工艺路线,如选择基准、划分工序、安排加工顺序,处理与非数控加工工序的衔接等;

③ 设计加工工序,如确定加工余量、确定工序尺寸及公差、确定装夹方案、选择刀具和确定切削用量等;

④ 调整数控加工工序的程序,如选取对刀点和换刀点、确定进给路线等;

⑤ 填写数控加工工艺规程文件。

任务 6.2　设计轴的工序内容

6.2.1　构思

在数控车削加工工序设计中,工件的加工余量、工序尺寸及公差的确定方法与普通车削加工的确定方法基本相同。下面仅从装夹方式、刀具和切削用量选择方面加以说明。

1. 数控车床上装夹方式及夹具的选择

为充分发挥数控机床的高效率、高精度和自动化的效能,应选用能快速和准确定位夹紧工件的装夹方式及夹具。

（1）装夹方式的选择

工件在数控车床上定位和夹紧时,应注意以下三点:

① 力求设计基准、工艺基准与编程原点统一,以减少基准不重合误差和数控编程中的计算工作量;

② 尽量减少装夹次数,尽可能在一次装夹后加工出工件的所有待加工面,提高加工表面之间的位置精度;

③ 避免采用占机人工调整方案,减少占机时间。

表 6.3 所示为轴类零件常用装夹方式。

表 6.3　轴类零件常用装夹方式

装夹方式	适　合　范　围
三爪自定心卡盘	外形规则的中、小型工件
两顶尖	长度尺寸较大或加工工序较多的工件
卡盘和顶尖	较重的加长工件
双三爪自定心卡盘	精度要求高、变形要求小的细长轴类工件
专用夹具	通用夹具无法装夹的、批量较大的工件

（2）夹具的选择

数控加工用夹具应具有较高的定位精度和刚性,结构简单、装卸方便可靠、通用性强,一次装夹能加工多个表面等特点。选用夹具时,通常考虑以下几点:

① 单件小批量生产时,应优先选用组合夹具、通用夹具或可调式夹具,以缩短生产准备时间、节省生产费用;

② 成批生产时,可采用专用夹具,但力求结构简单;

③ 有条件且生产批量较大时,可采用液动、气动或多工位夹具,以提高加工效率。

2. 数控车刀的选择

刀具的选择是数控加工工艺设计中的重要内容之一。刀具选择合理与否影响机床的加工效率和加工质量。选择刀具通常要考虑机床的加工能力、工序内容、工件材料等因素。与普通车削方法相比,数控车削对刀具的要求更高。不仅要求精度高、刚度好、耐用度高,而且要求尺寸稳定、安装调整方便。车刀刀具的选择主要指车刀刀片材料、车刀类型及其几何参数的选用。

(1) 常用车刀的类型及选择

根据刀具结构的不同,常用的有焊接式车刀和机夹可转位车刀;根据刀具切削刃特征的不同,常用的有尖形车刀、圆弧形车刀和成形车刀三种。

① 焊接式车刀。焊接式车刀由硬质合金刀片和普通结构钢或铸铁刀杆通过焊接而成。这种车刀结构简单、刚性较好、制造方便。但刀片经过高温焊接,使用性能降低,而且刀柄不能重复使用,浪费材料。

焊接式车刀根据用途的不同,分为如图6.9所示的几种常用形式。

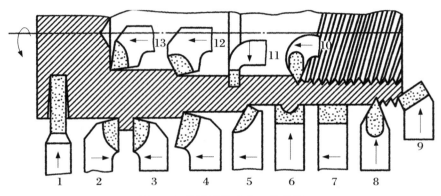

图6.9　常用焊接式车刀的种类

1. 切断刀;　2. 90°左偏刀;　3. 90°右偏刀;　4. 弯头车刀;　5. 直头车刀;　6. 成形车刀;　7. 宽切削刃车刀;　8. 外螺纹车刀;　9. 端面车刀;　10. 内螺纹车刀;　11. 内槽车刀;　12. 通孔车刀;　13. 盲孔车刀

② 机夹可转位车刀。机械夹固式可转位车刀是已经标准化的车刀,其结构形式如图6.10所示,刀片每边都有切削刃,当切削刃磨损钝化后,只需松开夹紧元件,将刀片转一个位置便可继续使用。使用该车刀可减少换刀时间,提高生产效率。数控车床加工,应尽量采用系列化、标准化的机夹可转位车刀。

③ 尖形车刀。以直线形切削刃为特征的车刀。这类车刀的刀尖(也称为刀位点)由直线形的主、副切削刃构成,如90°内、外圆车刀,端面车刀,切槽(断)车刀及刀尖倒棱很小的各种外圆和内孔车刀。

尖形车刀加工零件时,通过其刀尖或一条直线形主切削刃的位移获得零件的轮廓形状。此车刀的选择方法与普通车床车削时的选择方法基本相同,同时须考虑适应数控车床加工特点(如进给路线及加工干涉)等。

④ 圆弧形车刀。以一圆度误差或轮廓误差很小的圆弧形切削刃为特征的车刀,如图6.11所示。车刀圆弧切削刃上的每一点都是车刀的刀尖,因此,刀位点不在圆弧上,而在该圆弧的圆心上。当某些尖形车刀或成形车刀(如螺纹车刀)的刀尖具有一定的圆弧形状时,也可作为这类车刀使用。

圆弧形车刀可以用于车削内外表面,特别适宜于车削各种光滑连接的凸凹形成型面。选择车刀圆弧半径的大小时,应考虑两点:一是车刀切削刃的圆弧半径应当小于或等于零件凹形轮廓上的最小曲率半径,以免发生加工干涉;二是该半径不宜选择太小,否则不但难以制造,还会因其刀头强度太弱或刀体散热能力差使车刀容易损坏。

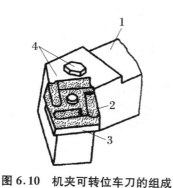

图 6.10   机夹可转位车刀的组成
1. 刀杆； 2. 刀片； 3. 刀垫； 4. 夹紧元件

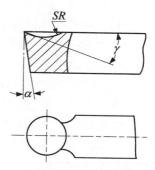

图 6.11   圆弧形车刀

⑤ 成形车刀。俗称样板车刀,其加工零件的轮廓形状完全由车刀刀刃的形状和尺寸决定。在数控车削加工中,常见的成形车刀有小半径圆弧车刀、非矩形切槽刀和螺纹车刀等。由于这类车刀在车削时接触面较大,易引起振动,会导致加工质量下降,所以在数控加工中,应尽量少用或不用成形车刀,当确有必要选用时,应在工艺文件或加工程序单上进行详细说明。

（2）机夹可转位车刀的选用

① 刀片材质的选择。常用刀片的材料有高速钢、硬质合金、涂层硬质合金、陶瓷、立方氮化硼和金刚石等,其中应用最多的是硬质合金和涂层硬质合金刀片。选择刀片材质主要依据被加工工件的材料、被加工表面的精度、表面质量要求、切削载荷的大小以及切削过程有无冲击和振动等因素。

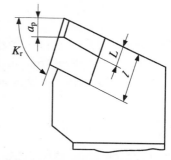

② 刀片尺寸的选择。刀片尺寸的大小取决于必要的有效切削刃长度 L。有效切削刃长度 L 与背吃刀量和刀具的主偏角有关,如图 6.12 所示。通过查阅有关的刀具手册选取刀片尺寸。

图 6.12   有效切削刃长度与背吃刀量、主偏角的关系

③ 刀片形状的选择。刀片形状主要依据被加工工件的表面形状、切削方法、刀具寿命和刀片的转位次数等因素选择。刀具形状可查阅相关的刀具手册选取。图 6.13 为常见的可转位车刀刀片。

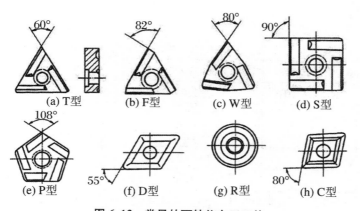

(a) T 型   (b) F 型   (c) W 型   (d) S 型

(e) P 型   (f) D 型   (g) R 型   (h) C 型

图 6.13   常见的可转位车刀刀片

3. 数控车床切削用量的确定

数控车床切削用量的选用原则与普通机床基本相似。在编制数控加工程序时,编程人员必须确定每道工序的切削用量,并以指令的形式写入程序中。确定切削用量一定要根据机床说明书中规定的要求和刀具的耐用度去选择,也可以结合实践经验采用类比的方法来确定。

(1) 切削深度 a_p 的确定

根据加工余量确定切削深度,在机床功率和工艺系统刚性允许的情况下,尽可能选取较大的切削深度,以减少走刀次数,提高生产效率。粗加工(Ra 值为 10~80 μm)时,一次走刀应尽可能切除全部余量,在中等功率的数控机床上,切削深度可达 8~10 mm。半精加工(Ra 值为 1.25~10 μm)时,切削深度常取 0.5~2 mm。精加工(Ra 值为 0.32~1.25 μm)时,切削深度常取 0.1~0.4 mm。

(2) 主轴转速 n 的确定

① 车削光轴时的主轴转速。数控车床车削光轴的主轴转速确定方法,与普通车床加工时一样,应根据零件上被加工部位的直径,并按零件和刀具的材料及加工性质等条件所允许的切削速度来确定。切削速度可通过公式计算或查表确定,也可根据实践经验确定,但要注意交流变频调速数控车床低速输出力矩小,切削速度不能设置过低。表 6.4 所示为硬质合金外圆车刀切削速度的参考值。在实际生产中,主轴转速可用下式计算:

$$n = \frac{1\,000\,v}{\pi d}$$

式中:n——主轴转速(r/min);

　　　v——切削速度(m/min);

　　　d——零件待加工表面的直径(mm)。

表 6.4　硬质合金外圆车刀切削速度参考值

工件材料	热处理状态	$a_p = 0.3 \sim 2.0$ mm $f = 0.08 \sim 0.30$ mm/r	$a_p = 2 \sim 6$ mm $f = 0.3 \sim 0.6$ mm/r	$a_p = 6 \sim 10$ mm $f = 0.6 \sim 1.0$ mm/r
		v_c(m · min^{-1})		
低碳钢、易切钢	热轧	140~180	100~120	70~90
中碳钢	热轧	130~160	90~110	60~80
	调质	100~130	70~90	50~70
合金结构钢	热轧	100~130	70~90	50~70
	调质	80~110	50~70	40~60
工具钢	退火	90~120	60~80	50~70
灰铸铁	<190HBS	90~120	60~80	50~70
	190~225HBS	80~110	50~70	40~60
高锰钢			10~20	
铜及铜合金		200~250	120~180	90~120
铝及铝合金		300~600	200~400	150~200
铸铝合金		100~180	80~150	60~100

注:表中切削钢及灰铸铁时的刀具寿命约为 60 min。由于各个刀具厂家生产的刀具质量有差异,很难以一种刀具的
　　参数来说明整体情况,一般来讲,实际选用可高于表中值。

② 车削螺纹时的主轴转速。切削螺纹时,由于车床的主轴转速受螺纹螺距(或导程)大小、驱动电动机升降特性及螺纹插补运算速度等多种因素影响,所以对于不同的数控系统,选择车削螺纹主轴转速存在一定的差异。一般数控车床车螺纹时主轴转速计算公式为:

$$n \leqslant \frac{1\,200}{p} - k$$

式中:P——螺纹的螺距或导程(mm);

　　k——保险系数,一般取 80。

（3）进给速度 v 的选择

进给速度(mm/min)是指在单位时间里,刀具沿进给方向移动的距离。有些数控机床规定可选用以进给量(mm/r)表示的进给速度。

① 进给速度的确定原则。

进给速度应根据零件的加工精度、表面粗糙度要求以及刀具和工件材料来选择,选取原则如下:

（a）当工件的质量要求能够得到保证时,为提高生产率,可选择较高的进给速度。一般在 100～200 mm/min 范围内选取。

（b）在切断、加工深孔或用高速钢刀具加工时,宜选择较低的进给速度。一般在 20～50 mm/min 范围内选取。

（c）当加工精度要求较高时,进给速度应选小一些。一般在 20～50 mm/min 范围内选取。

（d）刀具空行程时,特别是远距离"回零"时,可以选择机床数控系统设定的最高进给速度。

② 进给速度的计算。

（a）单向进给速度的计算。单向进给速度包括纵向进给速度和横向进给速度。计算公式如下:

$$v = nf$$

式中:n——主轴转速(r/min);

　　f——进给量(mm/r)。

（b）合成进给速度的计算。合成进给速度是指刀具做合成运动(斜线及圆弧插补等)的进给速度。计算公式如下:

$$v = \sqrt{v_z^2 + v_x^2}$$

式中:v_z——纵向进给速度(mm/min);

　　v_x——横向进给速度(mm/min)。

由于计算合成进给速度的过程比较繁琐,所以除特别需要外,在编制数控加工程序时,常凭实践经验或通过试切确定其速度值。

6.2.2　设计

（1）图 6.14(a)为轴筒零件,已知加工端面 A 以右的内外表面为一道工序,图 6.14(b)为该工序的前道工序简图。试分析确定该工序的装夹方案、所用刀具、切削用量。

分析步骤:

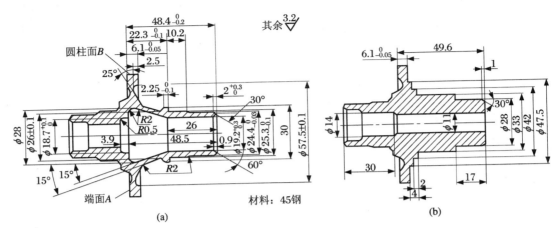

图 6.14　轴筒工序简图

① 图样工艺分析。

该零件包括内外圆柱面、圆锥面、平面及圆弧面等加工面,零件壁较薄;尺寸 $\phi 24.4_{-0.03}^{0}$ mm 和 $6.1_{-0.05}^{0}$ mm 要求精度较高;材料为 45 钢。在进行数控加工时,应考虑合理装夹,防止工件因壁薄而变形,另外由于工件圆锥面上有几处半径值为 $R2$ mm 的小圆弧面,考虑直接用成形刀车削而不用圆弧插补程序切削,以此减小编程工作量,提高切削效率。

② 确定装夹方案。

选择端面 A 和圆柱面 B 为轴向和径向定位基准,由于该工件薄壁易变形,选刚度最好的部位 B 面为夹紧表面,采用如图 6.15 所示的包容式软爪夹紧。该软爪以其底部的端齿在卡盘(通常是液压或气动卡盘)上定位,能保证较高的重复安装精度。在软爪上设定一基准面,方便加工中的对刀和测量。

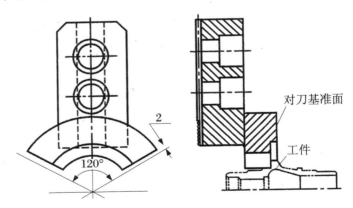

图 6.15　包容式软爪

③ 确定刀具。

为了减少换刀次数,提高加工效率,主要选用有涂层刀片的机夹可转位刀具,为了方便变化走刀方向,选用封闭槽型断屑槽的刀片。确定本工序各工步的刀具见表 6.5。

表 6.5　工步安排及刀具

工步号	工　步　内　容	刀　　具
1	粗车外表面分别至尺寸 $\phi24.68$ mm、$\phi25.55$ mm、$\phi30.3$ mm;粗车端面至尺寸 48.45 mm	80°菱形刀片机夹可转位车刀
2	半精车 25°、15°外圆锥面和三处 $R2$ 的圆弧,留精车余量 0.15 mm	直径 $\phi6$ 的圆形刀片机夹可转位车刀
3	粗车深度 10.15 mm 的 $\phi18$ mm 内孔	三角形刀片机夹可转位车刀
4	钻 $\phi18$ mm 内部深孔	$\phi18$、顶角 118°的钻头
5	粗车内锥面和半精车内表面分别至尺寸 $\phi27.7$ mm、$\phi19.05$ mm	80°菱形刀片机夹可转位车刀
6	精车外圆柱面和端面至尺寸	80°菱形刀片机夹可转位车刀
7	精车 25°外圆锥面和 $R2$ mm 圆弧面至尺寸	带 $R2$ 的圆弧车刀
8	精车 15°外圆锥面和 $R2$ mm 圆弧面至尺寸	带 $R2$ 的圆弧车刀
9	精车内表面至尺寸	80°菱形刀片机夹可转位车刀
10	加工 $\phi18.7^{+0.1}_{0}$ mm 内孔和端面至尺寸	80°菱形刀片机夹可转位车刀

④ 确定切削用量。

分析前后工序的加工要求,通过查表、计算,并结合实际经验修正,最后确定本工序各工步切削用量。

(a) 粗车外表面。切削深度 a_p 在 0.5～4 mm 之间;车削端面时主轴转速 $S=1\,400$ r/min,车削其余表面时主轴转速 $S=1\,000$ r/min;端面倒角进给量 $f=0.15$ mm/r,其余表面进给量 f 在 0.2～0.25 mm/r 范围内。

(b) 半精车 25°、15°两外圆锥面及三处 $R2$ mm 的过渡圆弧。切削深度 a_p 在 0.15～2.5 mm 之间;主轴转速 $S=1\,000$ r/min;切入时的进给量 $f=0.2$ mm/r。

(c) 粗车内孔端部。三次进给切削深度 $a_p\leqslant1.5$ mm;主轴转速 $S=1\,000$ r/min;切入时进给量 $f=0.1$ mm/r,进给时 $f=0.2$ mm/r。

(d) 钻削内孔深部。最大切削深度 $a_p=3.5$ mm;主轴转速 $S=550$ r/min;进给量 $f=0.15$ mm/r。

(e) 粗车内锥面及半精车其余内表面。切削深度 a_p 在 0.5～1.5 mm 之内;主轴转速 $S=700$ r/min;车削 $\phi19.05$ mm 内孔时进给量 $f=0.2$ mm/r,车削其他部位时 $f=0.1$ mm/r。

(f) 精车外圆柱面及端面。切削深度 $a_p=0.15$ mm;主轴转速 $S=1\,400$ r/min;进给量 $f=0.15$ mm/r。

(g) 精车 25°外圆锥面及 $R2$ mm 圆弧面。切削深度 $a_p=0.15$ mm;主轴转速 $S=700$ r/min;进给量 $f=0.1$ mm/r。

(h) 精车 15°外圆锥面及 $R2$ mm 圆弧面。切削深度 $a_p=0.15$ mm;主轴转速 $S=700$ r/min;进给量 $f=0.1$ mm/r。

(i) 精车内表面。切削深度 $a_p=0.15$ mm;主轴转速 $S=1\,000$ r/min;进给量 $f=0.1$ mm/r。

（j）加工 $\phi 18.7^{+0.1}_{0}$ mm 内孔和端面。切削深度 a_p 在 $0.15\sim0.25$ mm 之间；主轴转速 $S=1\,000$ r/min；进给量 $f=0.1$ mm/r。

（2）确定图 6.1 所示轴的装夹方案、所用刀具、切削用量。

6.2.3　实施

1. 组织方式

独立完成或成立小组讨论完成。

2. 实施主要步骤

（1）图样工艺分析；

（2）确定装夹方案；

（3）选择刀具；

（4）计算切削用量。

6.2.4　运作

评价见表 6.6。

表 6.6　任务评价参考表

项目		任务		姓名		完成时间		总分	
序号	评价内容及要求		评价标准	配分	自评(20%)	互评(20%)	师评(60%)	得分	
1	图样工艺分析			10					
2	装夹方案的确定			20					
3	刀具的选择			20					
4	切削用量的确定			20					
5	学习与实施的积极性			10					
6	交流协作情况			10					
7	创新表现			10					

6.2.5　知识拓展

数控车床夹具多种多样，根据作用不同一般分为圆周定位夹具、中心孔定位夹具和其他车削工装夹具三大类。下面说明其常用类型。

1. 圆周定位夹具

（1）三爪卡盘

三爪卡盘是最常用的车床通用卡盘，如图 6.16 所示。它的优点是自动定心，夹持范围大。但定心精度存在误差，不适用于同轴度要求高的工件的二次装夹。一般用于装夹外形规则、长度不太大的中小型零件。常见的三爪卡盘有机械式和液压式两种。数控车床经常采用液压卡盘。

（2）四爪卡盘

如图6.17所示，四爪卡盘的四个对称卡爪可分别独立运动。四爪卡盘的夹紧力比三爪卡盘大，但其没有自动定心的作用，安装找正比较费时，所以一般用于单件小批量生产的大型或不规则零件的装夹。

（3）软爪

当车削批量较大的工件时，为了提高三爪卡盘的定心精度，可采用软爪结构。先把黄铜或软钢焊在三个卡爪上，然后在车床上根据工件直径形状把三个软爪的夹持部分加工出来。如图6.18所示，因为软爪是在使用前配合被加工工件特别制造的，所以具有理想的定心精度。软爪常用于同轴度要求高的工件的二次装夹。

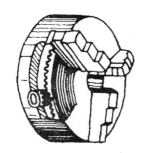
图 6.16　三爪卡盘

图 6.17　四爪卡盘

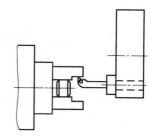
图 6.18　加工软爪

2. 中心孔定位夹具

（1）两顶尖拨盘

两顶尖定位的优点是定心准确可靠，安装方便。工件安装时用对分夹头或鸡心夹头夹紧工件一端，拨杆伸向端面。两顶尖只对工件有定心和支撑作用，必须通过对分夹头或鸡心夹头的拨杆带动工件旋转，如图6.19所示。利用两顶尖定位还可加工偏心工件，如图6.20所示。

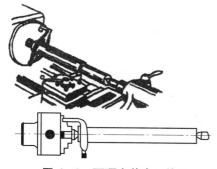
图 6.19　两顶尖装夹工件

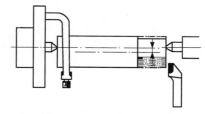
图 6.20　两顶尖车偏心轴

（2）拨动顶尖

常用的拨动顶尖有内、外拨动顶尖和端面拨动顶尖两种。

① 内、外拨动顶尖。

内、外拨动顶尖如图6.21所示，这种顶尖的锥面带齿，能嵌入工件，拨动工件旋转。

② 端面拨动顶尖。

端面拨动顶尖如图6.22所示，这种顶尖利用端面拨爪带动工件旋转。

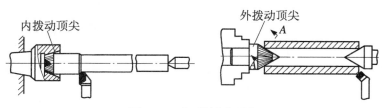

图 6.21　内、外拨动顶尖

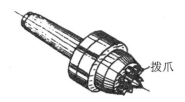

图 6.22　端面拨动顶尖

3. 其他车削工装夹具

对于一些不能用三爪卡盘或四爪卡盘装夹的形状复杂或不规则的零件,可以采用花盘、角铁等其他夹具装夹加工。

（1）花盘

加工表面的回转轴线与基准面垂直、外形复杂的零件可以装夹在花盘上加工。图 6.23 为用花盘装夹双孔连杆。

（2）角铁

加工表面的回转轴线与基准面平行、外形复杂的零件可以装夹在角铁上加工。图 6.24 为角铁的安装方法。

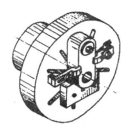

图 6.23　在花盘上装夹双孔连杆

图 6.24　角铁的安装

任务 6.3　确定轴的进给路线

6.3.1　构思

1. 常用进给路线分析

进给路线是指数控加工过程中刀具刀位点相对于工件的运动轨迹和方向,也称走刀路线。它指刀具从对刀点开始运动起，直至加工结束所经过的路径，包括切削加工的路径及刀具切入、切出等非切削空行程。因精加工的进给路线基本上都是沿零件轮廓顺序进行的，所以确定进给路线的重点是确定粗加工和空行程的进给路线。下面说明数控车床车削零件时常用的进给路线。

（1）粗车轮廓进给路线

图 6.25 是三种不同的粗车零件轮廓进给路线图，其中图 6.25(a)表示利用数控系统具有的封闭式复合循环功能控制车刀沿着工件轮廓进行进给的路线；图 6.25(b)为利用其程序循环功能安排的"三角形"进给路线；图 6.25(c)为利用其矩形循环功能而安排的"矩形"进给路线。分析以上三种切削进给路线，可知矩形循环进给路线的进给长度总和最短，因此，在同等条件下其切削所需时间（不含空行程）最短，刀具的损耗最少。

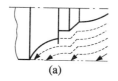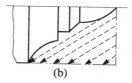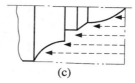

(a)　　　　　　　　(b)　　　　　　　　(c)

图 6.25　粗车轮廓进给路线

（2）粗车圆弧进给路线

粗车圆弧时，若用一刀粗车就把圆弧加工出来，因吃刀量太大，容易打刀。所以，实际需要多刀切削粗车圆弧，常用的粗车圆弧进给路线有以下几种。

① 车锥法粗车圆弧。

图 6.26 为车锥法粗车圆弧的进给路线。即先车削一个圆锥，再车圆弧。采用此法应注意车圆锥时起点和终点的确定。若确定不好，则可能损坏圆弧表面，也可能将余量留得过大。确定方法是连接 OC 交圆弧于点 D，过 D 点作圆弧的切线 AB。由几何关系得

$$CD = OC - OD = 0.414R$$

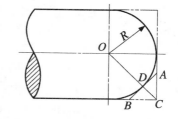

图 6.26　车锥法粗车圆弧进给路线

CD 即为车圆锥时的最大切削余量，即车圆锥时，加工路线不能超过 AB 线。由图 6.26 所示关系，可得 $AC = BC = 0.586R$，这样可确定出车圆锥时的起点和终点。当 R 不太大时，可取 $AC = BC = 0.5R$。此方法数值计算较繁琐，但刀具切削路线短。

② 阶梯切削法粗车圆弧。

当圆弧半径较大时，其切削余量较大，可采用阶梯切削法粗车圆弧。采用此法时，关键是保证每次切削所留余量基本相等。图 6.27(a)是错误的阶梯切削路线，而在图 6.27(b)中，按 1～5 顺序加工，每次切削余量基本相等，是正确的阶梯切削路线。因为在同样背吃刀量的条件下，按图 6.27(a)的方式加工所剩的余量过多。

根据数控车床加工的特点，还可以放弃常用的阶梯车削法，改用依次从轴向和径向进刀，图 6.28 为顺工件毛坯轮廓进给的路线。

③ 同心圆弧法粗车圆弧。

图 6.29 为车圆弧的同心圆弧进给路线。即用不同的半径圆来车削，最后将所需圆弧加工出来。此方法在确定了每次车削的背吃刀量后，对 90°圆弧的起点、终点坐标较易确定。

图 6.29(b)的空行程时间较长。此方法数值计算简单,编程方便,经常用来加工较复杂的圆弧。

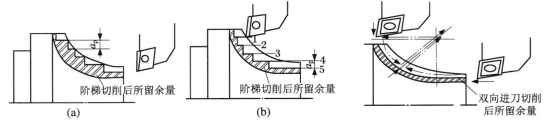

图 6.27　阶梯切削法粗车圆弧进给路线　　　　图 6.28　双向进刀粗车圆弧进给路线

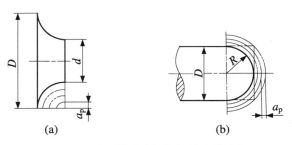

图 6.29　同心圆弧法粗车圆弧进给路线

（3）粗车圆锥进给路线

在数控车床上车削外圆锥可以分为车削正圆锥和车削倒圆锥两种情况,而每一种情况又有两种进给路线。图 6.30 是车削正圆锥的两种进给路线。按图 6.30(a)车削正圆锥时,需要计算终刀距 S。假设圆锥大径为 D,小径为 d,锥长为 L,背吃刀量为 a_p,则根据相似三角形得

$$\frac{D-d}{2L}=\frac{a_p}{S}$$

由此算出终刀距 S 的数值。

按图 6.30(b)的进给路线车削正圆锥时,只需确定每次背吃刀量,而不需计算终刀距,编程方便。但在每次切削中背吃刀量是变化的,且刀具切削运动的路线较长。

图 6.31 为车削倒圆锥的两种进给路线,分别与图 6.30(a)、(b)相对应,其车削原理与车削正圆锥相同。

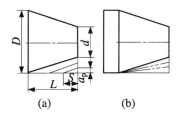

图 6.30　粗车正圆锥进给路线

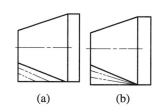

图 6.31　粗车倒圆锥进给路线

（4）车螺纹时的进给路线

在数控车床上车螺纹时,刀具沿螺距方向的进给应与车床主轴旋转保持严格的速比关

系,因此避免刀具从停止状态加速到指定的进给速度或从指定的进给速度降至零时切削工件。为此螺纹轴向进给长度应包括刀具引入距离 δ_1($2\sim 5$ mm)和刀具切出距离 δ_2($1\sim 2$ mm),如图 6.32 所示,以便切削螺纹时,保证在升速完成后使刀具接触工件,在刀具离开工件后再开始降速。

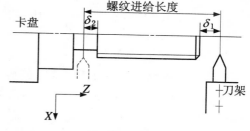

图 6.32　车螺纹时的轴向进给长度

(5) 空行程进给路线

① 起刀点的设定。

图 6.33(a)为采用矩形循环方式进行粗车的进给路线,考虑到精车等加工过程中换刀方便,将对刀点 A 设定在离工件较远的位置处,同时将起刀点与对刀点重合在一起,按三刀粗车的进给路线安排如下:

第一刀　$A{\rightarrow}B{\rightarrow}C{\rightarrow}D{\rightarrow}A$。

第二刀　$A{\rightarrow}E{\rightarrow}F{\rightarrow}G{\rightarrow}A$。

第三刀　$A{\rightarrow}H{\rightarrow}I{\rightarrow}J{\rightarrow}A$。

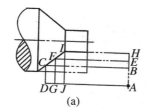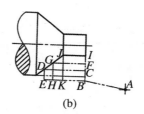

图 6.33　起刀点和换刀点的确定

如图 6.33(b)所示,将起刀点设于 B 点位置,与对刀点 A 点分离,仍按相同的背吃刀量进行三刀粗车,其进给路线安排如下:

车刀先由对刀点 A 移动到起刀点 B。

第一刀　$B{\rightarrow}C{\rightarrow}D{\rightarrow}E{\rightarrow}B$。

第二刀　$B{\rightarrow}F{\rightarrow}G{\rightarrow}H{\rightarrow}B$。

第三刀　$B{\rightarrow}I{\rightarrow}J{\rightarrow}K{\rightarrow}B$。

显然,图 6.33(b)所示的进给路线总长度短,可以节省加工时的空行程时间。该方法也可用于其他循环(如螺纹车削)切削的加工中。

② 换刀点设定。

考虑到方便、安全地换刀,有时将换刀点也设置在离工件较远的位置处,如图 6.33(a)所示 A 点,那么当换刀后,刀具的空行程必然较长,若将换刀点也设置在靠近工件处,如图 6.33(b)中的 B 点,则可缩短空行程的距离。

③ 合理安排"回零"路线。

合理安排退刀路线时,应使前一刀终点与后一刀起点间的距离尽量缩短或者为零,以保证最短进给路线要求。另外,在不发生加工干涉的情况下,尽量采用 X、Z 坐标轴同时返回参考点的指令,该指令的返回路线将是最短的。

(6) 精车轮廓进给路线

在安排一刀或多刀进行的精加工工序时,应使最后一刀连续切削零件轮廓,同时妥善考虑刀具的进、退刀位置,尽量不要在连续的轮廓中安排切入和切出或换刀及停顿,以免因切削力的突然变化而造成弹性变形,致使光滑连接轮廓上产生表面划伤、形状突变或滞留刀痕等缺陷。

2. 进给路线的确定

首先要满足被加工零件的尺寸精度和表面质量要求,然后按最短进给路线原则确定进给路线,以减少加工过程的执行时间,提高工作效率,同时考虑到数值计算的简便,以方便程序编制。加工路线的确定应考虑以下几点:

① 选择合理的进、退刀位置,尽量避免沿零件轮廓法向切入和进给中途停顿。进、退刀位置应选在不太重要的位置。

② 应尽量减少进、退刀时间和其他辅助时间。

③ 一般按先加工外轮廓,再加工内轮廓安排加工路线。

6.3.2　设计

(1) 图 6.14 为轴筒零件,已知加工端面 A 以右的内外表面为一道工序,该工序各工步的进给路线见表 6.7,其中虚线表示对刀时的进给路线。

表 6.7　轴筒数控加工进给路线示例

工步号	工 步 内 容	工步进给路线
1	粗车外表面分别至尺寸 $\phi24.68$ mm、$\phi25.55$ mm、$\phi30.3$ mm;粗车端面至尺寸 48.45 mm	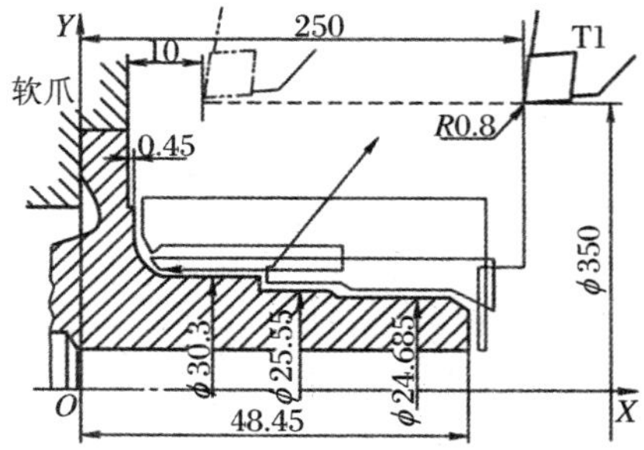
2	半精车 25°、15° 外圆锥面和三处 $R2$ 的圆弧,留精车余量 0.15 mm	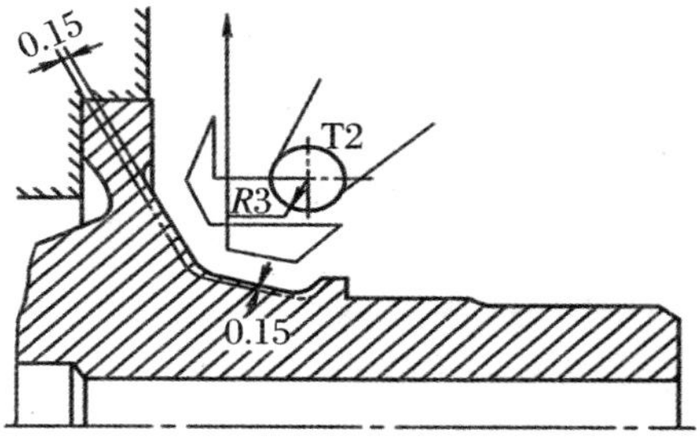

续表

工步号	工 步 内 容	工步进给路线
3	粗车深度 10.15 mm 的 ϕ18 mm 内孔	
4	钻 ϕ18 mm 内部深孔	
5	粗车内锥面和半精车内表面分别至尺寸 ϕ19.05 mm、ϕ27.7 mm	

工步号	工　步　内　容	工步进给路线
6	精车外圆柱面和端面至尺寸	
7	精车 25° 外圆锥面和 $R2$ mm 圆弧面至尺寸	
8	精车 15° 外圆锥面和 $R2$ mm 圆弧面至尺寸	
9	精车内表面至尺寸	

续表

工步号	工 步 内 容	工步进给路线
10	加工 $\phi 18.7^{+0.1}_{0}$ mm 内孔和端面至尺寸	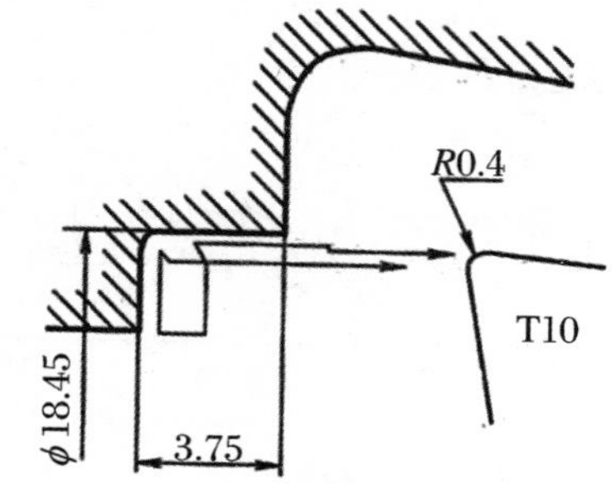 第1刀 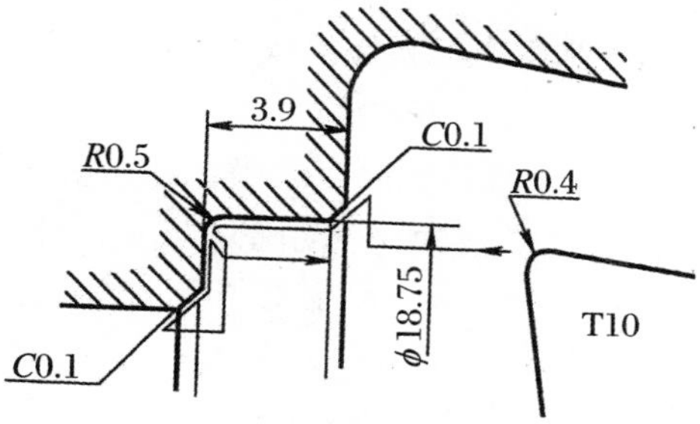 第2刀

（2）确定图6.1所示轴的进给路线。

6.3.3　实施

1. 组织方式

独立完成或成立小组讨论完成。

2. 实施主要步骤

（1）确定对刀点；

（2）确定换刀点；

（3）确定走刀路线。

6.3.4　运作

评价见表6.8。

表6.8　任务评价参考表

项目		任务		姓名		完成时间		总分	
序号	评价内容及要求		评价标准		配分	自评（20%）	互评（20%）	师评（60%）	得分
1	确定对刀点				10				
2	确定换刀点				10				

项目		任务		姓名		完成时间		总分		
序号	评价内容及要求		评价标准	配分	自评(20%)	互评(20%)	师评(60%)	得分		
3	确定走刀路线			50						
4	学习与实施的积极性			10						
5	交流协作情况			10						
6	创新表现			10						

6.3.5　知识拓展

1. 数控加工坐标系统

（1）机床坐标系

机床坐标系是机床固有的坐标系。机床坐标系的原点也称为机床原点或机床零点,其位置已由生产厂家设定,不能随意改变。机床坐标系的坐标轴及运动方向已经标准化。如图 6.34 所示,一般情况下,数控车床坐标原点为主轴旋转中心线与主轴安装卡盘前端面的交点,将平行机床主轴轴线方向设定为 Z 轴方向,刀具远离工件的方向为 Z 轴的正方向。将位于与工件安装面相平行的平面内并与工件旋转轴线垂直的方向设定为 X 轴方向,规定刀具远离主轴轴线的方向为 X 轴的正方向。

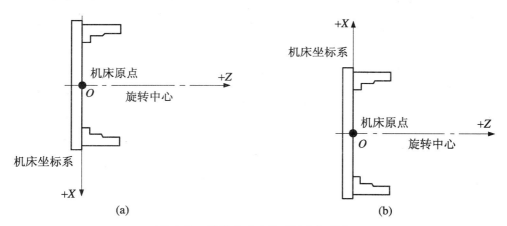

图 6.34　数控车床坐标系及坐标原点

（2）工件坐标系

工件坐标系是编程时用来计算工件几何要素坐标点的坐标系。其坐标原点又称为工件原点、程序原点,是由编程人员设定的,工件坐标原点的选择应尽可能遵循基准重合原则,将加工基准与工艺基准以及设计基准尽量统一。一般数控车床工件坐标原点都设在主轴中心线与工件左端面或右端面的交点处,如图 6.35 所示。

（3）工件原点偏置

在加工时,工件随夹具在机床上安装后,可通过测量某些基准面、基准线之间的距离来测量工件坐标原点到机床坐标原点间的距离,这个距离称为工件原点偏置,如图 6.36 所示。

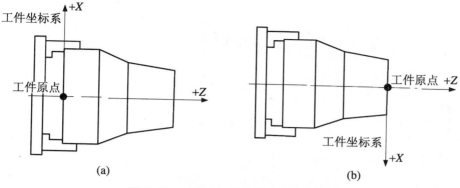

图 6.35　工件坐标系及工件原点设置

该偏置值需预存到数控系统中,当加工开始后,工件原点偏置值便能自动加到工件坐标系上,使数控系统可按机床坐标系来确定加工时的坐标值。因此,编程人员可以不考虑工件在机床上的安装位置,而利用数控系统的原点偏置功能,通过工件原点偏置值来补偿工件在工作台上的装夹位置误差,使用起来十分方便。

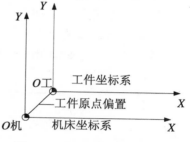

图 6.36　工件坐标原点的偏置

2. 对刀点与换刀点的确定

（1）刀位点

刀位点指在数控加工编程中,用以表示刀具位置的点,它是对刀和加工的基准点。一般来说,车刀刀尖或刀尖圆弧中心为刀位点;钻头的钻尖或钻头底面中心为刀位点;立铣刀、端铣刀的刀具轴线与刃具底面的交点为刀位点;球头铣刀的球心为刀位点。

（2）对刀点

对刀点是数控加工时,刀具相对工件运动的起始点,也称为"起刀点"。对刀点可与程序原点重合,也可在与程序原点有确定坐标关系的其他点上。对刀点应尽量与零件的设计基准或工艺基准重合。

在加工程序执行前,确定对刀点位置的过程称为对刀。通过对刀确定工件坐标系原点(程序原点)在机床坐标系中的位置。对刀的方法有试切法、自动对刀法、光学对刀法和ATC 对刀法。试切法是常用的对刀方法。

（3）换刀点

换刀点是指加工过程中需要换刀时刀具与工件的相对位置点。换刀点往往设在工件的外部,离工件有一定的距离。换刀点的位置应保证换刀时与工件或机床不发生碰撞,同时换刀时空行程距离尽量最短。

任务 6.4　填写轴的数控加工工艺规程文件

6.4.1　构思

数控加工工艺过程是指用数控机床加工方法改变毛坯形状、尺寸、性质和相对位置,使其成为零件的过程。它是机械加工工艺过程的一部分,数控机床应用日益广泛,数控加工工艺过程已是机械加工工艺过程的主导和关键部分。

1. 数控加工工艺规程及类型

数控加工工艺规程是将机械零件的数控加工工艺过程和操作方法以一定格式固定下来的工艺文件。常用的数控加工工艺规程类型有下列几种。

(1) 数控加工工艺过程卡

这种卡片的内容和作用同机械加工工艺过程卡片基本相同,见表 6.9。

表 6.9　数控加工工艺过程卡

(工厂名)	数控加工工艺过程卡	产品型号及名称		零件生产批量		第　页
		零件名称		零件图号		共　页
毛坯种类	棒料	材料名称		每件毛坯制坯数		成品外形尺寸	
毛坯外形尺寸		零件重量		毛坯数量		产品件数	
车间名称	工序号	工种	工序名称	单件工时	机床型号	夹具名称及编号	刀具名称及编号	量具名称
编制		审核		批准		年　月　日		共　页	第　页

(2) 数控加工工序卡片

数控加工工序卡片是编程人员编制数控加工程序的主要依据,也是操作工人根据数控加工程序进行加工的主要指导文件。卡片主要内容有:工步顺序、工步内容、各工步所用刀具及切削用量等。当工序加工内容不太复杂时,也可将工序简图画在工序卡片上。数控加工工序卡片见表 6.10。

表 6.10　数控加工工序卡片

（工厂名）	数控加工工序卡	产品名称或代号		零件名称	零件图号
工序简图		车间		使用设备	
		工艺序号		程序编号	
		夹具名称		夹具编号	

工步号	工步作业内容	加工面	刀具号	刀补量（mm）	主轴转速（r/min）	进给量（mm/r）	背吃刀量（mm）	备注

| 编制 | | 审核 | | 批准 | | 年　月　日 | | 共　页 | | 第　页 | |

（3）数控加工刀具卡片

数控加工刀具卡片是组装刀具和调整刀具的依据，主要包括刀具号、刀具名称及规格、刀柄规格等内容。表 6.11 所示为数控加工刀具卡片。

表 6.11　数控加工刀具卡片

数控加工刀具卡片							
产品名称或代号			零件名称		零件图号		程序编号	
序号	刀具号	刀具名称	刀具规格	刀柄规格	刀片材料	备注	
编制		审核		批准		共　页	第　页

（4）数控加工进给路线图

数控加工进给路线图主要说明一道工序中一个工步的刀具运动轨迹、进刀和退刀点等，方便确定夹紧位置和控制夹紧元件的高度。数控加工进给路线图见表6.12。

表 6.12　数控加工进给路线图

数控加工进给路线图	零件图号		工序号		工步号		程序号		
机床型号		程序段号		加工内容			共　页	第　页	
							编程		
							校对		
							审批		
符号	⊕	⊙	⊗	→	⇢				
含义	编程原点	对刀点	循环点	进给路线	快速进/退刀				

需要说明的是，除了上述数控加工工艺文件以外，还有数控加工程序单等文件。大部分工艺文件格式由企业根据本单位的具体情况确定，还没有形成统一的标准。

2. 数控加工工艺规程的制订步骤

① 研究产品零件图及装配图，进行零件数控加工工艺性分析。

② 选择毛坯，主要包括确定毛坯类型和形状等内容。

③ 拟定数控加工工艺路线，主要包括选择定位基准、划分工序及工步、安排加工顺序、处理与非数控加工工序的衔接等内容。

④ 设计数控加工工序，主要包括确定加工余量、确定工序尺寸及公差、确定机床类型及装夹方案、选择刀具和确定切削用量、检验等内容。

⑤ 确定数控加工工序的刀具进给路线。

⑥ 填写数控加工工艺规程文件。

6.4.2　设计

（1）图6.14所示的零件，其部分数控加工工艺规程文件见表6.13和表6.14。

表 6.13　数控加工工序卡片

（工厂名）	数控加工工序卡	产品名称或代号		零件名称	零件图号
				轴筒	
		车间		使用设备	
		数控车间		数控车床	
		工艺序号		程序编号	
工序简图					
		夹具名称		夹具编号	
		软爪			

工步号	工 步 内 容	加工面	刀具号	刀补量 (mm)	主轴转速 (r/min)	进给量 (mm/r)	背吃刀量 (mm)	备注
1	粗车外表面分别至尺寸 $\phi24.68$ mm、$\phi25.55$ mm、$\phi30.3$ mm;粗车端面至尺寸 48.45 mm		T01		1 000 1 400	0.2～0.25 0.15	0.5～4	
2	半精车 25°、15°外圆锥面和三处 $R2$ 的圆弧,留精车余量 0.15 mm		T02		1 000	0.1,0.2	0.15～2.5	
3	粗车深度 10.15 mm 的 $\phi18$ mm 内孔		T03		1 000	0.1	≤1.5	
4	钻 $\phi18$ mm 内部深孔		T04		550	0.15	3.5	
5	粗车内锥面和半精车内表面分别至尺寸 $\phi19.05$ mm、$\phi27.7$ mm		T05		700	0.1 0.2	0.5～1.5	
6	精车外圆柱面和端面至尺寸		T06		1 400	0.15	0.15	
7	精车 25°外圆锥面和 $R2$ mm 圆弧面至尺寸		T07		700	0.1	0.15	
8	精车 15°外圆锥面和 $R2$ mm 圆弧面至尺寸		T08		700	0.1	0.15	
9	精车内表面至尺寸		T09		1 000	0.1	0.15	
10	加工 $\phi18.7^{+0.1}_{0}$ mm 内孔和端面至尺寸		T10		1 000	0.1	0.15～0.25	
编制	审核	批准			年　月　日		共 1 页	第 1 页

表 6.14　数控加工刀具卡片

产品名称或代号		零件名称	轴筒	零件图号		程序编号			
工步号	刀具号	刀具名称	刀具型号	刀片		刀尖半径（mm）	备注		
				型号	牌号				
1	T01	机夹可转位车刀	PCGCL2525-09Q	CCMT097308	GC435	0.8			
2	T02	机夹可转位车刀	PRJCL2525-06Q	RCMT060200	GC435	3			
3	T03	机夹可转位车刀	PTJCL1010-09Q	TCMT090204	GC435	0.4			
4	T04	ϕ18 mm 钻头							
5	T05	机夹可转位车刀	PDJNL1515-11Q	DNMA110404	GC435	0.4			
6	T06	机夹可转位车刀	PCGCL2525-08Q	CCMW080304	GC435	0.4			
7	T07	成形车刀				2			
8	T08	成形车刀				2			
9	T09	机夹可转位车刀	PDJNL1515-11Q	DNMA110404	GC435	0.4			
10	T10	机夹可转位车刀	PCJCL1515-06Q	CCMW060204	GC435	0.4			
编制			审核			批准		共1页	第1页

（2）完成图 6.1 所示轴的工艺规程编制。

6.4.3　实施

1. 组织方式

独立完成或成立小组讨论完成。

2. 实施主要步骤

（1）明确任务，知识准备；
（2）编制数控加工工艺规程。

6.4.4　运作

评价见表 6.15。

表 6.15　任务评价参考表

项目		任务		姓名		完成时间		总分		
序号		评价内容及要求		评价标准	配分	自评（20%）	互评（20%）	师评（60%）	得分	
1		数控加工工艺过程卡片编制			20					
2		数控加工工序卡片编制			30					
3		数控加工刀具卡片编制			20					

项目		任务		姓名		完成时间		总分	
序号	评价内容及要求		评价标准	配分	自评(20%)	互评(20%)	师评(60%)	得分	
4	查阅资料能力			10					
5	学习与实施的积极性			10					
6	交流协作情况			10					

6.4.5 知识拓展

数控加工除应遵守普通加工通用工艺守则的有关规定外,还应遵守数控加工工艺守则的规定。

1．加工前的准备

① 操作者必须根据机床使用说明书熟悉机床的性能、加工范围和精度,并要熟练地掌握机床及其数控装置或机床各部分的作用及操作方法。

② 检查各开关、旋钮和手柄是否在正确位置上。

③ 启动控制电气部分,按规定进行预热。

④ 开动机床使其空运转,并检查各开关、按钮、旋钮和手柄的灵敏性及润滑系统是否正常等。

⑤ 熟悉被加工件的加工程序和编程原点。

2．刀具与工件的装夹

① 安放刀具时应注意刀具的使用顺序,刀具的安放位置必须与程序要求的顺序和位置一致。

② 工件的装夹除应牢固可靠外,还应注意避免在工作中刀具与工件或刀具与夹具发生干涉。

3．加工

① 进行首件加工前,必须经过程序检查(试走程序)、轨迹检查、单程序段试切及工件尺寸检查等步骤。

② 在加工时,必须正确输入程序,不得擅自更改程序。

③ 在加工过程中操作者应随时监视显示装置,发现报警信号时应及时停车排除故障。

④ 零件加工完后,应将程序、磁盘等收藏起来妥善保管,以备再用。

项 目 作 业

1．数控车床适合加工哪些工件? 数控车床加工零件的工艺性分析包括哪些内容?

2．在数控车床上加工零件,确定零件的加工顺序一般应遵循什么原则?

3．数控车床加工的零件的表面质量与普通车床加工后的表面质量相比,有何特点?

4．如何正确划分数控车削加工工序?

5. 在数控机床上按"工序集中"原则组织加工有何优点？

6. 试述数控车削的刀具特点，常用的数控车刀有哪些？

7. 某零件如图 6.37 所示，工件毛坯为 65 mm×120 mm，材料为 45 号钢，试作简单的工艺分析并说明加工工艺路线。

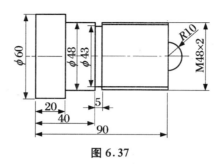

图 6.37

8. 如图 6.38 所示轴，单件小批量生产，试制订该零件的数控加工工艺规程。

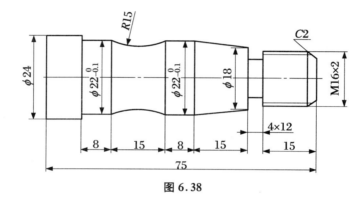

图 6.38

项目7 盘套类零件数控车削工艺规程编制

图 7.1 所示为一盘套类零件,批量生产,试分析其加工工艺并完成数控车削工艺规程的编制。

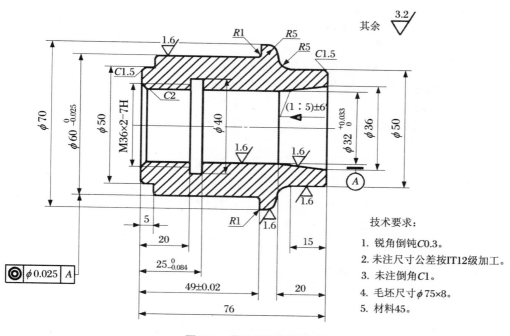

技术要求:

1. 锐角倒钝C0.3。
2. 未注尺寸公差按IT12级加工。
3. 未注倒角C1。
4. 毛坯尺寸φ75×8。
5. 材料45。

图 7.1　锥孔螺母套零件图

7.1.1　构思

盘套类零件的数控车削工艺规程编制内容及步骤与项目 6 轴类零件的基本相同,以下仅针对盘套类零件的工艺特点等方面进行说明。

1. 盘套类零件的加工工艺特点

盘套类零件的加工,主要是指其内轮廓表面的加工。与外轮廓表面加工相比,内轮廓表面的加工主要有以下特点:

① 进行内轮廓表面加工时要求刀具不能与工件发生干涉,且尽量增加刀杆的刚性。

② 加工内轮廓表面进、退刀的方向与外轮廓刚好相反,刀具的切削过程不便观察,加工过程较难控制,故对操作者的操作技能要求很高。

③ 刀具在内轮廓表面加工时,其散热、排屑都较为困难,因此对刀具材料的要求也较高。

　　盘套类零件结构与轴类零件相比,有其自己的特点。盘类零件的直径较大而长度较小,需要加工的形状相对比较复杂。轮盘零件加工多是端面,端面的轮廓也可以是直线、斜线、圆弧、曲线或端面螺纹、锥面螺纹等。套筒零件多是内外圆周面,内孔可能有螺纹和退刀槽。

2. 工件的装夹

　　轮盘类零件根据形状的要求,有时可能需要使用"两次装夹,调头加工"的工艺。这对于数控车削也是一个问题。因为此时零件需要进行二次装夹,对加工的位置误差会产生一定的影响。在数控车削工艺路线设计时应考虑到这个因素。另外,有些盘类零件的壁厚可能比较小,使用一般的三爪自定心卡盘装夹会带来变形,造成加工零件的形状误差增大。这时应使用"包容式"夹爪,或者使用夹紧压力可调的气动卡盘或液压卡盘,并把卡盘的夹紧压力调整到合适的大小。

　　套筒件注意选择规则的外表面进行装夹,确保工件紧固。可采用卡盘夹一端,另一端用尾座顶尖支承,即一夹一顶的方法,粗车外圆后,再钻孔进行内孔粗加工,以后再进行装夹,半精车、精车工件。粗车是要将工件大部分加工余量尽快车削掉,在未进入精加工阶段之前尽量提高效率,消除工件内部残余应力以及热变形对工件造成的影响。

3. 刀具的选择

　　由于盘套类零件结构的特点,其加工路线一般比较长,所使用的刀具也比轴类零件要多一些。

　　(1) 内孔的车削

　　铸造孔、锻造孔或用钻头钻出的孔,为了达到所要求的精度和表面粗糙度,还需要车孔。车孔是常用的孔加工方法之一,可以做粗加工,也可以做精加工,加工范围很广。内孔车削常用通孔车刀和盲孔车刀,见项目 6 中的图 6.9。

　　(2) 内沟槽的车削

　　内沟槽是盘套类零件中的重要结构之一,车削内沟槽时,要使用内沟槽车刀。

　　(3) 内螺纹的车削

　　在数控车床上加工的螺纹主要有内(外)圆柱螺纹和圆锥螺纹、单头螺纹和多头螺纹、恒螺距和变螺距螺纹等。常用加工方法有直进法和斜进法两种,直进法一般应用于螺距或导程小于 3 mm 的螺纹加工,斜进法一般应用于螺距或导程大于 3 mm 的螺纹加工。螺纹的切削深度遵循后一刀的切削深度不能超过前一刀的切削深度的原则,其分配方式有常量式和递减式。递减规律由数控系统设定,目的是使每次切削面积接近相等。加工螺纹前,必须精车螺纹外圆至公称直径。加工多头螺纹时,常用方法是车好一条螺纹后,轴向进给移动一个螺距,再车另一条螺纹。内螺纹的切削与外螺纹相似,只是用的刀具稍有不同。

4. 进给路线的确定

　　数控车削的进给路线包括刀具的运动轨迹和各种刀具的使用顺序,是预先编制在加工程序中的。合理地确定刀具进给路线、安排刀具的使用顺序对于提高加工效率、保证加工质量是十分重要的。数控车削的走刀路线不是很复杂,也有一定规律可遵循。

　　套筒类零件安排进给路线的原则是轴向走刀、径向进刀,循环切除余量的循环终点在粗加工起点附近。这样可以减少走刀次数,避免不必要的空走刀,节省加工时间。

　　轮盘类零件安排进给路线的原则是径向走刀、轴向进刀,循环去除余量的循环终点在粗加工起点。编制轮盘类零件的加工程序时,与套筒类零件相反,它是从大直径端开始顺序向前的。

7.1.2　设计

（1）图 7.2 所示轴承套零件，单件小批量生产，选用机床 CJK6240，试分析其加工工艺并编制加工工艺规程。

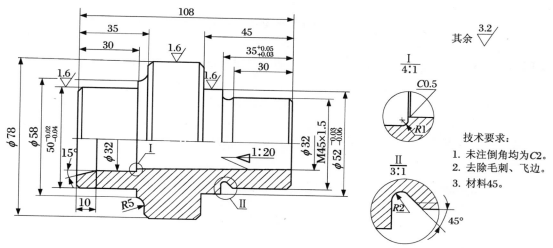

图 7.2　轴承套

① 零件工艺分析。

该零件表面由内外圆柱面、内圆锥面、顺圆弧、逆圆弧及外螺纹等表面组成，其中多个直径尺寸与轴向尺寸有较高的尺寸精度和表面粗糙度要求。零件图尺寸标注完整，符合数控加工尺寸标注要求；轮廓描述清楚完整；零件材料为 45 钢，切削加工性能较好，无热处理和硬度要求。

通过上述分析，采取以下几点工艺措施。

（a）零件图样上带公差的尺寸，因公差值较小，故编程时不必取其平均值，而取基本尺寸即可。

（b）左右端面均为多个尺寸的设计基准，相应工序加工前，应该先将左右端面车出来。

（c）内孔尺寸较小，镗 1 : 20 锥孔与镗 $\phi32$ mm 孔及 15°斜面时需掉头装夹。

② 工艺路线拟定。

轴承套加工工艺方案有以下两种。

方案一　分两道工序加工，即加工零件的内孔及部分外圆表面→加工零件的外轮廓。

方案二　分三道工序加工，即加工零件的左半部分→加工零件的右半部分→加工零件的内孔。

对以上两种方案进行分析。

（a）方案一中，工序一划分工步的内容是：工步一，平端面；工步二，钻中心孔；工步三，钻底孔；工步四，粗镗 $\phi32$ mm 内孔、15°斜面及倒角；工步五，精镗 $\phi32$ mm 内孔、15°斜面及倒角；工步六，粗镗 1 : 20 锥孔；工步七，精镗 1 : 20 锥孔。工序二划分工步的内容是：工步一,从右至左粗车轮廓;工步二,从左至右粗车轮廓;工步三,从右至左精车轮廓;工步四,从左至右精车轮廓;工步五,粗车 M45 螺纹;工步六,精车 M45 螺纹。

(b) 方案二,工序比较分散,而且在加工右半部分及钻孔时,采用了已加工表面中 $\phi 50^{-0.02}_{-0.04}$ 为装夹面,破坏了已加工表面的质量;方案一,工序集中,两次装夹,可以把内轮廓和外轮廓全部加工出来,而且粗加工的走刀路线最短,并且遵循以一次安装所进行的加工作为一道工序原则。

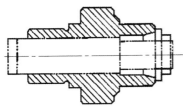

图 7.3　外轮廓车削装夹方案

④ 刀具选择。

综上所述,轴承套的加工工艺路线选取方案一。

③ 装夹方案确定。

内孔加工时以外圆定位,用三爪自动定心卡盘夹紧。加工外轮廓时,为保证一次安装加工出全部外轮廓,需要设一圆锥心轴装置(图 7.3 双点划线部分),用三爪卡盘夹持心轴左端,心轴右端留有中心孔并用尾座顶尖顶紧以提高工艺系统的刚性。

车削外轮廓时,为防止副后刀面与工件表面发生干涉,应选择较大的副偏角,必要时可作图检验。本例中选 $k'_r = 55°$。具体刀具的选用可见表 7.1。

表 7.1　轴承套数控加工刀具卡片

产品名称或代号		数控车工艺分析实例	零件名称		轴承套	零件图号	Lathe-01
序号	刀具号	刀具规格名称	数量	加工表面		刀尖半径 (mm)	备注
1	T01	45°硬质合金端面车刀	1	车端面		0.5	25×25
2	T02	$\phi 5$ mm 中心钻	1	钻 $\phi 5$ mm 中心孔			
3	T03	$\phi 26$ mm 钻头	1	钻底孔			
4	T04	镗刀	1	镗内孔各表面		0.4	20×20
5	T05	93°右手偏刀	1	自右至左车外表面		0.2	25×25
6	T06	93°左手偏刀	1	自左至右车外表面		0.2	25×25
7	T07	60°外螺纹车刀	1	车 M45 螺纹		0.1	25×25
编制		审核		批准		年　月　日	共1页	第1页

⑤ 切削用量选择。

根据被加工表面质量要求、刀具材料和工件材料,参考切削用量手册或有关资料选取切削速度与每转进给量,然后计算主轴转速与进给速度(计算过程略),计算结果填入表 7.2 工序卡中。

背吃刀量的选择因粗、精加工而有所不同。粗加工时,在工艺系统刚性和机床功率允许的情况下,尽可能取较大的背吃刀量,以减少进给次数;精加工时,为保证零件表面粗糙度要求,背吃刀量一般取 0.1～0.4 mm 较为合适。

表 7.2 轴承套数控加工工序卡

（工厂名）	数控加工工序卡		产品名称或代号		零件名称	零件图号
			数控车工艺分析实例		轴承套	Lathe-01
			车间		使用设备	
			数控中心		CJK6240	
			工艺序号		程序编号	
	工序简图		001		Latheprg-01	
			夹具名称		夹具编号	
			三爪卡盘、自制心轴			

工步号	工步作业内容	加工面	刀具号	刀补量（mm）	主轴转速（r/min）	进给量（mm/r）	背吃刀量（mm）	备注
1	车端面		T01		320		1	手动
2	钻 $\phi5$ mm 中心孔		T02		950		2.5	手动
3	钻底孔		T03		200		13	手动
4	粗镗 $\phi32$ mm 内孔、15°斜面及 0.5×45°倒角		T04		320	40	0.8	自动
5	精镗 $\phi32$ mm 内孔、15°斜面及 0.5×45°倒角		T04		400	25	0.2	自动
6	掉头装夹粗镗 1∶20 锥孔		T04		320	40	0.8	自动
7	精镗 1∶20 锥孔		T04		400	20	0.2	自动
8	心轴装夹自右至左粗车外轮廓		T05		320	40	1	自动
9	自左至右粗车外轮廓		T06		320	40	1	自动
10	自右至左精车外轮廓		T05		400	20	0.1	自动
11	自左至右精车外轮廓		T06		400	20	0.1	自动
12	卸心轴改为三爪装夹粗车 M45 螺纹		T07		320	480	04	自动
13	精车 M45 螺纹		T07		320	480	0.1	自动
编制		审核		批准		年　月　日	共 1 页	第 1 页

⑥ 进给路线确定。

结合本零件的结构特征，可先加工内孔各表面，然后加工外轮廓表面。由于该零件为单件小批量生产，走刀路线设计不必考虑最短进给路线或最短空行程路线，外轮廓表面车削走刀路线可沿零件轮廓顺序进行，如图 7.4 所示。

⑦ 填写工艺规程文件。

部分工艺规程见表 7.1、表 7.2。

（2）完成图 7.1 锥孔螺母套的工艺性分析，并拟定加工工艺方案，完成数控车削工艺规程的编制。

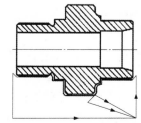

图 7.4 外轮廓加工走刀路线

7.1.3　实施

1. 组织方式

独立完成或成立小组讨论完成。

2. 实施主要步骤

(1) 明确任务,知识准备;

(2) 零件图分析;

(3) 加工方案分析;

(4) 定位基准及夹具的选择;

(5) 刀具的选择;

(6) 切削用量的确定;

(7) 进给路线的确定;

(8) 工艺文件填写。

7.1.4　运作

评价见表 7.3。

表 7.3　任务评价参考表

项目		任务		姓名		完成时间		总分		
序号	评价内容及要求		评价标准	配分	自评(20%)	互评(20%)	师评(60%)	得分		
1	零件图分析			10						
2	加工方案分析			10						
3	定位基准及夹具的选择			10						
4	刀具的选择			10						
5	切削用量的确定			10						
6	进给路线的确定			10						
7	工艺文件填写			10						
8	学习与实施的积极性			10						
9	交流协作情况			10						
10	创新表现			10						

7.1.5　知识拓展

1. 数控车床的分类

由于数控技术发展很快,也由于我国经济发展不平衡,根据用户的使用要求和经济承受能力的不同而出现了各种不同配置和技术等级的数控车床。这些数控车床在配置、结构和使用上都有其各自的特点,可以按照数控系统的技术水平或机床的机械结构对数控车床进行分类。

（1）经济型数控车床

经济型数控车床,如图 7.5 所示,一般是以普通车床的机械结构为基础,经过改进设计而得的,也有一小部分是对普通车床进行改造而得的。其特点是一般采用由步进电动机驱动的开环伺服系统,其控制部分采用单板机或单片机实现。也有一些采用较为简单的成品数控系统的经济型数控车床。此类车床的特点是结构简单,价格低廉,但缺少一些诸如刀尖圆弧半径自动补偿和恒表面线速度切削等功能。一般只能进行两个平动坐标（刀架的移动）的控制和联动。

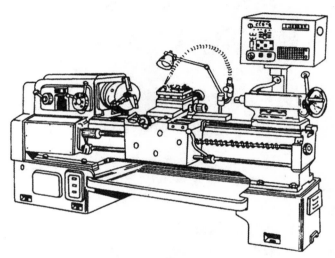

图 7.5　经济型数控车床

（2）全功能型数控车床

全功能型数控车床,如图 7.6 所示,就是通常所说的"数控车床"。其控制系统是全功能型的,带有高分辨率的 CRT,带有各种显示、图形仿真、刀具和位置补偿等功能,带有通信或网络接口,采用闭环或半闭环控制的伺服系统,可以进行多个坐标轴的控制,具有高刚度、高精度和高效率等特点。

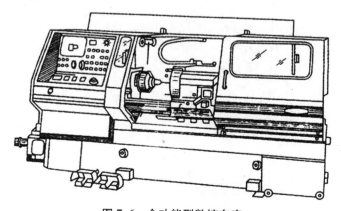

图 7.6　全功能型数控车床

（3）车削中心

　　车削中心是以全功能型数控车床为主体,配备刀库、自动换刀器、分度装置、铣削动力头和机械手等部件,实现多工序复合加工的机床。在车削中心上,工件在一次装夹后,可以完成回转类零件的车、铣、钻、铰、螺纹加工等多种加工工序的加工。车削中心的功能全面,加工质量和速度都很高,但价格也较高。其动力刀架部分如图 7.7 所示。

液压卡盘　　被加工零件　　动力头铣削轴向槽

图 7.7　车削中心的动力刀架

（4）FMC 车床

　　FMC 是英文 Flexible Manufacturing Cell（柔性制造单元）的缩写。FMC 车床,如图 7.8 所示,实际上是一个由数控车床、机器人等构成的系统。它能实现工件搬运、装卸的自动化和加工调整准备的自动化操作。

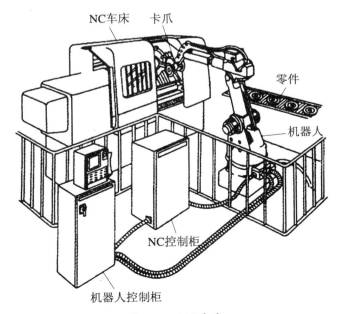

图 7.8　FMC 车床

另外,根据主轴的配置形式,可以分为卧式数控车床(主轴轴线为水平位置的数控车床)和立式数控车床(主轴轴线为垂直位置的数控车床);具有两根主轴的车床,称为双轴卧式车床或双轴立式数控车床。根据数控系统控制的轴数,可以分为两轴控制的数控车床(机床上只有一个回转刀架,可实现两坐标轴控制)和四轴控制的数控车床(机床上有两个独立的回转刀架,可实现四坐标轴控制)。

对于车削中心或柔性加工单元,还需增加其他的附加坐标轴来满足车床的功能。目前我国使用较多的是中小规格的两坐标轴连续控制的数控车床。

2. 数控车削的对刀

装刀与对刀是数控机床加工中极其重要且十分棘手的一项基本工作。对刀的好与差,将直接影响加工程序的编制及零件的尺寸精度。通过对刀或刀具预调,还可同时测定其各号刀的刀位偏差,有利于设定刀具补偿量。

(1) 刀位点

刀位点是指在加工程序编制中,用以表示刀具特征的点,也是对刀和加工的基准点。各类车刀的刀位点如图 7.9 所示。

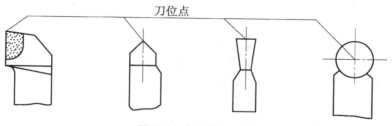

刀位点

图 7.9   车刀的刀位点

(2) 对刀

数控车削加工前,应对工艺系统作准备性的调整,其中完成对刀过程并输入刀具补偿是关键的环节。在数控车削过程中,应首先确定零件的加工原点,以建立工件坐标系;同时,还要考虑刀具的不同尺寸对加工的影响,并输入相应的刀具补偿值,这些都需要通过对刀来解决。

对刀操作的目的是通过确定刀具起始点建立工件坐标系及设置刀具偏置量(或位置补偿量)。对刀的方法按所用的数控机床的类型不同也有所区别,一般可分为机内对刀和机外对刀两大类。

数控机床常用的对刀方法有:试切法对刀、测量法(对刀仪)对刀和 ACT 对刀。

① 试切法对刀。由于试切法对刀不需要任何辅助设备,所以被广泛地用于经济型数控机床中。其基本原理是通过每一把刀具对同一工件的试切削,分别测量出其切削部位的直径和轴向尺寸,以此来计算各刀具刀尖在 X 轴和 Z 轴的相对尺寸,从而确定各刀具的刀具补偿量。

数控车床所用的位置检测器分相对式和绝对式两种。下面介绍采用相对位置检测器的对刀过程,这里以 Z 向为例说明对刀方法(图 7.10)。设图中端面刀是第一把刀,内孔刀为第二把刀,由于是相对位置检测,需要进行加工坐标系的设定。假定程序原点设在零件左端面,如果以刀尖点为编程点,则坐标系中设定的 Z 向数据为 L_1,这时可以将刀架向左移动并将右端面光切一刀,测出车削后的零件长度 N 值,并将 Z 向显示值置零,再把刀架移回到起始位置,此时的 Z 向显示值就是 M 值,$N+M=L_1$。这种以刀尖为编程点的方式应将第一把刀的刀具补偿设定为零。接着用同样方法测出第二把刀的 L_2 值。L_2 减 L_1 是第二把刀对第一把刀的 Z 向位置差,此处是负值。如果程序中第一把刀转为第二把刀时不变换坐标,那么第二把刀的 Z 向刀补值应设定 ΔL。

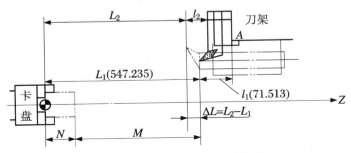

图 7.10　试切法对刀原理示意图

　　试切法对刀属于手动对刀,它的基础是通过试切零件来对刀,它没跳出传统车床的"试切—测量—调整"的对刀模式,并且手动对刀要较多地占用机床时间。

　　② 测量法对刀(机外对刀——对刀仪对刀)。机外对刀的本质是测量出刀具假想刀尖点到刀具台基准之间在 X 及 Z 方向的距离,即刀具 X 和 Z 向的长度。利用机外对刀仪可将刀具预先在机床外校对好,以便装上机床即可以使用。机外对刀的大致顺序是:将刀具随同刀座一起紧固在对刀刀具台上,摇动 X 向和 Z 向进给手柄,使移动部件载着投影放大镜沿着两个方向移动,直至假想刀尖点与放大镜中十字线交点重合为止(图 7.11)。这时通过 X 和 Z 向的微型读数器分别读出 X 和 Z 向的长度值,就是这把刀具的对刀长度。如果这把刀具马上使用,那么将它连同刀座一起装到机床某刀位上之后,将对刀长度输入到相应刀具补偿号或程序中即可。如果这把刀是备用的,则应做好记录。

(a) 端面外径刀尖　　　　　(b) 对称刀尖　　　　　(c) 端面内径刀尖

图 7.11　刀尖在放大镜中的对刀投影

　　③ ATC 对刀。ATC 对刀是在机床上利用对刀显微镜自动地计算出车刀长度的简称。对刀显微镜与支架不用时取下,需要对刀时才装到主轴箱上。对刀时,用手动方式将刀尖移到对刀显微镜的视野内,再用手动脉冲发生器微量移动刀架使假想刀尖点与对刀显微镜内的中心点重合(图 7.11),再将光标移到相应的刀具补偿号,并按下"自动计算(对刀)"按键,这把刀两个方向的长度就被自动计算出来并自动存入它的刀具补偿号中。

项 目 作 业

1. 名词解释:经济型数控机床、车削中心、FMC 车床。

2. 在加工轴类和盘类时,循环去除余量有何不同?

3. 简述数控车床对刀的概念。常用的对刀方式有几种,分别是什么?

4. 简述盘套类零件的装夹方法。

5. 图7.12 所示为套筒零件,毛坯直径为 $\phi50$ mm,长为 50 mm,材料为 45 钢;未注倒角 $1\times45°$,其余 $Ra12.5$。试拟定该零件数控加工工艺。

6. 试编写图7.13 所示工件的加工工艺规程,毛坯尺寸为 $\phi40$ mm×50 mm,材料为 45 号钢。

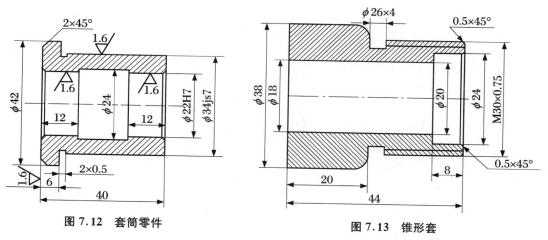

图 7.12　套筒零件　　　　　　　　　　图 7.13　锥形套

7. 试编写图7.14 所示工件的加工工艺规程,材料为 45 号钢,毛坯为 $\phi42$ mm 的棒料。

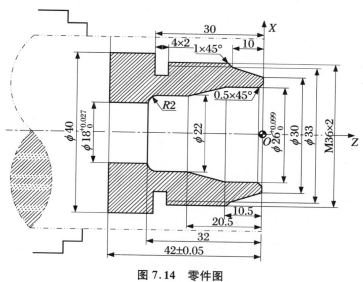

图 7.14　零件图

项目 8　盖板类零件数控铣削工艺规程编制

图 8.1 为凸轮槽零件,其外圆及上下表面已被加工,材料 HT200。现小批量生产,试分析其加工工艺,完成任务要求。

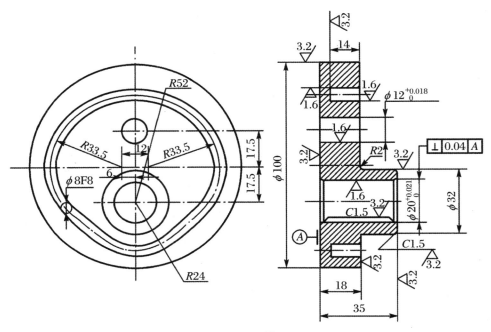

图 8.1　凸轮槽零件

任务 8.1　拟定凸轮槽加工工艺路线

8.1.1　构思

1. 零件工艺性分析

数控铣床可进行钻孔、铣孔、攻螺纹、外形轮廓铣削、平面铣削、平面型腔铣削及三维复杂形面的铣削加工。由于数控铣床具有丰富的加工功能和较宽的加工工艺范围,面对的工艺性问题也较多。在铣削加工之前,一定要仔细分析数控铣削加工的工艺性,掌握铣削加工工艺装备的特点,以保证充分发挥数控机床的加工功能。

（1）零件尺寸工艺性分析

熟悉零件在产品中的位置、作用、装配关系和工作条件，明确各项技术要求对零件数控铣削加工工艺的影响。

① 分析零件图的尺寸标注。零件图上的尺寸标注应适应数控机床加工的要求。在数控加工零件图上，应以同一基准标注尺寸或直接给出坐标尺寸，这样既便于编程，又有利于设计基准、工艺基准、测量基准和编程原点的统一。

② 分析零件几何要素的充分性。由于加工程序是以准确的坐标点来编制的，因此各图形几何要素间的相互关系（如相切、相交、垂直和平行等）应明确，各种几何要素的条件要充分，应无引起矛盾的多余尺寸或影响工序安排的封闭尺寸等。

（2）零件结构工艺性分析

① 保证获得要求的加工精度。

虽然数控机床的加工精度很高，但对一些特殊情况，如过薄的底板与肋板，因为加工时产生的切削拉力及薄板的弹性退让极易产生切削面的振动，使薄板厚度尺寸精度难以保证，其表面粗糙度值也将变大。根据实践经验，当面积较大的薄板厚度小于 3 mm 时就应充分重视这一问题。

② 统一轮廓内壁圆弧的尺寸。

如图 8.2 所示，内壁转接圆弧半径 R 不能太小，当工件的被加工轮廓高度 H 较小，内壁转接圆弧半径较大时，则可采用刀具切削刃长度 L 较小、直径 D 较大的铣刀加工。这样，底面 A 的走刀次数较少，表面质量较好。因此，工艺性较好。反之如图 8.2（b）所示，铣削工艺性则较差。通常，当 $R > 0.2H$ 时，零件结构工艺性较好。

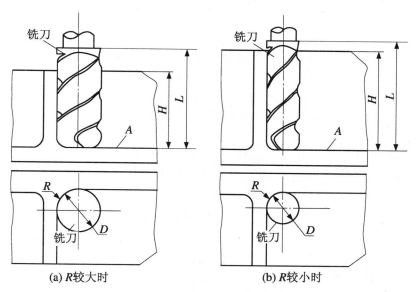

(a) R较大时　　　　　　　　(b) R较小时

图 8.2　内壁转接圆弧半径

内壁与底面转接圆弧半径 r 不要过大。如图 8.3（a）所示，铣刀直径 D 一定时，铣刀与铣削平面接触的最大直径 $d = D - 2r$，工件的内壁与底面转接圆弧半径 r 越小，则 d 越大，即铣刀端刃铣削平面的面积越大，加工能力越强，铣削工艺性越好。反之，工艺性越差，如图 8.3（b）所示。

当底面铣削面积大，转接圆弧半径 r 也较大时，只能先用一把 r 较小的铣刀加工，再用符合要求 r 的刀具加工，分两次完成铣削。

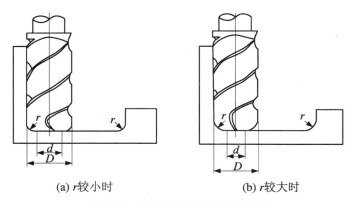

(a) r 较小时　　　　　　　　　(b) r 较大时

图 8.3　内壁与底面转接圆弧半径

总之，一个零件上内壁转接圆弧半径尺寸的大小和一致性，影响着加工能力、加工质量和换刀次数等。因此，转接圆弧半径尺寸大小要力求合理，半径尺寸尽可能一致，至少要力求半径尺寸分组靠拢，以改善铣削工艺性。

③ 保证基准统一的原则。

有些工件需要在铣完一面后再重新安装铣削另一面，这样往往会因为工件的重新安装而接不好刀。这时，最好采用统一基准定位，因此零件上应有合适的孔作为定位基准孔。如果零件上没有基准孔，也可以专门设置工艺孔作为定位基准（如在毛坯上增加工艺凸台或在后继工序要铣去的余量上设置基准孔）。

④ 分析零件的变形情况。

数控铣削工件在加工时的变形，不仅影响加工质量，而且当变形较大时，将使加工不能继续进行下去。这时就应当考虑采取一些必要的工艺措施进行预防，如对钢件进行调质处理，对铸铝件进行退火处理，对不能用热处理方法解决的，也可考虑粗、精加工及对称去余量等常规方法。此外，还要分析加工后的变形问题采取什么工艺措施来解决。

2. 零件毛坯的选择

进行零件铣削加工时，由于加工过程的自动化，余量的大小、如何定位装夹等问题在设计毛坯时就要仔细考虑好；否则，如果毛坯不适合数控铣削，加工将很难进行下去。根据经验，下列几方面应作为毛坯选择时注意的重点。

① 毛坯应有充分、稳定的加工余量。毛坯主要指锻、铸件，因模锻时的欠压量与允许的错模量会造成余量不均匀，铸造时也会因砂型误差、收缩量及金属液体的流动性差不能充满型腔等造成余量不均匀。此外，锻、铸后，毛坯的挠曲与扭曲变形量的不同也会造成加工余量不均匀。因此，除板料外，不管是锻件、铸件还是型材，只要准备采用数控铣削加工，其加工面均应有较充分的余量。经验表明，数控铣削中最难保证的是加工面与非加工面之间的尺寸，这一点应该引起特别重视。在这种情况下，如果已确定或准备采用数控铣削，就应事先对毛坯的设计进行必要的更改或在设计时就加以充分考虑，即在零件图样注明的非加工面处也增加适当的余量。还要考虑在加工时是否要分层切削，分几层切削，也要分析加工中与加工后的变形程度，考虑是否应采取预防性措施与补救措施。例如，对于热轧的中、厚铝板，经淬火时效后很容易在加工中与加工后变形，最好采用经预拉伸处理的淬火板坯。

② 毛坯在装夹定位方面具有可靠性与方便性。对于不便装夹的毛坯,可考虑在毛坯上另外增加装夹余量或工艺凸台、工艺凸耳等辅助基准。工艺凸耳在加工后一般均应切除,如果对使用没有影响,也可保留在零件上。如图 8.4 所示,该工件缺少定位用的基准孔,用其他方法很难保证工件的定位精度。如果在图示位置增加四个工艺凸台,在凸台上制出定位基准孔,这一问题就能得到圆满解决。对于增加的工艺凸耳或凸台,可以在它们完成作用后通过补加工去掉。

③ 尺寸小或薄的零件,为了便于装夹并减少夹头,可将多个工件连在一起,由一个毛坯制出,装配后形成同一工作表面的两个相关零件,为保证加工质量并使加工方便,常把两件合为一个整体毛坯,加工到一定阶段后再切开。如图 8.5 所示的发动机连杆和曲轴轴瓦盖等毛坯都是两件合制的。

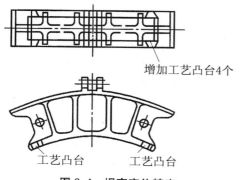

增加工艺凸台4个

工艺凸台　　工艺凸台

图 8.4　提高定位精度

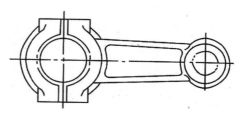

图 8.5　发动机连杆和曲轴轴瓦盖两件合制的毛坯

3. 工序及工步的划分

（1）工序的划分

① 当加工中使用的刀具较多时,为了减少换刀次数,缩短辅助时间,可以将一把刀具所加工的内容安排在一个工序(或工步)中。

② 按照工件加工表面的性质和要求,将粗加工、精加工分为依次进行的不同工序;先进行所有表面的粗加工,然后再进行所有表面的精加工。

一般情况下,为了减少工件加工中的周转时间,提高数控铣床的利用率,保证加工精度要求,在数控铣削工序划分的时候,应尽量使工序集中。

（2）工步的划分

一般数控铣削采用工序集中的方式,这时工步的顺序就是工序分散时的工序顺序。通常按照从简单到复杂的原则,先加工平面、沟槽、孔,再加工外形、内腔,最后加工曲面;先加工精度要求低的表面,再加工精度要求高的部位等。

8.1.2　设计

（1）图 8.6 为凸轮槽零件,外轮廓已加工,现小批量生产,分析其数控加工工艺,确定加工工艺路线。

① 零件图分析。

该零件是一种平面槽形凸轮,外轮廓已在前一道工序中加工成形,数控加工的是凸轮凹槽及两个孔,凹槽轮廓由圆弧 *HA*、*BC*、*DE*、*FG* 和直线 *AB*、*HG* 以及过渡圆弧 *CD*、*EF* 所组成。凸轮槽侧面与 ϕ35G7、ϕ12H7 两个内孔表面粗糙度要求较高,*Ra* 为 1.6。该零件在数控铣削加工前,工件是一个外轮廓经过加工,直径为 ϕ280 mm、厚度为 18 mm 的圆盘。凸轮槽组成几何元素之间关系清楚,条件充分,编程时所需节点坐标很容易求得。凸轮槽内、外轮廓面对 *A* 面有垂直度要求,只要提高装夹精度,使 *A* 面与铣刀轴线垂直,即可保证。

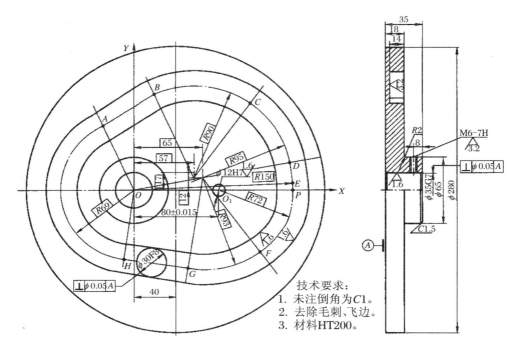

图 8.6　槽形凸轮槽零件

② 工艺路线拟定。

方案一　分两道工序,即加工孔→加工凸轮槽。

方案二　分六道工序,即钻中心孔→钻孔→铰孔→倒角→粗加工凸轮槽→精加工凸轮槽。

方案分析:

（a）方案一的工步内容如下。

工序一:工步一,钻 ϕ5 mm 中心孔;工步二,钻 ϕ34.6 mm 孔;工步三,钻 ϕ11.6 mm 孔;工步四,钻 ϕ5 mm 孔、攻 M6 螺纹;工步五,孔铰 ϕ35 mm 孔;工步六,铰 ϕ12 mm 孔;工步七,ϕ35 mm 孔倒角。

工序二:工步一,粗铣凸轮槽内轮廓;工步二,粗铣凸轮槽外轮廓;工步三,精铣凸轮槽内轮廓;工步四,精铣凸轮槽外轮廓。

方案一工序集中,两次装夹,可以把孔和凸轮槽全部加工出来,而且前一道工序为后面的凸轮槽的加工做了精基准定位的准备,使后面加工采用“一面两孔”的定位装夹方式,并且采用一台机床加工使得成本减小。

（b）方案二工序比较分散,不符合数控铣床工序划分的原则。

综上所述,槽形凸轮的加工工艺路线建议选取方案一。

（2）完成图 8.1 所示凸轮槽零件的工艺性分析并拟定加工工艺路线。

8.1.3　实施

1．组织方式

独立完成或成立小组讨论完成。

2．实施主要步骤

(1) 明确任务,知识准备;

(2) 零件图分析;

(3) 定位基准的选择;

(4) 工序划分;

(5) 工步的划分;

(6) 加工顺序的安排;

(7) 拟定加工工艺路线。

8.1.4　运作

评价见表8.1。

表 8.1　任务评价参考表

项目		任务		姓名		完成时间			总分	
序号	评价内容及要求		评价标准	配分	自评(20%)	互评(20%)	师评(60%)	得分		
1	零件图分析			10						
2	定位基准的选择			10						
3	工序的划分			10						
4	工步的划分			10						
5	加工顺序的安排			10						
6	加工工艺路线拟定			20						
7	学习与实施的积极性			10						
8	交流协作情况			10						
9	创新表现			10						

8.1.5　知识拓展

1．数控铣床介绍

数控铣床是一种轮廓式加工机床,数控铣床种类很多,按其体积大小可分为小型、中型和大型数控铣床,其中规格较大的,其功能已向加工中心靠近,进而演变成柔性加工单元。

其按主轴布置形式分主要有下面几类。

(1) 立式数控铣床

立式数控铣床的主轴轴线与工作台面垂直,是数控铣床中最常见的一种布局形式。如

图8.7所示。立式数控铣床一般为三坐标(X、Y、Z)联动,其各坐标的控制方式主要有以下两种:

① 工作台纵、横向移动并升降,主轴只完成主运动。目前小型数控铣床一般采用这种方式。

② 工作台纵、横向移动,主轴升降。这种方式一般运用在中型数控铣床中。

立式数控铣床结构简单,工件安装方便,加工时便于观察,但不便于排屑。

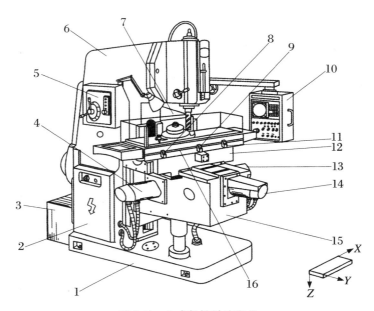

图8.7　立式数控铣床结构

1. 底座; 2. 强电柜; 3. 变压器箱; 4. 垂直升降进给伺服电动机; 5. 按钮板; 6. 床身; 7. 数控柜; 8,11. 保护开关; 9. 挡铁; 10. 操纵台; 12. 横向溜板; 13. 纵向进给伺服电动机; 14. 横向进给伺服电动机; 15. 升降台; 16. 纵向工作台

(2) 卧式数控铣床

与通用卧式铣床相同,数控卧式铣床的主轴轴线平行于水平面。为了扩大加工范围和扩充功能,卧式数控铣床通常采用增加数控转盘或万能数控转盘来实现四轴或五轴的加工。这种数控铣床不但可以加工工件侧面上的连续回转轮廓,而且还能够实现在工件一次安装中,通过转盘不断改变工位,从而执行"四面加工"。尤其是万能数控转盘可以把工件上各种不同角度或空间角度的加工面摆成水平来加工,可以省去许多专用夹具或专用角度成形铣刀。选择带数控转盘的卧式铣床对箱体类零件或需要在一次安装中改变工位的工件进行加工是非常合适的。

(3) 龙门式数控铣床

大型数控立式铣床多采用龙门式布局,在结构上采用对称的双立柱结构,以保证机床整体刚性、强度。主轴可在龙门架的横梁与溜板上运动,而纵向运动则由龙门架沿床身移动或由工作台移动实现,其中工作台床身特大时多采用前者。

龙门式数控铣床适合加工大型零件,主要在汽车、航空航天及机床等行业使用。

(4) 立、卧两用数控铣床

立、卧两用数控铣床主轴的方向可以更换,能达到在一台机床上既能进行立式加工,又能进行卧式加工。立、卧两用数控铣床的使用范围更广,功能更全,选择加工的对象和余地更大,能给用户带来很多方便。特别是当生产批量较少,品种较多,又需要立、卧两种方式加工时,用户可以通过购买一台这样的立、卧两用数控铣床解决很多实际问题。

立、卧两用数控铣床主轴方向的更换有手动与自动两种。采用数控万能主轴头的立、卧两用数控铣床,其主轴头可以任意转换方向,可以加工出与水平面呈各种不同角度的工件表面。如果立、卧两用数控铣床增加数控转盘,就可以实现对工件的"五面加工"。即除了工件与转盘贴合的定位面外,其他表面都可以在一次安装中进行加工。

2. 数控铣削加工特点

与数控车削相比,在该机床上有着更为广泛的应用范围。能够进行外形轮廓铣削、平面或曲面型腔铣削及三维复杂形面的铣削,如凸轮、模具、叶片、螺旋桨等通过两轴、三轴、四轴、五轴的联动进行加工,即数控铣床具有多坐标联动的功能。同时在数控铣床的一次装夹过程中,可完成多个工序的加工,如钻、扩、锪、铰、攻螺纹、镗孔等,具有铣床、镗床和钻床的功能。因此数控铣床的应用十分广泛。此外,随着高速铣削技术的发展,采用数控铣削可以加工形状更为复杂的零件,精度也更高。

3. 数控铣削加工的主要对象

数控铣床进行铣削加工主要是以零件的平面、曲面为主,还能加工孔、内圆柱面和螺纹面。它可以使各个加工表面的形状及位置获得很高的精度。

(1) 平面类零件

如图8.8所示,零件的被加工表面平行、垂直于水平面或被加工面与水平面的夹角为定角的零件称为平面类零件。零件的被加工表面是平面(图8.8(b)零件上的 P 面)或可以展开成平面(图8.8(a)零件上的 M 面和图8.8(c)零件上的 N 面)。

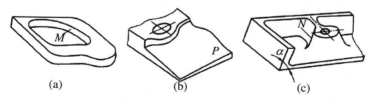

(a) (b) (c)

图8.8 典型的平面类零件

对于平面垂直于坐标轴的面,其加工方法与普通铣床的加工方法一样。对斜面的加工方法可采用:

① 将斜面垫平加工,这是在零件不大或所用夹具容易实现零件加工的情况下进行的。

② 用行切法加工,如图8.9所示,这样会留有行与行之间的残留余量,最后要由钳工修锉平整,飞机上的整体壁板零件经常用这个方法加工。

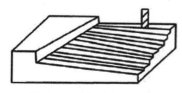

图8.9 行切法加工斜面

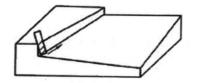

图8.10 主轴摆角加工斜面

③ 用五坐标数控铣床的主轴摆角加工,不留残留余量,效果最好,如图8.10所示。对

于斜面是正面台和斜肋板的表面,可采用成形铣刀加工,也可用五坐标数控铣床加工,但不经济。

(2) 变斜角类零件

零件被加工表面与水平面夹角呈连续变化的零件称为变斜角类零件。这类零件一般为飞机上的零部件,如飞机的大梁、桁架框等,以及与之相对应的检验夹具和装配支架上的零件。图 8.11 为一种变斜角零件,这个零件共分为三段,从第②肋到第⑤肋的斜角 α 由3°10′,均匀变到 2°32′,从第⑤肋到第⑨肋再均匀变为 1°20′,从第⑨肋到第⑩肋均匀变为 0°。

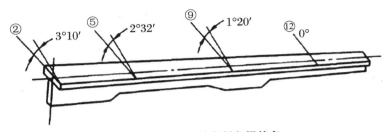

图 8.11　飞机上的变斜角梁缘条

变斜角零件不能展开成平面,在加工中被加工面与铣刀的圆周母线瞬间接触。用五坐标数控铣床进行主轴摆角加工,也可用三坐标数控铣床进行行切法加工。

① 对曲率变化较小的变斜角面,用 x、y、z 和 A 四坐标联动的数控铣床加工,图 8.12 为用立铣刀直线插补方式加工的情况。

② 对曲率变化较大的变斜角面,用 x、y、z 和 A、B 五坐标联动的数控铣床加工,如图 8.13 所示。也可以用鼓形铣刀采用三坐标方式铣削加工,所留刀痕由钳工修锉抛光去除,如图 8.14 所示。

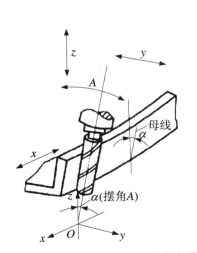

图 8.12　四坐标数控铣床加工变斜角零件

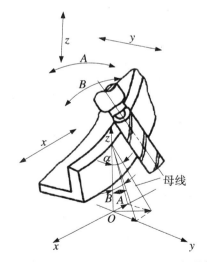

图 8.13　五坐标数控铣床加工变斜角零件

(3) 曲面类零件

零件被加工表面为空间曲面的零件称为曲面类零件。曲面可以是公式曲面,如抛物面、双曲面等,也可以是列表曲面,如图 8.15 所示。

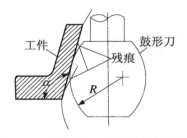

图 8.14 用鼓形铣刀分层铣削变斜角面

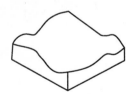

图 8.15 空间曲面零件

曲面类零件的被加工表面不能展开为平面,铣削加工时,被加工表面与铣刀始终是点对点相接触的。用三坐标数控铣床加工时,一般采用行切法用球头铣刀铣削加工,如图 8.16 所示。

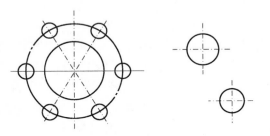

(a) 球头刀斜侧点切削工件   (b) 球头刀斜侧点切削工件   (c) 五坐标加工工件

图 8.16 球头刀加工曲面类零件

（4）孔类零件

孔类零件上都有多组不同类型的孔,一般有通孔、盲孔、螺纹孔、台阶孔、深孔等。在数控铣床上加工的孔类零件,一般是孔的位置要求较高的零件,如圆周分布孔、行列均布孔等,如图 8.17 所示。其加工方法一般为钻孔、扩孔、铰孔、镗孔以及攻螺纹等。

数控铣削加工有着自己的特点和适用对象,若要充分发挥数控铣床的优势和关键作用,就必须正确选择数控铣床类型、数控加工对象与工序内容。通常将下列加工内容作为数控铣削加工的主要选择对象:

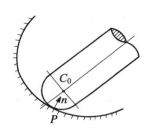

图 8.17 孔类零件

① 工件上的曲线轮廓,特别是由数学表达式给出的非圆曲线与列表曲线等曲线轮廓;

② 已给出数学模型的空间曲面;

③ 形状复杂、尺寸繁多、划线与检测困难的部位;

④ 用通用铣床加工时难以观察、测量和控制进给的内外凹槽;

⑤ 以尺寸协调的高精度孔或面;

⑥ 能在一次安装中顺带铣出来的简单表面或形状;

⑦ 采用数控铣削后能成倍提高生产率,大大减轻体力劳动强度的一般加工内容。

任务 8.2　设计凸轮槽的工序内容,填写工艺规程文件

8.2.1　构思

1. 定位与装夹的选择

（1）定位方式

工件通过工件的定位基准面和夹具上的定位元件工作表面之间的配合或接触实现定位。常见的定位方式有平面定位、圆孔定位和外圆柱面定位等。工件以平面定位时,常用的定位元件有固定支承、可调支承、浮动支承和辅助支承等;工件以圆孔方式定位时,常用的定位元件有定位销、圆柱心轴和圆柱销等;工件以外圆柱面定位时,常用的定位元件有 V 形块、支承板或支承钉、定位套、半圆孔衬套、锥套和三爪自定心卡盘等。数控铣床加工过程中最常用的定位方式之一就是"一面两孔定位",即以一工件上一个较大的平面和垂直于该面相距较远的两个孔组合定位。

（2）夹具的选择

数控铣床的夹具在设计原理上和普通铣床的夹具是相同的,结合数控铣加工的特点,夹具的选择应注意以下几个方面:

① 在选用夹具时应综合考虑产品的生产批量、生产效率、质量保证及经济性等问题。对于试制产品或者单件生产的产品,简单的定位夹紧机构即可,一般无需使用专用的夹具;单件小批量生产时,优先选用组合夹具、可调夹具和其他通用夹具,以缩短生产准备时间和节省生产费用;在成批生产时,应采用专用夹具并力求结构简单,零件的装卸要迅速、方便、可靠,缩短机床的停顿时间;大批量生产时,可以采用多工位、气动或液动夹具。

② 夹具应能保证在机床上实现定向安装,以保持零件安装方向与机床坐标系及编程坐标系方向的一致性,同时还要求能协调零件定位面与机床之间的坐标尺寸联系。

③ 夹具要求尽可能地开敞,以保证零件在本工序中所要完成的待加工面充分暴露在外。夹紧机构元件与加工面之间保持一定的安全距离,夹紧机构元件要尽可能低,防止夹具与铣床主轴套筒或刀套、刀具在加工过程中发生碰撞。同时考虑机床主轴与工作台面之间的最小距离和刀具的装夹长度,确保在主轴的行程范围内能使零件的加工内容全部完成。夹具在机床工作台上的安装位置必须给刀具运动轨迹留有空间,不能和各工步刀具轨迹发生干涉。

④ 夹具要满足一定的刚性与稳定性要求。尽量不采用在加工过程中更换夹紧点的设计,如果必须更换夹紧点,要注意不能因更换夹紧点而破坏夹具或工件的定位精度。

⑤ 零件的装卡、加工的一致性。一般的定位要考虑到重复安装的一致性,同一批零件采用同一定位基准同一装卡方式,以减少对刀时间,提高同一批零件加工一致性。

2. 刀具的选择

正确选择刀具是数控加工工艺中的重要内容,不但影响生产效率和加工精度,而且还关系到是否会发生打刀的事故。选择刀具通常考虑机床的加工能力、工件的材料、加工面类

型、机床的切削用量、刀具的耐用度、刚度等。数控铣床加工具有高速、高效的特点,所以数控铣床刀具的选择比普通铣床严格得多。选择刀具时要依据被加工工件的表面尺寸和形状优选刀具的参数。刀具的种类、规格很多,要考虑不同种类和规格刀具的不同加工特点。

加工较大的平面应选择面铣刀;加工凹槽、较小的台阶面及平面轮廓应选择立铣刀;加工空间曲面、模具型腔或凸模成形表面等多选用模具铣刀;加工封闭的键槽应选择键槽铣刀;加工变斜角零件的变斜角面应选用鼓形铣刀;加工各种直的或圆弧形的凹槽、斜角面、特殊孔等应选用成形铣刀。

3．切削用量的选择

（1）面、轮廓加工切削用量的选择

如图 8.18 所示,数控铣床的切削用量包括切削速度、进给速度、背吃刀量和侧吃刀量。从刀具寿命出发,切削用量的选择方法是:先选取背吃刀量或侧吃刀量,其次确定进给速度,最后确定切削速度。

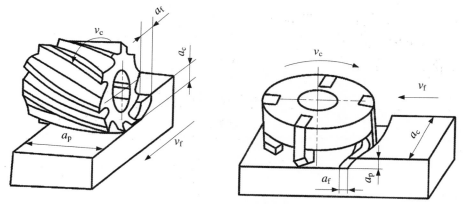

图 8.18　铣削切削用量

① 端铣背吃刀量（或周铣侧吃刀量）的选择。

端铣时,背吃刀量为切削层的深度,而圆周铣削时,背吃刀量为被加工表面的宽度。端铣时,侧吃刀量为被加工表面的宽度,而圆周铣削时,侧吃刀量为切削层的深度。

背吃刀量或侧吃刀量的选取,主要由加工余量和对表面质量的要求决定。

（a）工件表面粗糙度 Ra 值为 12.5～25 μm 时,如果圆周铣削的加工余量小于 5 mm,端铣的加工余量小于 6 mm,粗铣时一次进给就可以达到要求。但在余量较大,工艺系统刚性较差或机床动力不足时,可分两次进给完成。

（b）在工件表面粗糙度 Ra 值为 3.2～12.5 μm 时,可分粗铣和半精铣两步进行。粗铣时背吃刀量或侧吃刀量选取同（a）。粗铣后留 0.5～1 mm 余量,在半精铣时切除。

（c）在工件表面粗糙度 Ra 值为 0.8～3.2 μm 时,可分粗铣、半精铣、精铣三步进行。半精铣时背吃刀量或侧吃刀量取 1.5～2 mm;精铣时,圆周铣侧吃刀量取 0.3～0.5 mm,端铣背吃刀量取 0.5～1 mm。

② 进给速度。

进给速度（v_f）是单位时间内工件与铣刀沿进给方向的相对位移。它与铣刀转速（n）、铣刀齿数（Z）及每齿进给量（f_z）的关系为

$$v_f = f_z Z n$$

每齿进给量 f_z 的选取主要取决于工件材料的力学性能、刀具材料、工件表面粗糙度等因素。工件材料的强度和硬度越高,每齿进给量越小,反之则越大。硬质合金铣刀的每齿进给量高于同类高速钢铣刀。工件表面粗糙度 Ra 值越小,每齿进给量就越小。每齿进给量的确定可参考表 8.2 选取。工件刚性差或刀具强度低时,应取小值。

表 8.2　铣刀每齿进给量

工件材料	每齿进给量 f_z(mm/z)			
	粗　　铣		精　　铣	
	高速钢铣刀	硬质合金铣刀	高速钢铣刀	硬质合金铣刀
钢	0.10～0.15	0.10～0.25	0.02～0.05	0.10～0.15
铸铁	0.12～0.20	0.15～0.30		

③ 切削速度。

铣削的切削速度与刀具寿命 T、每齿进给量 f_z、背吃刀量 a_p、侧吃刀量 a_e、铣刀齿数 Z 成反比,而与铣刀直径成正比。其原因是当 f_z、a_p、a_e 和 Z 增大时,切削刃负荷增加,工作齿数也增多,使切削热增加,刀具磨损加快,从而限制了切削速度的提高。另外,刀具寿命的提高使允许使用的切削速度降低。但加大铣刀直径 d 则可改善散热条件,因而提高切削速度。铣削的切削速度可参考表 8.3 选取,也可参考相关的手册。

表 8.3　铣削时切削速度

工件材料	硬度 HBW	v_c(mm/min)	
		高速钢铣刀	硬质合金铣刀
钢	＜225	18～42	66～150
	225～325	12～36	54～120
	325～425	6～21	36～75
铸铁	＜190	21～36	66～150
	190～260	9～18	45～90
	260～320	4.5～10	21～30

（2）孔加工切削用量的选择

孔加工为定尺寸加工,切削用量的选择应在机床允许的范围内。一般通过查阅手册并结合经验确定。切削用量的计算可参考项目 2。

（3）切削速度选择注意事项

在选择切削速度时,还应考虑以下几点:

① 应尽量避开积屑瘤产生的区域;

② 断续切削时,为减小冲击和热应力,要适当降低切削速度;

③ 在易发生震动的情况下,切削速度应避开自激震动的临界速度;

④ 加工大件、细长件和薄壁工件时,应选用较低的切削速度;

⑤ 加工带外皮的工件时,应适当降低切削速度。

在高速进给的轮廓加工中,当零件有圆弧或拐角时,由于惯性作用刀具在切削时容易产生"欠切"和"过切"现象。如图 8.19(a)所示,在切削过程中,如果背吃刀量、进给速度过大,刀具或工艺系统刚度不足,在切削力的作用下使刀具滞后而产生欠切现象。使工件上本该切除的材料少切除一些,从而产生欠切的误差。如图 8.19(b)所示,若拐角为内凹的表面,拐角处的金属因刀具"超程"而出现过切现象。这两种现象都会使轮廓表面产生误差,从而影响加工精度。

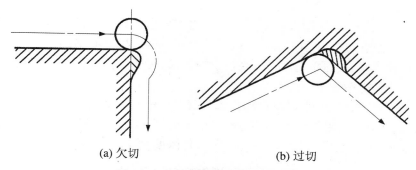

(a) 欠切　　　　　　　　(b) 过切

图 8.19　拐角处的超程和过切现象

8.2.2　设计

(1) 压板是机械加工中常见的零件,如图 8.20 所示,加工表面有平面和孔。试确定装夹方案、所用刀具、切削用量,填写相关工艺规程文件。

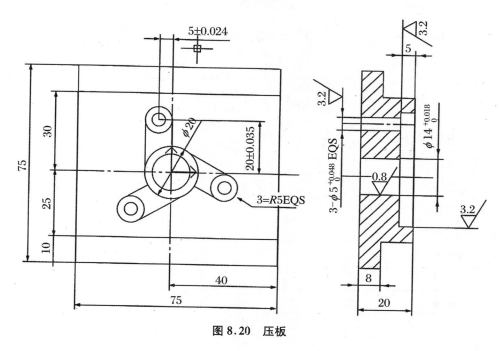

图 8.20　压板

① 零件图样工艺分析。

该压板材料为 A3 钢,毛坯为板材。由图 8.20 可知,压板的 4 个侧面与上下底面均为不加工面,全部加工表面都集中在上表面。最高精度为 IT7 级。要加工的部位是上表面上的 55 mm×75 mm 的台阶面、深 5 mm 的凹槽、3-ϕ5 mm 的均布孔和 ϕ14 mm 的孔。将下底面作为主要定位基准。

② 确定装夹方案。

该压板形状简单,4 个侧面较光整,加工面与不加工面之间的位置精度要求不高,所以可选用通用台钳,以下底面和两侧面定位,用台钳钳口从侧面夹紧。

③ 确定加工方法。

(a) 深 5 mm 凹槽的表面粗糙度 Ra3.2,选择"粗铣→精铣"方案。

(b) 孔加工方法的选择:孔加工前为便于钻头引正,先用中心钻加工中心孔,然后再钻孔。对于精度要求高、表面粗糙度 Ra 值较小的表面,一般不能一次加工到规定尺寸,要划分加工阶段。具体方案如下。

3-ϕ5 mm 的均布孔,表面粗糙度 Ra3.2,选择"钻→铰"方案。

ϕ14 mm 的孔,表面粗糙度 Ra0.8,选择"钻→粗铰→精铰"方案。

按照基面先行、先面后孔、先粗后精的原则,具体见表 8.4。

表 8.4　压板零件数控加工工序卡片

（工厂名）	数控加工工序卡	产品名称或代号		零件名称	零件图号
				压板	
工序简图		车间		使用设备	
		数控中心		XK5025	
		工艺序号		程序编号	
		001			
		夹具名称		夹具编号	
		台虎钳			

工步号	工步作业内容	加工面	刀具号	刀补量 (mm)	主轴转速 (r/min)	进给量 (mm/min)	背吃刀量 (mm)	备注
1	铣台阶面		T01		800	60	4	
2	粗铣凹槽		T02		900	50	2	
3	精铣凹槽		T02		900	30	0.5	
4	钻所有孔的中心孔		T03		1 200	30	0.5	
5	钻 3-ϕ5 底孔至 ϕ4.8		T04		800	40		
6	铰 3-ϕ5 孔		T05		100	40	0.1	
7	钻 ϕ14 底孔至 ϕ13.8		T06		600	50		
8	粗铰 ϕ14 孔		T07		100	40	0.1	
9	精铰 ϕ14 孔		T07		100	40		

编制		审核		批准		年　月　日	共 1 页	第 1 页

④ 选择刀具。

该压板所需刀具有标准立铣刀、中心钻、标准麻花钻和铰刀等,其规格根据加工尺寸选择。具体所选刀具见表 8.5。

表 8.5　压板零件数控加工刀具卡片

产品名称或代号				零件名称	压板	零件图号	
序号	刀具号	刀具规格名称	数量		加工表面		备注
1	T01	$\phi20$ 高速钢立铣刀	1	铣削上、下表面			
2	T02	$\phi8$ 高速钢铣刀	1	铣削台阶面及轮廓			
3	T03	A2 中心钻	1	钻所有孔的中心孔			
4	T04	$\phi4.8$ 钻头	1	钻 3-$\phi5$ 底孔			
5	T05	$\phi5$ 铰刀	1	铰 3-$\phi5$ 孔			
6	T06	$\phi13.8$ 钻头	1	钻 $\phi14$ 底孔			
7	T07	$\phi14$ 铰刀	1	铰 $\phi14$ 孔			
编制		审核		批准		年　月　日	共 1 页	第 1 页

⑤ 确定切削用量。

分析前后工序的加工要求,通过查表计算,并结合实际经验修正,最后确定本工序各工步切削用量。

(a) 铣台阶面。背吃刀量 a_p 取 4 mm;主轴转速 $S = 800$ r/min;进给速度 $v_f = 60$ mm/min。

(b) 粗铣凹槽。背吃刀量 a_p 取 2 mm;主轴转速 $S = 900$ r/min;进给速度 $v_f = 50$ mm/min。

(c) 精铣凹槽。背吃刀量 a_p 取 0.5 mm;主轴转速 $S = 900$ r/min;进给速度 $v_f = 30$ mm/min。

(d) 钻所有孔的中心孔。背吃刀量 a_p 取 3.5 mm;主轴转速 $S = 1\,200$ r/min;进给速度 $v_f = 30$ mm/min。

(e) 钻 3-$\phi5$ 底孔。主轴转速 $S = 800$ r/min;钻内孔时进给速度 $v_f = 40$ mm/min。

(f) 铰 3-$\phi5$ 孔。背吃刀量 a_p 为 0.1 mm;取主轴转速 $S = 100$ r/min;速度 $v_f = 40$ mm/min。

(g) 钻 $\phi14$ 底孔。主轴转速 $S = 600$ r/min;进给速度 $v_f = 50$ mm/min。

(h) 粗铰 $\phi14$ 孔。背吃刀量 a_p 为 0.1 mm;取主轴转速 $S = 100$ r/min;进给速度 $v_f = 40$ mm/min。

(i) 精铰 $\phi14$ 孔。主轴转速 $S = 100$ r/min;进给速度 $v_f = 40$ mm/min。

⑥ 填写工艺规程文件。数控加工工序卡见表 8.4,数控加工刀具卡见表 8.5。

(2) 完成图 8.1 所示凸轮槽零件的工序内容设计,填写相关工艺规程文件。

8.2.3　实施

1. 组织方式

独立完成或成立小组讨论完成。

2．实施主要步骤

（1）明确任务，知识准备；

（2）装夹方案的选择；

（2）切削刀具的选择；

（3）切削量计算；

（4）数控加工工序卡片填写；

（5）数控加工刀具卡片填写。

8.2.4　运作

评价见表 8.6。

表 8.6　任务评价参考表

项目		任务		姓名		完成时间		总分	
序号	评价内容及要求		评价标准	配分	自评(20%)	互评(20%)	师评(60%)	得分
1	装夹方案选择			10				
2	切削刀具选择			20				
3	切削量计算			20				
4	加工工序卡片填写			10				
5	加工刀具卡片填写			10				
6	学习与实施的积极性			10				
7	交流协作情况			10				
8	创新表现			10				

8.2.5　知识拓展

1．数控铣削夹具

（1）数控铣削夹具分类

在数控铣床上常用的夹具类型有通用夹具、专用夹具、组合夹具和可调夹具等，在选择时要综合考虑各种因素，选择最经济、合理的夹具。

① 通用夹具是指已经标准化、不需要调整或稍加调整就可以用来装夹不同工件的夹具，如卡盘、平口虎钳、万能分度头等，主要用于单件小批量生产的场合。

② 专用夹具是指专为某一工件的加工而设计制造的夹具。这类夹具使用方便，结构紧凑，但适用范围窄，针对性强，适用于某一产品大批量生产的场合。

③ 组合夹具是指按一定的工艺要求，由一套通用的标准元件和部件组合而成的夹具。这类夹具可以根据工件的具体结构和工艺内容，选择不同的元件和部件组合而成，使用完毕后可以拆成元件表部件，待加工其他工件时重新组合使用，适用于中小批量生产或新产品的试制加工。

④ 可调夹具是指通过调整或更换少量元件，就能满足工件装夹与加工要求的夹具。这

类夹具兼有通用夹具和专用夹具的优点,适用范围较宽。

（2）常用数控铣削夹具

① 机床用平口虎钳。机床用平口虎钳结构如图 8.21 所示。虎钳在机床上安装的大致过程:清除工作台面和虎钳底面的杂物及毛刺,将虎钳定位键对准工作台 T 形槽,调整两钳口平行度,然后紧固虎钳。

工件在机床用平口虎钳上装夹时应注意,装夹毛坯面或表面有硬皮时,钳口应加垫铜皮或铜钳口;选择高度适当、宽度稍小于工件的垫铁,使工件的余量层高出钳口;在粗铣和半精铣时,尽量使铣削力指向固定钳口,因为固定钳口比较牢固。

要保证机床用平口虎钳在工作台上的正确位置,必要时用百分表找正固定钳口面,使其与工作台运动方向平行或垂直。夹紧时,应使工件紧密地靠在平行垫铁上。工件高出钳口或伸出钳口两端距离不能太多,以防铣削时产生振动。

② 压板。对中型、大型和形状比较复杂的零件,一般采用压板将工件紧固在数控铣床工作台台面上,如图 8.22 所示。压板装夹工件时所用工具比较简单,主要是压板、垫铁、T 形螺栓（或 T 形螺母和螺栓）及螺母。但为满足不同形状零件的装夹需要,压板的形状种类也较多。另外在搭装压板时应注意搭装稳定和夹紧力的三要素。

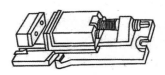

图 8.21　机床用平口虎钳

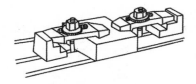

图 8.22　用压板装夹工件

③ 铣床用卡盘。当需要在数控铣床上加工回转体零件时,可以采用三爪自定心卡盘装夹,对于非回转零件可采用四爪单动卡盘装夹。

铣床用卡盘的使用方法与车床卡盘相似,使用时用 T 形槽螺栓将卡盘固定在机床工作台上即可。

④ 专用铣削夹具。这是特别为某一项或类似的几项工件设计制造的夹具,一般在产量较大或研制需要时采用。其结构固定,仅使用于一个具体零件的具体工序。这类夹具设计应力求简化,目的是使制造时间尽量缩短。如图 8.23 所示,表示铣削某一零件上表面时无法采用常规夹具,故用 V 形槽结合压板做成的一个专用夹具。

零件剖面

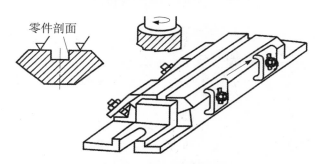

图 8.23　铣平面的专用夹具

⑤ 气动或液压夹具。气动或液压夹具适合生产批量较大,采用其他夹具又特别费工、费力的场合,能减轻工人劳动强度和提高生产效率。但此类夹具结构较复杂,造价往往很

高,而且制造周期较长。图 8.24 为可调支承钳口、气动类夹紧通用虎钳。该系统夹紧时由压缩空气使活塞 6 下移,带动杠杆 1 使活动钳口 2 右移,快速调整固定钳口,借手柄 5 反转而使支承板 4 的凸块从槽中退出完成。

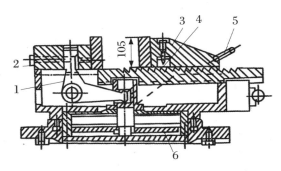

图 8.24　可调支承钳口、气动类夹紧通用虎钳
1. 杠杆；　2. 活动钳口；　3. 固定钳口；　4. 支承板；　5. 手柄；　6. 活塞

2. 数控铣削刀具

（1）数控铣削对刀具的要求

先进的数控机床必须有先进的刀具与之相适应,才能充分发挥数控机床的效能。如果一台价值数十万元的数控车床采用普通车床的手磨刀具和垫片,由于频繁地磨刀和换刀,会导致生产效率明显地降低,加工成本明显增加。因此,对数控加工刀具有着更高、更严格的要求。

① 耐用度。提高刀具的耐用度,可以减少刀具的更换与对刀次数,从而减少停机等辅助时间。对于精度要求高、余量大及加工难材料的加工,更应注意高硬度、高耐磨性的刀具的应用。一般而言,刀具的耐用度尽可能保证加工一个零件,或一个大型、复杂表面,或一个工作班,至少不低于半个工作班。

② 强度与刚度。为了满足粗加工、精加工的要求,刀具必须具备足够的强度与刚度。现代数控机床一般都具有高速、大动力、高刚度的性能,这就要求刀具具备强力切削与高速切削的性能。另一方面,高刚度的刀具有利于加工质量的提高,这对于加工中心由于无法使用导向支承套的孔加工尤为重要。

③ 可靠性。数控加工要求每一把刀都具有高的可靠性,若其中某一把刀偶尔或经常发生故障,就会使整台机床中断加工。

④ 较高的精度和安装调整方便。尽可能采用可转位刀片,磨损后只需要换刀片,增加了刀具的互换性。

⑤ 良好的断屑性能。数控机床与自动化机床一样,断屑与排屑往往是困扰加工的一个难题。因此,应合理选用切削用量和断屑槽的形状与尺寸,有时还得通过试切削确定。

在铣削平面时,应选用镶不重磨多面硬质合金刀片的端铣刀和立铣刀。粗铣平面时,由于被加工表面质量不均匀,选择铣刀时直径要小。精铣时,铣刀直径要大,最好能包容加工面的宽度。在内轮廓加工中,要注意刀具半径小于轮廓曲线的最小曲率半径,如图 8.25 所示。在自动换刀

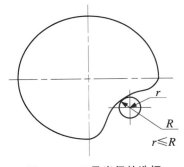

图 8.25　刀具半径的选择

机床中要预先测出刀具的结构尺寸和调整尺寸,以便在加工时进行刀具补偿。

数控加工对刀刃(刀片)材料的硬度与耐磨性、强度与韧性、耐热性等方面有较高要求,应根据工件材料的切削性能、粗精加工要求及冲击振动与热处理等工作情况合理使用。

(2)数控铣削用刀具种类及结构

数控铣床或加工中心用刀具种类很多,其中面加工、轮廓加工、孔加工等刀具为常见刀具。这里介绍数控铣削时常用的铣刀。

① 面铣刀。面铣刀的圆周表面和端面上都有切削刃,端部切削刃为副切削刃,常用于端铣较大的平面。面铣刀多制成套式镶齿结构,如图 8.26 所示,刀齿为高速钢或硬质合金,一般刀体材料为 40Cr。

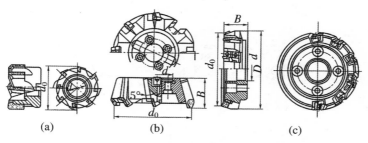

图 8.26　面铣刀

高速钢面铣刀按国家标准规定,直径 $d = 80 \sim 250$ mm,螺旋角 $\beta = 10°$,刀齿数 $Z = 8 \sim 26$。硬质合金面铣刀与高速钢铣刀相比,铣削速度较高,加工表面质量也较好,并可加工带有硬皮和淬硬层的工件,故得到了广泛应用。硬质合金面铣刀按刀片和刀齿的安装方式不同,可分为整体式、机夹-焊接式和可转位式三种。

② 立铣刀。立铣刀是铣削加工中最常用的一种刀具,其结构如图 8.27 所示。立铣刀的圆柱表面和端面上都有切削刃,圆柱表面的切削刃为主切削刃,端面上的切削刃为副切削刃。主切削刃一般为螺旋齿,这样可以增加切削的平稳性,提高加工精度。由于普通立铣刀端面中心处无切削刃,所以立铣刀不能作轴向进给,端面切削刃主要用来加工与侧面相垂直的底平面。

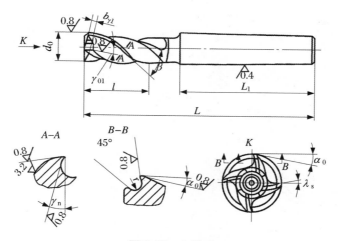

图 8.27　立铣刀

为了改善切屑卷曲情况,增大容屑空间,防止切屑堵塞,减少刀齿数,可以增大容屑槽圆弧半径。一般粗齿立铣刀齿数 $Z=3\sim4$,细齿立铣刀齿数 $Z=5\sim8$,套式结构 $Z=10\sim20$,容屑槽圆弧半径 $r=2\sim5$ mm。当立铣刀直径较大时,还可制成不等齿距结构,以增强抗振作用,使切削过程平稳。

③ 模具铣刀。模具铣刀由立铣刀发展而成,适用于加工空间曲面,有时也用于平面类零件上有较大转接凹圆弧的过渡加工。模具铣刀可分为圆锥形立铣刀(圆锥半角 $\alpha/2=3°$、$5°$、$7°$、$10°$)、圆柱形球头立铣刀和圆锥形球头立铣刀三种,其柄部有直柄、削平型直柄和莫氏锥柄。它的结构特点是球头或端面上布满了切削刃,圆周刃与球头刃圆弧连接,可以做径向和轴向进给。铣刀工作部分用高速钢或硬质合金制造,如图 8.28 所示。国家标准规定直径 $d=4\sim63$ mm。

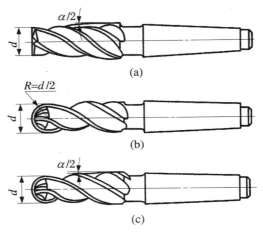

图 8.28　高速钢模具铣刀

④ 键槽铣刀。键槽铣刀有两个刀齿,圆柱面和端面都有切削刃,端面切削刃延至中心,既像立铣刀,又像钻头,如图 8.29 所示。加工时先轴向进给达到槽深,然后沿键槽方向铣出键槽全长。

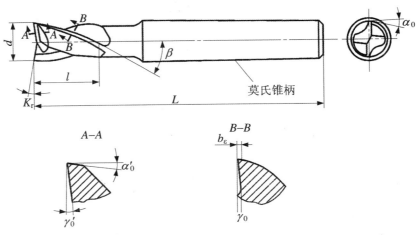

图 8.29　键槽铣刀

国家标准规定,直柄键槽铣刀直径 $d = 2\sim22$ mm,锥柄键精铣刀直径 $d = 14\sim50$ mm。键槽铣刀直径的极限偏差有 e8 和 d8 两种。键槽铣刀的圆周切削刃仅在靠近端面的一小段长度内发生磨损。重磨时,只需刃磨端面切削刃,因此重磨后铣刀直径不变。

⑤ 鼓形铣刀。它主要用于对变斜角类零件变斜角面的近似加工。它的切削刃分布在半径为 R 的圆弧面上,端面无切削刃,如图 8.30 所示。加工时控制刀具上下位置,相应改变切削刃的切削部位,可在工件上切出从负到正的不同斜角。R 越小,加工的斜角范围越大。这种刀具刃磨困难,切削条件差,不适于加工有底的轮廓表面。

⑥ 成形铣刀。图 8.31 是几种成形铣刀,成形铣刀是为特定的加工内容专门设计制造的,如角度面、凹槽、特形孔等。

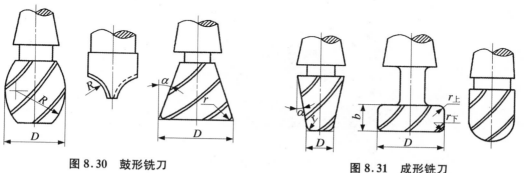

图 8.30　鼓形铣刀　　　　　　　　图 8.31　成形铣刀

（3）数控铣加工刀具的选择原则

选择刀具应根据机床的加工能力、工件材料的性能、加工工序、切削用量以及其他相关因素正确选用。刀具选择总的原则是适用、安全、经济。

适用是要求所选择的刀具能达到加工目的,完成材料的去除,并达到预定的加工精度。粗加工时,选择足够大并有足够的切削能力的刀具;精加工时,可使用较小的刀具,加工到每一个角落。切削低硬度材料时,可以使用高速钢刀具;切削高硬度材料时,须选用硬质合金刀具。

安全指的是在有效去除材料的同时,不会产生刀具的碰撞、折断等。

经济指的是能以最小的成本完成加工。在同样可以完成加工的情形下,选择相对综合成本较低的方案,而不是选择最便宜的刀具。通常情况下,优先选择经济性良好的可转位刀具。

选择刀具时还要考虑安装调整的方便程度、刚性、寿命和精度。在满足加工要求的前提下,刀具的悬伸长度尽可能短,以提高刀具系统的刚性。

任务 8.3　确定凸轮槽的进给路线

8.3.1　构思

进给路线是工艺分析中一项重要的工作。与数控车床相比较,数控铣床加工刀具轨迹为空间三维坐标,一般刀具首先在工件轮廓外下降到某一位置,再开始切削加工。针对不同加工的特点,进给路线的确定应着重考虑以下几方面。

（1）顺铣和逆铣的选择

铣削有顺铣和逆铣两种方式（图 8.32）。当工件表面无硬皮,机床进给机构无间隙时,应选用顺铣,按照顺铣安排进给路线。因为采用顺铣加工后,零件已加工表面质量好,刀齿磨损小。精铣时,尤其是零件材料为铝镁合金、钛合金或耐热合金时,应尽量采用顺铣。当工件表面有硬皮,机床的进给机构有间隙时,应选用逆铣,按照逆铣安排进给路线。因为逆铣时,刀齿是从已加工表面切入,不会崩刃;机床进给机构的间隙不会引起振动和爬行。

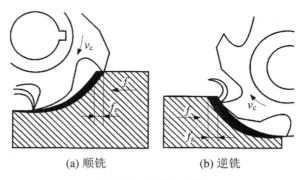

(a) 顺铣　　　　　　　　　(b) 逆铣

图 8.32　顺铣与逆铣

（2）铣削外轮廓的进给路线

① 铣削平面零件外轮廓时一般采用立铣刀侧切削刃切削。刀具切入工件时,应避免沿零件外轮廓的法向切入,而应沿切削起始点的延伸线逐渐切入工件,保证零件曲线的平滑过渡。同理,在切离工件时,也应避免在切削终点处直接抬刀,要沿着切削终点延伸线逐渐切离工件,如图 8.33 所示。

② 当用圆弧插补方式铣削外整圆时,如图 8.34 所示,要安排刀具从切向进入圆周铣削加工。当整圆加工完毕后,不要在切点处直接退刀,而应让刀具沿切线方向多运动一段距离,以免取消刀具补偿时,刀具与工件表面相碰,造成工件报废。

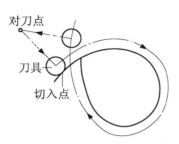

图 8.33　外轮廓加工刀具的切入和切出

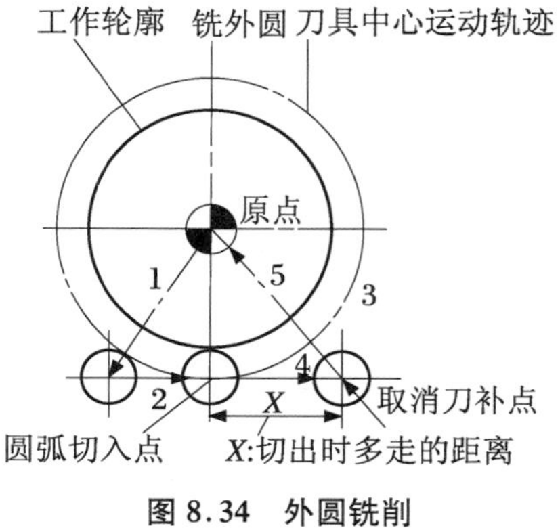

图 8.34　外圆铣削

（3）铣削内轮廓的进给路线

若内轮廓曲线不允许外延（图 8.35）,刀具只能沿内轮廓曲线的法向切入、切出,此时刀具的切入、切出点应尽量选在内轮廓曲线两几何元素的交点处。当内部几何元素相切无交点时(图 8.35),为防止刀具补偿取消时在轮廓拐角处留下凹口,刀具切入、切出点应远离拐角。

当用圆弧插补铣削内圆弧时也要遵循从切向切入、切出的原则,最好安排从圆弧过渡到圆弧的加工路线(图 8.36)提高内孔表面的加工精度和质量。

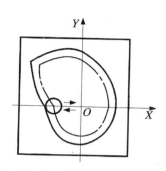

图 8.35　内轮廓加工刀具的切入和切出

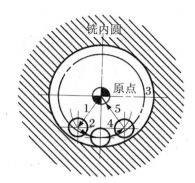

图 8.36　内圆铣削

(4) 铣削内槽的进给路线

所谓内槽是指以封闭曲线为边界的平底凹槽。内槽一律用平底立铣刀加工,刀具圆角半径应符合内槽的图样要求。图 8.37 为加工内槽的三种进给路线。图 8.37(a)、(b)分别为用行切法和环切法加工内槽。两种进给路线的共同点是都能切净内腔中的全部面积,不留死角,不伤轮廓,同时尽量减少重复进给的搭接量。其不同点是行切法的进给路线比环切法短,但行切法将在每两次进给的起点与终点间留下残留面积,而达不到所要求的表面粗糙度;用环切法获得的表面粗糙度要好于行切法,但环切法需要逐次向外扩展轮廓线,刀位点计算稍微复杂一些。采用图 8.37(c)所示的进给路线,即先用行切法切去中间部分余量,最后用环切法环切一刀光整轮廓表面,既能使总的进给路线较短,又能获得较小的表面粗糙度。

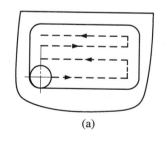

(a)

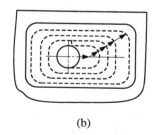

(b)

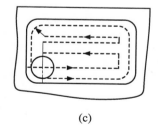

(c)

图 8.37　凹槽加工进给路线

(5) 铣削曲面轮廓的进给路线

铣削曲面时,常用球头刀采用行切法进行加工。所谓行切法是指刀具与零件轮廓的切点轨迹是一行一行的,而行间的距离是按零件加工精度的要求确定的。

对于边界敞开的曲面加工,可采用两种加工路线。如图 8.38 所示的发动机大叶片,当采用图 8.38(a)所示的加工方案时,每次沿直线加工,刀位点计算简单、程序少,加工过程符合直纹面的形成,可以准确保证母线的直线度。当采用图 8.38(b)所示的加工方案时,符合这类零件数据给出的情况,便于加工后的检验,叶形的准确度较高,但程序较多。由于曲面零件的边界是敞开的,没有其他表面限制,所以曲面边界可以延伸,球头刀应由边界外开始加工。

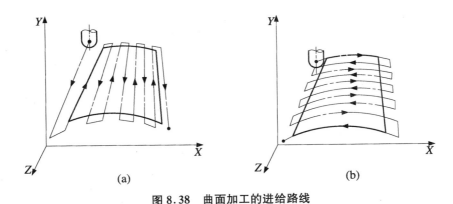

图 8.38　曲面加工的进给路线

（6）孔加工进给路线

对于位置度要求较高的孔加工,精加工时一定要注意各孔的定位方向要一致,即采用单向趋近定位点的方法,以避免传动系统反向间隙误差或测量系统的误差对定位精度的影响。

如图 8.39(a)所示的孔系加工路线,在加工孔 D 时,X 轴的反向间隙将会影响 C、D 两孔的孔距精度。如果改为图 8.39(b)所示的孔系加工路线,可使各孔的定位方向一致,提高孔距精度。

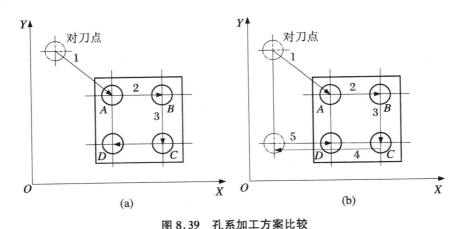

图 8.39　孔系加工方案比较

8.3.2　设计

（1）图 8.40 所示为一盖板零件,进行工艺分析,确定进给路线。

① 零件工艺分析。

由图 8.40 可知,该盖板的材料为铸铁,毛坯为铸件。盖板加工内容为平面、孔和螺纹且都集中在 A、B 面上,其四个侧面已加工,其中最高精度为 IT7 级。从定位和加工两方面考虑,以 A 面为主要定位基准,并在前道工序中先加工好,选择 B 面及位于 B 面上的全部孔在加工中心上加工。

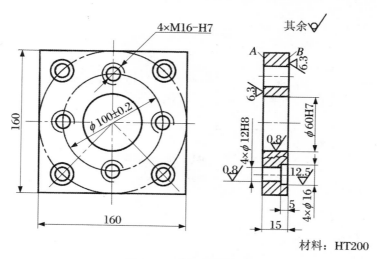

图 8.40　盖板零件简图

② 选择机床。由于 B 面及位于 B 面上的全部孔只需单工位加工即可完成,只有粗铣、精铣、粗镗、半精镗、精镗、钻、扩、锪、铰及攻螺纹等工步,所需刀具较多,但加工表面不多,所以选择立式加工中心。工件一次装夹后可自动完成铣、钻、镗、铰及攻螺纹等工步的加工。

③ 加工路线。

具体加工路线为:粗、精铣 B 面→粗、半精、精镗 $\phi60H7$ mm 孔→钻各光孔和螺纹孔的中心孔→钻、扩、锪、铰 $\phi28H8$ mm→钻 M16 螺纹底孔、倒角和攻螺纹。

④ 确定装夹方案和选择夹具。

该盖板零件形状较简单、尺寸较小,四个侧面较光整,加工面与非加工面之间的位置精度要求不高,故可选通用平口钳,以盖板底面 A 和两个侧面定位。

⑤ 确定进给路线。

A 面的粗、精铣削加工进给路线根据铣刀直径确定,因所选铣刀直径为 $\phi100$ mm,故安排沿 X 方向两次进给(图 8.41)。因为孔的位置精度要求不高,机床的定位精度完全能保证,所以所有孔加工的进给路线均按最短路线确定,图 8.42~图 8.46 所示的即为各孔加工的进给路线。

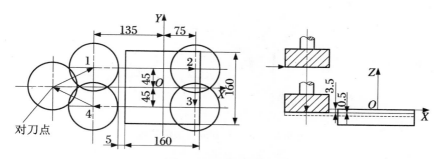

图 8.41　铣削 B 面进给路线

(2) 完成图 8.1 所示凸轮槽零件的刀具进给路线的制订。

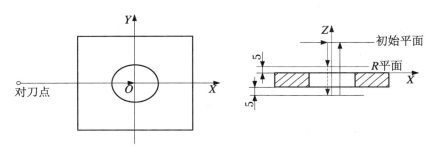

图 8.42　镗 ϕ60H7 mm 孔进给路线

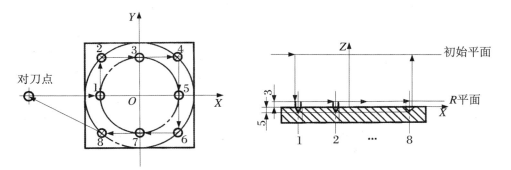

图 8.43　钻中心孔进给路线

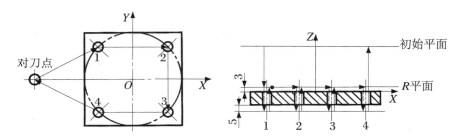

图 8.44　钻、扩、锪、铰 ϕ28H8 mm 孔进给路线

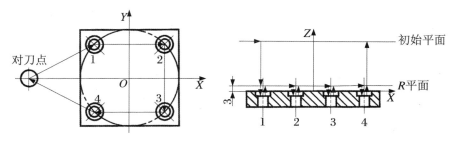

图 8.45　锪 ϕ16 mm 孔进给路线

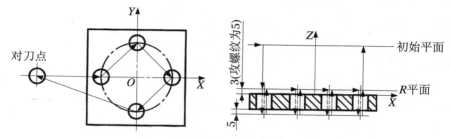

图 8.46　钻螺纹底孔、攻螺纹进给路线

8.3.3　实施

1.组织方式

独立完成或成立小组讨论完成。

2.实施主要步骤

(1)明确任务,知识准备;

(2)铣削加工机床的选择;

(3)铣削方式的选择;

(4)进给路线的分析;

(5)填写数控加工进给路线图卡片。

8.3.4　运作

评价见表 8.7。

表 8.7　任务评价参考表

项目		任务		姓名		完成时间			总分		
序号	评价内容及要求		评价标准	配分	自评(20%)	互评(20%)	师评(60%)	得分			
1	加工机床的选择			10							
2	铣削方式的选择			20							
3	进给路线的分析			20							
4	加工进给路线图卡片填写			20							
5	学习与实施的积极性			10							
6	交流协作情况			10							
7	创新表现			10							

8.3.5　知识拓展

1. 数控铣床坐标系

（1）数控铣床坐标系方向

数控铣床是以机床主轴轴线方向为 Z 轴,刀具远离工件的方向为 Z 轴正方向。X 轴位于与工件安装面相平行的水平面内,若是立式铣床,则主轴右侧方向为 X 轴正方向;若是卧式铣床,则人面对主轴正向时的左侧方向为 X 轴正方向。Y 轴方向可根据 Z 轴、X 轴值右手笛卡儿直角坐标系来确定。

数控铣床的机床坐标系统同样遵循右手笛卡儿直角坐标系原则。由于数控铣床有立式和卧式之分,所以机床坐标轴的方向也因其布局的不同而不同,如图 8.47 所示。

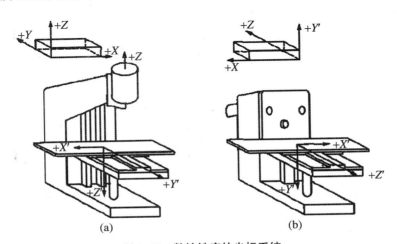

图 8.47　数控铣床的坐标系统

（2）数控铣机床零点与机床坐标系建立

机床坐标系是机床固有的坐标系,其原点也称为机床原点或机床零点。在机床经过设计制造和调整后,这个原点便被确定下来,它是固定的点。数控装置通电后通常要进行回参考点操作,以建立机床坐标系。参考点可以与机床零点重合,也可以不重合。通过参数来指定机床参考点到机床零点的距离。机床回到了参考点位置也就知道了该坐标轴的零点位置,找到所有坐标轴的参考点,就建立起了机床坐标系。

参考点又称为机床原点,是机床上的一个固定点。机床启动后,首先要将机床位置"回零",即回"硬参考点",以此在数控系统内部建立一个以机床零点为坐标原点的机床坐标系。编程时,必须首先设定工件坐标系。在工件坐标系中设定的为"软参考点",程序执行前刀具首先要回"软参考点",即确定刀具相对于工件坐标系坐标原点的距离。程序中的坐标值均以工件坐标系为依据。

（3）工件坐标系与加工坐标系

数控机床的系统坐标系通常分为机床坐标系和工件坐标系两种。工件坐标系是编程人员在编程时相对工件建立的坐标系,它只与工件有关,而与机床坐标系无关。但考虑到编程的方便性,工件坐标系中各轴的方向应该与所使用的数控机床的坐标轴方向一致。通常,编程人员会选择某一满足编程要求,且使编程简单、尺寸换算少和引起的加工误差小的已知点为原点,即编程原点。编程原点应尽量选择在零件的设计基准或工艺基准上。

2. 数控铣床对刀

(1) 对刀及对刀点

对刀操作就是设定刀具上某一点在零件坐标系中坐标值的过程,对于铣床中不同的刀具其对刀点是不同的。对于圆柱形铣刀,一般是指刀刃底平面的中心;对于球头铣刀,一般是指球头的球心。对刀的过程就是在机床坐标系中建立工件坐标系的过程。

对刀之前,应先将零件毛坯准确定位装夹在工作台上。对于较小的零件,一般安装在平口钳或专用夹具上;对于较大的零件,一般直接安装在工作台上。安装时要使零件的基准方向和 X、Y、Z 轴的方向相一致,并且切削时刀具不会直接碰到夹具或工作台,然后将其夹紧。

对刀的目的与车削相同,主要为确定刀位点的位置及各把刀具相对标准刀具的补偿值。

确定对刀点的原则如下:

① 对刀点应该与工件的定位基准有一定的坐标尺寸关系,以便确定机床坐标系与工件坐标系间的相互位置关系。

如图 8.48 所示,在有机床原点的数控机床上,对刀点距工件坐标系原点 P 的距离是 x、y,据此可以设定工件坐标系(xpy 坐标系)。而对刀点距机床坐标系(XOY 坐标系)原点 O 的坐标为 (x_0, y_0),这样 p 点与 O 点的位置即可确定,工件坐标系与机床坐标系之间的关系也就确定了。

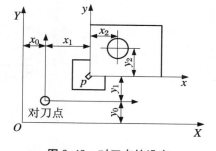

图 8.48   对刀点的设定

② 对刀点应尽量选择在工件的设计基准或工艺基准上,以保证加工的位置精度。

③ 对刀点应尽量选择在找正容易、便于对刀且在加工中检查方便的地方。在确定工件坐标系的原点时应注意:对于对称的零件,原点可设在对称中心上;对于一般零件,工件的原点设在工件外轮廓的某一角上;Z 轴方向上的原点,一般设在工件上表面。

(2) 对刀方法

对刀的准确程度将直接影响加工精度。因此,对刀操作一定要仔细,对刀方法应同零件加工精度要求相适应,生产中常使用百分表、中心规及寻边器。

项 目 作 业

1. 数控铣的主要加工对象有哪些?
2. 数控铣的工艺分析内容有哪些?
3. 确定铣刀进给路线时,应注意哪些问题?
4. 说明数控铣削的对刀方法。
5. 被加工零件轮廓上的内转角尺寸是指哪些尺寸?为何要尽量统一?
6. 试比较数控铣床顺铣和逆铣的不同。

7. 数控铣刀具的基本要求是什么?

8. 数控铣削常用夹具通常有哪些?

9. 如图 8.49 所示凸台零件,材料为 HT200,小批量生产,试拟定其数控铣削加工工艺规程。

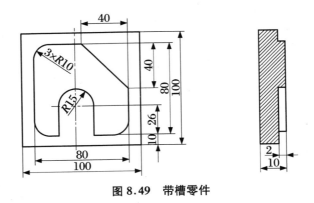

图 8.49　带槽零件

10. 加工图 8.50 所示零件,工件材料为 HT300,试拟定其数控铣削加工工艺路线。

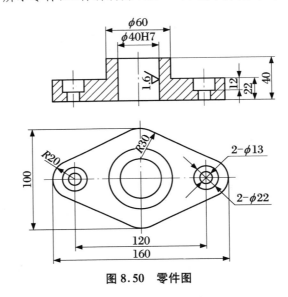

图 8.50　零件图

项目9　箱体类零件加工中心工艺规程编制

分析图9.1减速箱箱体的加工工艺,完成任务要求。

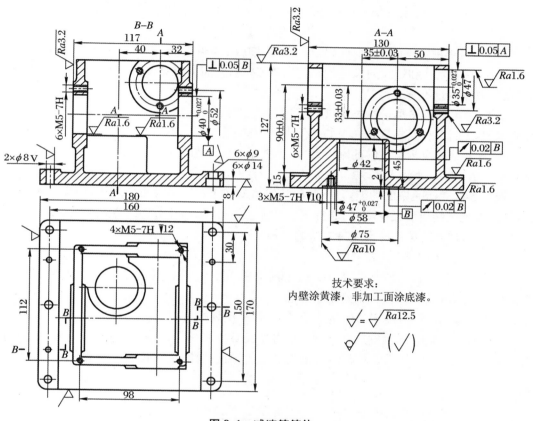

图9.1　减速箱箱体

任务9.1　拟定箱体加工的工艺路线

9.1.1　构思

1. 加工中心零件图样的工艺性分析

主要包括根据加工内容,审查、分析零件的结构工艺性和技术要求。

（1）确定加工内容

加工中心最适合加工形状复杂、工序较多、加工要求较高的零件。因此，首先看懂图样，确定加工中心的加工内容，并初步对所加工的工序内容以及所需要的刀具、夹具、量具等进行考虑。

（2）检查零件图样

在确定了加工内容后，应对零件图样表达是否准确、标注是否齐全等进行检查。同时要特别注意，图样上应尽量采用统一的设计基准，从而简化编程，保证零件的精度要求。

（3）审查零件的结构工艺性

分析零件的结构刚度是否足够，各加工部位的结构工艺性是否合理等。同时还应考虑以下情况：

① 零件的切削加工量要小，以便减少加工中心的切削加工时间，降低零件的加工成本。

② 零件上光孔和螺纹的尺寸规格尽可能少，减少加工时钻头、铰刀及丝锥等刀具的数量，以防刀库容量不够。

③ 零件尺寸规格尽量标准化，以便采用标准刀具。

④ 零件加工表面应具有加工的方便性和可能性。

⑤ 零件结构应具有足够的刚性，以减少夹紧变形和切削变形。

（4）分析零件的技术要求

根据零件在产品中的功能，分析各项几何精度和技术要求是否合理；考虑在加工中心加工，能否保证其精度和技术要求；选择哪一种加工中心、采用什么切削方式最为合理。

2．箱体零件定位基准及装夹方法的选择

（1）粗基准的选择

虽然箱体类零件一般都选择重要孔（如主轴孔）为粗基准，但随着生产类型不同，实现以主轴孔为粗基准的工件装夹方式是不同的。

① 中小批生产时，由于毛坯精度较低，一般采用划线装夹，其方法如下：

首先将箱体用千斤顶安放在平台上（图 9.2（a）），调整千斤顶，使主轴孔 Ⅰ 和 A 面与台面基本平行，D 面与台面基本垂直，根据毛坯的主轴孔划出主轴孔的水平线 Ⅰ—Ⅰ，在 4 个

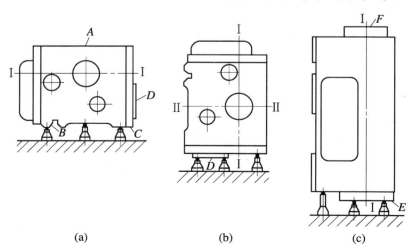

　　　　（a）　　　　　　　　　　（b）　　　　　　　　　　（c）

图 9.2　主轴箱的划线

面上均要划出,作为第 1 校正线。划此线时,应根据图样要求,检查所有加工部位在水平方向是否均有加工余量,若有的加工部位无加工余量,则需要重新调整Ⅰ-Ⅰ线的位置,作必要的借正,直到所有的加工部位均有加工余量,才将Ⅰ-Ⅰ线最终确定下来。Ⅰ-Ⅰ线确定之后,即画出 A 面和 C 面的加工线。然后将箱体翻转 90°,D 面一端置于 3 个千斤顶上,调整千斤顶,使Ⅰ-Ⅰ线与台面垂直(用大角尺在两个方向上校正),根据毛坯的主轴孔并考虑各加工部位在垂直方向的加工余量,按照上述同样的方法划出主轴孔的垂直轴线Ⅱ-Ⅱ作为第 2 校正线(图 9.2(b)),也在 4 个面上均画出。依据Ⅱ-Ⅱ线画出 D 面加工线。再将箱体翻转 90°(图 9.2(c)),将 E 面一端至于 3 个千斤顶上,使Ⅰ-Ⅰ线和Ⅱ-Ⅱ线与台面垂直。根据凸台高度尺寸,先画出 F 面,然后再画出 E 面加工线。加工箱体平面时,按线找正装夹工件,这样,就体现了以主轴孔为粗基准。

② 大批大量生产时,毛坯精度较高,可直接以主轴孔在夹具上定位,采用图 9.3 所示的夹具装夹。

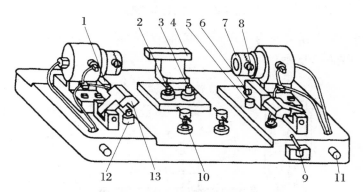

图 9.3　以主轴孔为粗基准铣顶面的夹具

1,3,5. 支承；　2. 辅助支承；　4. 支架；　6. 挡销；　7. 短轴；　8. 活动支柱；
9,10. 操纵手柄；　11. 螺杆；　12. 可调支承；　13. 夹紧块

先将工件放在 1、3、5 预支承上,并使箱体侧面紧靠支架 4,端面紧靠挡销 6,进行工件预定位。然后操纵手柄 9,将液压控制的两个短轴 7 伸入主轴孔中。每个短轴上有 3 个活动支柱 8,分别顶住主轴孔的毛面,将工件抬起,离开 1、3、5 各支承面。这时,主轴孔轴心线与两短轴轴心线重合,实现了以主轴孔为粗基准定位。为了限制工件绕两短轴的回转自由度,在工件抬起后,调节两可调支承 12,辅以简单找正,使顶面基本成水平,再用螺杆 11 调整辅助支承 2,使其与箱体底面接触。最后操纵手柄 10,将液压控制的两个夹紧块 13 插入箱体两端相应的孔内夹紧,即可加工。

(2) 精基准的选择

箱体加工精基准的选择也与生产批量大小有关。

① 单件小批生产用装配基面作定位基准。图 9.2 所示车床床头箱单件小批加工孔系时,选择箱体底面导轨 B、C 面作定位基准,B、C 面既是床头箱的装配基准,又是主轴孔的设计基准,并与箱体的两端面、侧面及各主要纵向轴承孔在相互位置上有直接联系,故选择 B、C 面作定位基准,不仅消除了主轴孔加工时的基准不重合误差,而且用导轨面 B、C 定位稳定可靠,装夹误差较小,加工各孔时,由于箱口朝上,所以更换导向套、安装调整刀具、测量孔径尺寸、观察加工情况等都很方便。

这种定位方式也有它的不足之处。加工箱体中间壁上的孔时,为了提高刀具系统的刚度,应当在箱体内部相应的部位设置刀杆的导向支承。由于箱体底部是封闭的,中间支承只能用图 9.4 所示的吊架从箱体顶面的开口处伸入箱体内,每加工一件需装卸一次,吊架与镗模之间虽有定位销定位,但吊架刚性差,制造安装精度较低,经常装卸也容易产生误差,且使加工的辅助时间增加,因此这种定位方式只适用于单件小批生产。

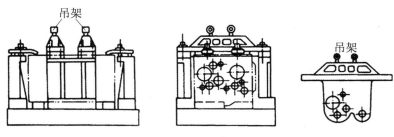

图 9.4　吊架式镗模夹具

② 生产批量大时采用一面两孔作定位基准。大批量生产的主轴箱常以顶面和两定位销孔为精基准,如图 9.5 所示。

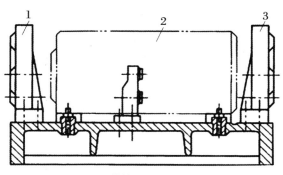

图 9.5　箱体以一面两孔定位

这种定位方式是加工时箱体口朝下,中间导向支架可固定在夹具上。由于简化了夹具结构,提高了夹具的刚度,同时工件的装卸也比较方便,因而提高了孔系的加工质量和劳动生产率。

这种定位方式的不足之处在于定位基准与设计基准不重合,产生了基准不重合误差。为了保证箱体的加工精度,必须提高作为定位基准的箱体顶面和两定位销孔的加工精度。另外,由于箱口朝下,加工时不便于观察各表面的加工情况,因此,不能及时发现毛坯是否有砂眼、气孔等缺陷,而且加工中不便于测量和调刀。所以,用箱体顶面和两定位销孔作精基准加工时,必须采用定径刀具(扩孔钻和绞刀等)。

上述两种定位方法仅仅是针对类似床头箱而言的,许多其他形式的箱体,采用一面两孔的定位方式,上面所提及的问题不一定存在。实际生产中,一面两孔的定位方式在各种箱体加工中应用十分广泛。因为这种定位方式很简便地限制了工件 6 个自由度,定位稳定可靠;在一次安装下,可以加工除定位以外的所有 5 个面上的孔或平面,也可以作为从粗加工到精加工的大部分工序的定位基准,实现“基准统一”。此外,这种定位方式夹紧方便,工件的夹紧变形小;易于实现自动定位和自动夹紧。因此,在组合机床与自动线上加工箱体时,多采用这种定位方式。

3. 箱体零件加工顺序的安排

（1）加工中心加工零件时通常考虑的方面

① 当加工同一个表面时，对于技术要求高的表面一般按粗加工、半精加工、精加工次序完成，或者对整个零件的加工也可以分为先粗加工，后半精加工，最后精加工进行。对于形状尺寸公差要求较高时，考虑零件尺寸精度、零件刚性和变形等因素，可以采用前者；对于位置尺寸公差要求较高时，则采用后者。

② 当一个设计基准和孔加工的位置精度与机床定位精度、重复定位精度相接近时，采用同一尺寸基准集中加工原则，这样可以解决多个工位设计尺寸基准的加工精度问题。

③ 对于有复合加工（既有铣又有钻、镗孔的零件），可以先铣或钻再镗的原则。因为铣（钻）削时，切削力大，切削温度高，工件易变形，产生内应力。先铣后镗孔，使其有一段时间可以进行弹性恢复，减少由变形而引起对精度的影响。相反，如果先镗孔再进行铣削，必然在孔口处产生毛刺、飞边，从而对孔精度有影响。

④ 当进行位置精度要求较高的孔或孔系加工时，要特别注意安排孔的加工顺序。应考虑机床各坐标轴的反向间隙影响孔系的相对位置精度。

⑤ 加工过程中，为了减少换刀次数，可采用刀具集中工序，即用同一把刀具把零件上相应的部位都加工完，再换第二把刀具继续加工。但是，对于精度要求很高的孔系，若零件是通过工作台回转确定相应的加工部位时，因存在重复定位误差，不能采取这种方法。

⑥ 当零件结构并不复杂，各加工表面之间位置精度要求不高时，应以提高加工效率为主，一般考虑：相同工位集中加工，尽量就近位置加工，以缩短刀具非切削移动的距离；按刀具划分工步。即在不影响精度的前提下，为了减少换刀次数、空行程时间、不重要的定位误差等，可以尽可能地用同一把刀完成同一个工位的工步的加工；在一次装夹中，尽可能地完成更多的加工表面。

（2）加工中心加工零件时安排加工顺序的原则

综合考虑以上方面，在加工中心上加工箱体零件，安排加工顺序一般采用以下原则：

① 上道工序的加工不能影响下道工序的定位与夹紧，中间穿插有通用机床加工工序的也应综合考虑；

② 先进行内腔加工，后进行外形加工；

③ 以相同定位、夹紧方式加工，或用同一把刀具加工的工序，最好连续加工，以减少重复定位次数、换刀次数与挪动压板次数。

4. 箱体零件工艺路线的确定方法

箱体零件通常所需加工表面是平面和孔，这里重点介绍平面加工路线和孔加工路线的选择方法。

（1）平面加工工艺路线

图 9.6 为常见平面加工路线框图，可概括为五条基本工艺路线：

① 粗铣→半精铣→精铣→高速精铣。铣削是平面加工中用得最多的方法。若采用高速精铣作为终加工，不但可达到较高的精度，而且可获得较高的生产率。高速精铣的工艺特点是高速（$v = 200 \sim 300$ m/min）、小进给（$f = 0.03 \sim 0.10$ mm/z）、小吃深（$a_p < 2$ mm），其精度和效率主要取决于铣床的精度和铣刀的材料、结构与精度以及工艺系统的刚度。

② 粗刨→半精刨→精刨→宽刀精刨或刮研。此工艺路线以刨削加工为主。通常，刨削

的生产率较铣削低,但机床运动精度易于保证,刨刀的刃磨和调整也较方便,故在单件小批生产特别是重型机械生产中还应用较多。

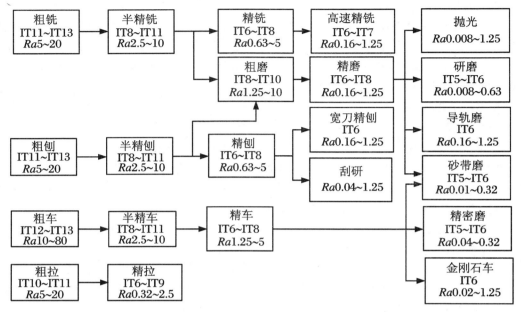

图 9.6　平面加工路线

宽刀精刨可以达到较高的精度和较低的表面粗糙度值,在大平面精加工中用以代替刮研。刮研是获得精密平面的传统加工方法,由于其生产率低,劳动强度大,已逐渐被其他机械加工方法代替,但在单件小批生产中仍普遍采用。

③ 粗铣(刨)→半精铣(刨)→粗磨→精磨→研磨、精密磨、砂带磨或抛光。此工艺路线主要用于淬硬表面或高精度表面的加工,淬火工序可安排在半精铣(刨)之后。

④ 粗拉→ 精拉。这是一条适合于大批量生产的加工路线,主要特点是生产率高,特别是对台阶面或有沟槽的表面,优点更为突出。如发动机缸体的底平面、曲轴轴瓦的半圆孔及分界面,都是一次拉削完成的。由于拉削设备和拉刀价格高昂,因此只有在大批量生产中使用才经济。

⑤ 粗车→半精车→精车→金刚石车。此加工路线主要用于有色金属零件的平面加工,这些零件有时就是外圆或内孔的端面。如果是黑色金属,则在精车以后安排精磨、砂带磨等工序。

(2) 孔的加工工艺路线

图 9.7 为典型的孔的加工路线框图,可把它归纳为以下四条基本的加工工艺路线:

① 钻(粗镗)→粗拉→精拉。此加工路线多用于大批量生产中加工盘套类零件的圆孔、单键孔和花键孔。加工出的孔的尺寸精度可达 IT7 级,且加工质量稳定,生产率高。当工件上无铸出或锻出的毛坯孔时,第一道工序安排钻孔;若有毛坯孔,则安排粗镗孔;如毛坯孔的精度好,也可直接拉孔。

② 钻→扩→铰。此工艺路线主要用于直径 $D < 50$ mm 的中小孔加工,是一条应用最为广泛的加工路线,在各种生产类型中都有应用。加工后孔的尺寸精度通常达 IT6~IT8 级,表面粗糙度 $Ra0.8 \sim 3.2\ \mu m$。若尺寸、形状精度和表面粗糙度要求还要高,可在铰后安排

一次手铰。由于铰削加工对孔的位置误差的纠正能力差,因此孔的位置精度主要由钻→扩来保证;位置精度要求高的孔不宜采用此加工方案。

③ 钻(粗镗)→半精镗→精镗→浮动镗(或金刚镗)。这也是一条应用非常广泛的加工路线,在各种生产类型中都有应用。用于加工未经淬火的黑色金属及有色金属等材料的高精度孔和孔系(IT5~IT7 级,$Ra0.16~1.25\ \mu m$)。与钻→扩→铰工艺路线不同的是:(a) 所能加工的孔径范围大,一般孔径 $D{\geqslant}18$ mm 即可采用装夹式镗刀镗孔;(b) 加工出孔的位置精度高,如金刚镗多轴镗孔,孔距公差可控制在 ±0.005~±0.01 mm,常用于加工位置精度要求高的孔或孔系,如连杆大、小头孔,机床主轴箱孔系等。

④ 钻(粗镗)→半精镗→粗磨→精磨→研磨(或珩磨)。这条工艺路线用于黑色金属特别是淬硬零件的高精度的孔加工。其中研磨孔的原理和工艺与前述外圆研磨相同,只是此时研具是一圆棒。

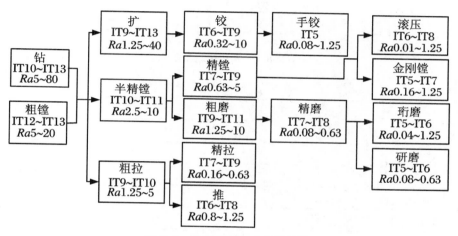

图 9.7 孔的典型加工工艺路线

5. 数控加工中心工序与普通工序的衔接

数控加工工序前后一般都穿插有其他普通加工工序,如衔接得不好就容易产生矛盾。因此在熟悉整个加工工艺内容的同时,要清楚数控加工工序与普通加工工序各自的技术要求、加工目的、加工特点,如要不要留加工余量,留多少;定位面与孔的精度要求及形位公差;对校形工序的技术要求;对毛坯的热处理状态等,这样才能使各工序达到相互满足加工需要,且质量目标及技术要求明确,交接验收有依据。在选择了数控加工工艺内容和确定了零件加工路线后,即可进行数控加工工序的设计。数控加工工序设计的主要任务是进一步把本工序的加工内容、切削用量、工艺装备、定位夹紧方式及刀具运动轨迹确定下来,为编制加工程序做好准备。

9.1.2 设计

(1) 图 9.8 为分离式齿轮箱箱体,材料为 HT150,铸造毛坯,技术要求如下:

① 对合面对底座的平行度误差不超过 0.5/1000;

② 对合面的表面粗糙度值小于 $Ra1.6\ \mu m$,两对合面的接合间隙不超过 0.03 mm;

③ 轴承支承孔必须在对合面上,误差不超过 ±0.2 mm。

该箱体加工工艺路线见表 9.1～表 9.3。试分析该箱体的工艺路线特点。

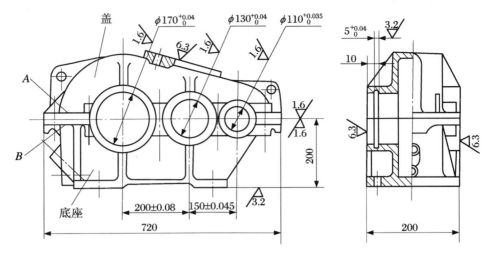

图 9.8　分离式齿轮箱箱体

表 9.1　箱盖的工艺路线

序号	工 序 内 容	定位基准
1	铸造	
2	时效	
3	涂底漆	
4	粗刨对合面	凸缘 A 面
5	刨顶面	对合面
6	磨对合面	顶面
7	钻结合面连接孔	对合面、凸缘轮廓
8	钻顶面螺纹底孔、攻螺纹	对合面二孔
9	检验	

表 9.2　底座的工艺路线

序号	工 序 内 容	定位基准
1	铸造	
2	时效	
3	涂底漆	
4	粗刨对合面	凸缘 B 面
5	刨底面	对合面
6	钻底面 4 孔、锪沉孔、铰 2 个工艺孔	对合面、端面、侧面
7	钻侧面测油孔、放油孔、螺纹底孔、锪沉孔、攻螺纹	底面、二孔
8	磨对合面	底面
9	检验	

表 9.3 箱体合装后的工艺路线

序号	工 序 内 容	定位基准
1	将盖与底座对准合笼夹紧、配钻、铰二定位销孔,打入锥销,根据盖配钻底座,结合面的连接孔,锪沉孔	
2	拆开盖与底座、修毛刺、重新装配箱体,打入锥销,拧紧螺栓	
3	铣两端面	底面及两孔
4	粗镗轴承支承孔,割孔内槽	底面及两孔
5	精镗轴承支承孔,割孔内槽	底面及两孔
6	去毛刺、清洗、打标记	
7	检验	

由表可见,分离式箱体虽然遵循一般箱体的加工原则,但是由于结构上的可分离性,因而在定位基准的选择和工艺路线的拟订方面均有以下一些特点:

① 定位基准的选择。

(a) 粗基准的选择:分离式箱体最先加工的是箱盖和箱座的对合面。分离式箱体一般不能以轴承孔的毛坯面作为粗基准,而是以凸缘不加工面为粗基准,即箱盖以凸缘 A 面、底座以凸缘 B 面为粗基准。这样可以保证对合面凸缘厚薄均匀,减少箱体合装时对合面的变形。

(b) 精基准的选择:分离式箱体的对合面与底面(装配基面)有一定的尺寸精度和相互位置精度要求;轴承孔轴线应在对合面上,与底面也有一定的尺寸精度和相互位置精度要求。为了保证以上几项要求,加工底座的对合面时,应以底面为精基准,使对合面加工时的定位基准与设计基准重合;箱体合装后加工轴承孔时,仍以底面为主要定位基准,并与底面上的两定位孔组成典型的“一面两孔”定位方式。这样,轴承孔的加工,其定位基准既符合“基准统一”原则,也符合“基准重合”原则,有利于保证轴承孔轴线与对合面的重合度及与装配基面的尺寸精度和平行度要求。

② 工艺路线的拟定。

分离式箱体工艺路线与整体式箱体工艺路线的主要区别在于:整个加工过程分为两个大的阶段。第一阶段先对箱盖和底座分别进行加工,主要完成对合面及其他平面、紧固孔和定位孔的加工,为箱体的合装做准备;第二阶段在合装好的箱体上加工孔及其端面。在两个阶段之间安排钳工工序,将箱盖和底座合装成箱体,并用两销定位,使其保持一定的位置关系,以保证轴承孔的加工精度和拆装后的重复精度。

③ 成批加工箱体的工艺特点。

为了保证轴承孔轴心线与箱体端面的垂直度及其他技术要求,除了上述工艺过程中以底面和端面定位,按画线镗孔外,成批生产时可以底面上两定位销孔配合底面定位,成为典型的一面两孔的定位方式,这就需要箱体对合前,以对合面和轴承孔端面定位加工好底座底面上两定位销孔。以底座底面定位,符合基准统一原则,也符合基准重合原则,有利于保证轴承孔轴心线与底面的平行度要求。

成批加工箱体时,要采取以铣削代替刨削,以机床专用夹具进行工件装夹,省去画线工序;采用耐用度高的刀具进行加工,以提高生产率。大批大量生产箱体时,可采用专用机床和专用工艺装备进行加工,也可采用数控机床、自动线加工设备。

(2) 图 9.1 为减速箱箱体,大批量生产,试拟定该箱体的工艺路线。

9.1.3　实施

1. 组织方式

独立完成或成立小组讨论完成。

2. 实施主要步骤

(1) 明确任务,知识准备;

(2) 零件结构分析;

(3) 技术要求分析;

(4) 定位基准的选择;

(5) 加工顺序的安排;

(6) 拟定工艺路线。

9.1.4　运作

评价见表 9.4。

表 9.4　任务评价参考表

项目		任务		姓名		完成时间		总分		
序号	评价内容及要求		评价标准	配分	自评(20%)	互评(20%)	师评(60%)	得分		
1	识图能力			10						
2	知识理解			10						
3	毛坯结构的分析			10						
4	技术要求的分析			20						
5	定位基准的选择			10						
6	工艺路线的拟定			10						
7	学习与实施的积极性			10						
8	交流协作情况			10						
9	创新表现			10						

9.1.5　知识拓展

1. 加工中心的工艺特点

加工中心是一种功能较全的数控机床,它集铣削、钻削、铰削、镗削、攻螺纹和切螺纹于一身。特别是加工中心增加了刀库、自动换刀系统和回转工作台,使其具有多种工艺手段,与普通机床加工相比,加工中心具有许多显著的工艺特点。

① 由于加工中心工序集中,使用刀具的数量也较多,机床加工经常处于粗、精加工交替的情况,此时既要考虑粗加工时的大切削力,又要考虑精加工时的定位精度和刀具的磨耗,因此,加工中心的工艺系统的强度、刚度要满足工艺要求,机床也应具有良好的抗震性和精度保持性。同时,在工件成形过程中,特别是粗加工过程中,切削量较大,没有中间时效处理环节,内应力难以消除,成为精加工精度保证的影响因素之一。

② 在一次装夹中完成铣、镗、钻、扩、铰、攻螺纹等加工,工序高度集中。零件每道工序的内容、切削用量和工艺参数可以随时改变,加工中心主轴转速和各轴进给量均是无级调速,有的甚至具有自适应控制功能,能随刀具和工件材质及刀具参数的变化,把切削参数调整到最佳数值,从而提高了各加工表面的质量。加工中心所具有的良好加工柔性,能够适应现代化制造的要求,这给新产品试制,实行新的工艺流程和试验提供了方便。

③ 加工中心可带有自动交换的工作台,一个工件在加工的同时,另一个工作台可以实现工件的装夹,减少了多次装夹工件所需的辅助时间。同时,减少了工件在机床与机床之间、车间与车间之间的周转次数和运输工作量,从而大大提高了加工效率。

④ 加工中心可带有自动摆角的主轴或多轴联动,工件在一次装夹后,自动完成多个平面和多个角度位置的加工,加工零件的位置精度、形状精度的一致性和互换性好,避免了工件多次装夹以及人为的因素影响。

⑤ 多工序集中加工,切屑多,切屑的堆积对已加工表面产生影响,在加工过程中,切屑易堆积,会缠绕在工件和刀具上,影响加工顺利进行,需要采取断屑措施和及时清理切屑。

⑥ 有较高的定位精度和重复定位精度,在加工过程中产生的尺寸误差能及时得到补偿,与普通机床相比,能获得较高的尺寸精度。

2. 加工中心的分类

目前加工中心的分类方法很多,例如可按结构特征、工艺特征、主轴种类、自动换刀装置等分类。最常见的是按加工中心的结构特征进行分类,可以分为立式加工中心、卧式加工中心、龙门加工中心及多坐标加工中心等。

（1）立式加工中心

立式加工中心是指主轴轴心线为铅垂状态的加工中心,如图 9.9 所示。其结构形式多为固定立柱,工作台为长方形,无分度回转功能,适合加工盘、套、板类零件。它一般具有 3 个直线运动坐标轴,并可在工作台上安装 1 个沿水平轴旋转的数控回转工作台,实现 4 轴联动功能,可用于加工螺旋线类零件,如图 9.10 所示。

图 9.9　立式加工中心

图 9.10　立式加工中心附加 *A* 轴

（2）卧式加工中心

卧式加工中心是指主轴轴线为水平状态设置的加工中心，如图 9.11 所示。卧式加工中心通常都带有可进行分度回转运动的工作台。卧式加工中心一般都具有 3～5 个运动坐标，常见的是 3 个直线运动坐标加 1 个回转运动坐标，一般具有分度转台或数控转台，可加工工件的各个侧面；也可作多个坐标的联合运动，用来加工复杂的空间曲面。它能够使工件在一次装夹后完成除安装面和顶面以外的其余 4 个面的加工，最适合加工箱体类零件，如图 9.12 所示。

图 9.11　卧式加工中心

图 9.12　卧式加工中心

（3）龙门加工中心

龙门式加工中心主轴多为垂直状态设置，如图 9.13 所示，除带有自动换刀装置以外，还带有可更换的主轴头附件。数控装置功能也较齐全，能够一机多用。尤其适用于大型和形状复杂的零件加工，如飞机上的梁、框、壁板等。

（4）多坐标加工中心

五轴加工中心具有立式和卧式加工中心的功能，如图 9.14 所示。常见的有两种形式：一种是主轴可做 90°的旋转，既可像卧式加工中心那样切削，也可像立式加工中心那样切削；另一种是工作台可带着工件一起做 90°的旋转，这样可在工件一次装夹下完成除安装面外的所有 5 个面的加工，这是为适应加工复杂曲面（图 9.15）、箱体类零件的需要，也是加工中心的一个发展方向。

图 9.13　龙门式加工中心

图 9.14　五轴加工中心

3. 加工中心的结构部件

各种类型的加工中心的外形结构各异,但从总体来看主要由以下几大部分构成,如图 9.16 所示。

图 9.15　五轴加工中心的加工

图 9.16　加工中心的基本结构

（1）机床本体

通常机床本体由床身、立柱和工作台等大型构件组成,它们是加工中心结构中的基础部件。这些构件通常是铸铁件或焊接的钢结构件,它们要承受加工中心的静载荷以及在加工时的切削负载,必须具备更高的静、动刚度,以保证加工中心在高速和连续重载切削条件下没有变形和震动。

（2）主轴部件

主轴部件由主轴箱、主轴电动机、主轴和主轴轴承等零件组成。主轴的启动、停止等动作和转速由数控系统控制,并通过装在主轴上的刀具进行切削。主轴夹持工件或刀具旋转,直接参加表面成形运动。主轴部件的刚度、精度、抗震性和热变形直接影响加工零件的精度和表面质量。因此主轴的转速高低及范围、传递功率大小和动力特性,决定了数控机床的切削加工效率和加工工艺能力。

（3）数控系统

数控系统由 CNC 装置、可编程序控制器、伺服驱动装置以及电动机等部分组成,是加工中心执行顺序控制动作和控制加工过程的中心。

（4）自动换刀装置（ATC）

自动换刀装置是加工中心的重要组成部分,主要包括刀库、刀具交换装置（机械手）等部件。

（5）辅助装置

在加工中心上常见的辅助装置有自动排屑装置（图 9.17）、液压系统、气动系统、电气系统和检测、反馈系统等。它们对加工中心的工作效率、加工精度和安全可靠性起着保障作用。

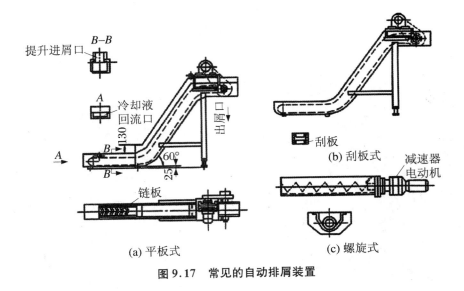

图 9.17　常见的自动排屑装置

任务 9.2　确定箱体的工序内容

9.2.1　构思

1. 箱体零件加工余量的确定

正确规定加工余量的数值,是设计工序内容的重要任务之一。确定加工余量的基本原则是在保证加工质量的前提下,尽量减少加工余量。最小加工余量的数值,应能保证表面粗糙度、表面缺陷层深度、表面几何形状误差、空间偏差以及装夹误差符合工件最终要求。如果加工余量过大,必然造成浪费工时,精加工刀具的磨损加快,加工效率降低,金属材料浪费严重。

箱体类零件的加工通常是对单孔或孔系与端面或大平面的加工;常用钻、镗、铣、刨等的切削加工工序,因此要按照不同的加工方法、不同的加工精度、不同的材料、不同的切削方式(是否高速切削)来考虑加工余量,可用经验法或是查表法。

① 平面铣削工序中的加工余量(单边)一般分配为:粗铣≤5 mm、半精铣≤3 mm 和精铣≤0.3 mm 的加工余量。

② 镗削工序中的加工余量(双边)一般分配为:粗镗≤5 mm、半精镗≤2 mm 和精镗≤0.2 mm 的加工余量。

2. 箱体零件夹具的选用

正确选择定位基准,对保证零件技术要求、合理安排加工顺序有着至关重要的影响。加工中心的特点对夹具提出了两个基本要求:一是要保证夹具的坐标方向与机床的坐标方向相对固定;二是要能协调零件与机床坐标系的尺寸。

在加工中心上常见的箱体零件常选用一个支承面、一个导向面和一个限位面的三平面装夹法,这是简单可靠且定位精度高的方法,但安装面不能加工。如采用两销定位,可方便刀具对其他各面的加工,但定位精度低于三平面法。箱体零件多个不同位置的平面和孔系要加工时,往往要两三次装夹,这时常常先以三面定位完成部分相关表面加工,然后以加工过的一个平面加两个销孔定位,完成其余表面和孔系加工。

利用通用元件拼装的组合夹具来加工箱体零件有很大的优越性,生产准备周期短,经济性好。在有数控回转工作台的加工中心上,工件一次装夹可以进行 4 个面加工或任意分度加工。而有托盘的加工中心应充分利用多个托盘的优势,尽量不换或少换夹具,将使用相同夹具的零件安排在同一加工中心上加工。托盘多的机床,可混合加工 2～3 种不同夹具的零件。对工件批量大、使用频繁的夹具,应固定在托盘上尽量不换。

在加工中心上,夹具的任务不仅仅是装夹零件,而且要以定位基准为参考基准,确定零件的加工原点。加工中心的自动换刀功能又决定了在加工中不能使用弹套、钻套及对刀块等元件。因此,在选用夹具结构形式时要综合考虑各种因素,尽量做到经济、合理。在加工中心台面上有基准 T 形槽、转台中心定位孔、工作台侧面基准定位元件。夹具的安装必须利用这些定位件,夹具底面表面粗糙度值不低于 $Ra3.2\ \mu$m 和平面度误差 0.01～0.02 mm 的要求。选择装夹方法和设计夹具的要点如下:

① 尽可能选择箱体的设计基准为精基准。粗基准的选择要保证重要表面的加工余量均匀,使不加工表面的尺寸、位置符合图纸的要求,且便于装夹。

② 定位夹具必须有高的切削刚性。由于零件在一次装夹中要同时完成粗加工和精加工,夹具既要满足零件的定位要求,又要承受大的切削力。加工中心高速强力切削时,定位基准要有足够的接触面积和分布面积,以承受大的切削力且定位稳定可靠。

③ 夹具必须保证零件最小变形。由于零件在粗加工时切削力较大,当粗加工后松开压板时,零件可能产生变形,夹具必须谨慎地选择支承点、定位点和夹紧点。夹紧点尽量接近支承点,避免夹紧力在零件中间空的区域(图 9.18)。如果上述方法仍不能控制零件变形,就只能分开零件的粗、精加工程序,或者在编制精加工前使用机床暂停指令,让操作者放松夹具夹紧力,使零件消除变形再进行精加工。

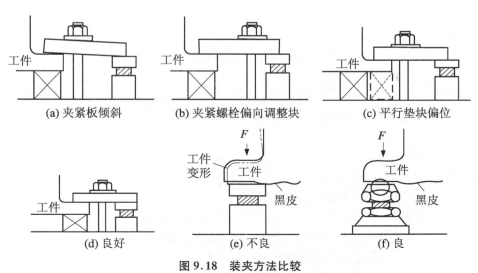

(a) 夹紧板倾斜　　(b) 夹紧螺栓偏向调整块　　(c) 平行垫块偏位

(d) 良好　　(e) 不良　　(f) 良

图 9.18　装夹方法比较

④ 夹具本身要以加工中心工作台上的基准槽或基准孔来定位并安装到机床上,这可确

保零件的工件坐标系与机床坐标系固定的尺寸关系,这是和普通机床加工的一个重要区别。

⑤ 夹紧零件后必须为刀具运动留有足够的空间,要使加工部位开敞。定位、夹紧机构元件不得妨碍加工中的走刀(如不产生碰撞)。由于钻夹头、弹簧夹头、镗刀杆很容易与夹具发生干涉,尤其是零件外轮廓的加工,很难安排定位夹紧元件的位置,箱体零件可利用零件内部空间来安排夹紧方式。

⑥ 夹具结构尽量简单。当零件加工批量小时,尽量采用组合夹具、可调式夹具及其他通用夹具。也可利用由通用元件拼装的组合可调夹具,以缩短生产准备周期。但是组合夹具的精度必须满足零件加工的要求。对小型、宽度小的工件可考虑在工作台上装夹几个零件同时加工。

⑦ 夹具在机床上的安装误差和零件在夹具中的装夹误差对加工精度都将产生直接的影响。即使在编程原点与定位基准重合的情况下,也要求对零件在机床坐标系中的位置进行准确的调整。夹具中零件定位支承的磨损及污垢都会引起加工误差,因此,操作者在装夹零件时一定要将污物去除干净。

3. 箱体零件加工刀具的选择

一般正常情况下应该优先采用标准刀具,但是必要时或者是有特定需要时则是采用各种高生产率的复合刀具或者其他一些专用刀具。除此之外,应该结合具体实际情况,尽量选用各种先进刀具,如可转位刀具。刀具的类型、精度和规格等级应该符合加工要求,工件材料应该与刀具材料相适应。数控加工所用刀具在刀具性能上要求更高,所以在选择数控加工刀具时,还应该考虑以下几个方面:

① 断屑和排屑性能好。在数控机床加工中,断屑和排屑相对于普通机床加工是不一样的,普通机床加工产生断屑和排屑一般能够及时由工人处理掉,然而数控机床加工切屑很易缠绕在工件和刀具表面上,这样会划伤工件已加工好的表面和损坏刀具,甚至还会发生伤人和设备破坏等严重事故,从而影响到加工工件质量和机床的顺利、安全运行,因此要求刀具一定要具有良好的断屑和排屑性能。

② 可靠性高。刀具以及与之组合的附件必须要具有很好的可靠性,并且还要具有比较强的适应性。从而保证数控加工中不会发生刀具意外损伤,并且保证数控加工中不会因潜在缺陷从而影响到加工的安全顺利进行。

③ 精度高。刀具一定要具有较高的精度,从而保证能充分适应数控加工的高精度和自动换刀等诸多要求。

④ 耐用度高。数控加工的刀具,不管在粗加工还是精加工中,都应该具有比普通机床加工所用刀具更高更好的耐用度,从而才能够减少更换或修磨刀具以及对刀的次数,以提高数控机床的加工效率及保证加工质量。

⑤ 切削性能好。刀具必须具有能够承受高速切削和强力切削的性能,从而才能保证数控加工能够采用大的背吃刀量和高速进给量。

4. 箱体零件加工切削用量的选择

确定切削用量就是对不同的材质,在已选定的刀具材料和几何角度的基础上,合理选择主轴转速 n、切削速度 v_c、进给量 a_f、背吃刀量 a_p 和进给次数。合理选择工艺过程中各工序加工的切削用量,可查阅相关的切削用量表。总之,制定合理的切削用量应满足以下的原则:

① 粗加工切削用量的选择。首先采用大的背吃刀量,然后采用较大的进给量,最后根

据刀具耐用度确定合理的切削速度。

　　② 精加工切削用量的选择。采用较小的进给量和背吃刀量,在保证刀具耐用度的前提下,可以尽可能采用大的切削速度。

9.2.2　设计

　　(1) 图 9.19 为齿轮泵盖,现确定该零件加工方案、装夹方案、刀具选择和切削用量。

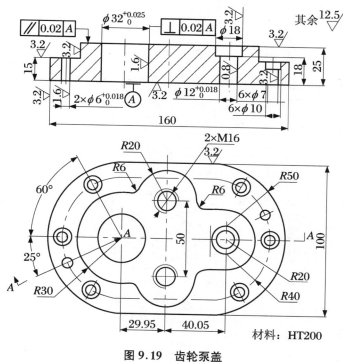

图 9.19　齿轮泵盖

　　① 零件图的分析。

　　该零件由圆弧凸台、安装孔、装配孔等结构组成,在凸台上还贯穿着通孔、螺纹孔、沉头孔。其中,对于零件的加工精度具有一定的要求:

　　(a) 通孔,尺寸精度为 IT7 级,表面粗糙度为 $Ra1.6\ \mu m$,定位尺寸精度要求轴线相对于 A 底面垂直度为 0.02 mm,属于较高的精度要求;

　　(b) 沉头孔,尺寸精度为 IT7 级,表面粗糙度为 $Ra0.8\ \mu m$,属于较高的精度要求;

　　(c) 螺纹孔,尺寸精度为 IT7 级,中心距 50 mm,属于中等精度要求;

　　(d) 定位销,尺寸精度为 IT8 级,表面粗糙度为 $Ra1.6\ \mu m$,属于中等精度要求;

　　(e) 沉头孔,尺寸精度为 IT12～IT13 级,表面粗糙度为 $Ra3.2\ \mu m$,属于较低精度要求。

　　② 加工方案的确定。

　　选择加工方法:

　　(a) 由于该零件上表面和下表面以及台阶面的粗糙度要求为 $3.2\ \mu m$,所以通常采用“粗铣—精铣”方案。

　　(b) 孔加工方法的选择。

ⅰ．对于 6×φ7 普通孔，由于其表面粗糙度为 $Ra3.2\,\mu$m，又无尺寸公差要求，所以应该采用"钻—铰"方案。

ⅱ．对于 φ12H7 mm 孔，表面粗糙度为 $Ra0.8\,\mu$m，应该采用"钻—粗铰—精铰"方案。

ⅲ．对于 32H7 mm 孔，表面粗糙度为 $Ra1.6\,\mu$m，应采用"钻—粗镗—半精镗—精镗"方案。

ⅳ．对于 2×φ6H8 普通孔，表面粗糙度为 $Ra1.6\,\mu$m，选择"钻—铰"方案。

ⅴ．对于螺纹孔 2×M16-H7，根据螺纹孔加工方法，采用先钻底孔后攻螺纹的加工方法。

ⅵ．对于 φ18 mm 孔和 6×φ10 mm 孔，表面粗糙度为 $Ra12.5\,\mu$m，选择"钻孔—锪孔"方案。

③ 装夹方案的确定。

该零件毛坯的外形比较规则，因此在加工上下表面、台阶面及孔系时，先用平口虎钳夹紧；在铣削外轮廓时，采用"一面两孔"定位方式，即以底面、φ12H7 和 φ32H7 孔定位，如图 9.20 所示。

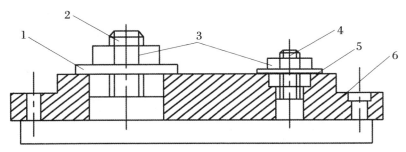

图 9.20　齿轮泵盖加工装夹示意图

1. 开口垫圈；　2. 带螺纹圆柱销；　3. 压紧螺母；　4. 带螺纹的削边销；
5. 垫圈；　6. 工件

④ 工序内容的确定。

（a）机床的选择：选用立式加工中心。

（b）刀具选择见表 9.5。

表 9.5　齿轮泵盖加工所用刀具

序号	刀具编号	刀具规格名称	数量	加 工 表 面
1	T01	φ125 端面铣刀	1	铣工件的上表面
2	T02	φ12 立铣刀	1	铣削台阶面及其轮廓
3	T03	φ3 中心钻	1	钻中心孔
4	T04	φ27 钻头	1	钻 φ32H7 底孔
5	T05	内孔镗刀	1	粗镗、半精镗和精镗 φ32H7 孔
6	T06	φ11.8 钻头	1	钻 φ12 孔
7	T07	φ18×11 锪头	1	锪 φ18 孔

续表

序号	刀具编号	刀具规格名称	数量	加 工 表 面
8	T08	$\phi12$ 铰刀	1	铰 $\phi12$ 孔
9	T09	$\phi14$ 钻头	1	钻 $2\times$M16 螺纹底孔
10	T10	90° 倒角铣刀	1	$2\times$M16 螺孔倒角
11	T11	M16 机用丝锥	1	攻 $2\times$M16 螺纹孔
12	T12	$\phi6.8$ 钻头	1	铰 $6\times\phi7$ 的孔
13	T13	$\phi10\times5.5$ 锪钻	1	锪 $6\times\phi10$ 的孔
14	T14	$\phi7$ 铰刀	1	铰 $\phi7$ 孔
15	T15	$\phi5.8$ 钻头		钻 $2\times\phi6$H8 底孔

（c）切削用量的确定。

该零件材料切削性能较好，铣削平面、台阶面及轮廓时，留 0.5 mm 精加工余量；孔加工余量留 0.2 mm，精铰余量留 0.1 mm。选择进给速度和主轴转速时，查看零件切削用量手册，确定切削速度以及进给量，然后根据要求计算进给速度和主轴转速。以下是计算过程：

ⅰ. 钻削用量。

背吃刀量 a_p 取 $a_p=4.25$ mm；

主轴转速取 $S=750$ r/min；

进给速度取 $v_f=110$ mm/min。

ⅱ. $\phi12$ 立铣刀铣削用量。

主轴转速：取 $v_c=20$ m/min。所以

$$S=\frac{1\,000v_c}{\pi D_c}=\frac{1\,000\times20}{\pi\times12}=530\,(\text{r/min})$$

取 $S=400$ r/min。

进给速度：$\phi12$ mm 高速钢立铣刀为 3 刃，则

$$f_z=0.005\times D_c=0.005\times12=0.06,$$

$$v_f=f_zZS=0.06\times3\times400=72\,(\text{mm/min})$$

取 $v_f=72$ mm/min。

ⅲ. 镗削用量。

主轴转速的确定：取镗刀的切削速度 $v_c=150$ m/min，则

$$S=\frac{1\,000v_c}{\pi D_c}=\frac{1\,000\times150}{\pi\times40}=1\,194.27\,(\text{r/min})$$

取 $S=1\,200$ r/min。

镗削进给速度的确定：取镗削时的进给量为 $f=0.05$ mm/r，则

$$v_f=fS=0.05\times1\,200=60\,(\text{mm/min})$$

所以取 $v_f=60$ mm/min。

（2）任务要求：列出图 9.1 所示减速箱箱体的加工方案、装夹方案、刀具选择和切削参数。

9.2.3　实施

1. 组织方式

独立完成或成立小组讨论完成。

2. 实施主要步骤

(1) 明确任务,知识准备;

(2) 机床的选择;

(3) 装夹方式的选择;

(4) 刀具的选择;

(5) 切削用量的确定。

9.2.4　运作

评价见表9.6。

表 9.6　任务评价参考表

项目		任务		姓名		完成时间		总分		
序号	评价内容及要求		评价标准	配分	自评(20%)	互评(20%)	师评(60%)	得分		
1	机床的选择			10						
2	装夹方式的选择			20						
3	刀具的选择			20						
4	切削用量的确定			20						
5	学习与实施的积极性			10						
6	交流协作情况			10						
7	创新表现			10						

9.2.5　知识拓展

1. 加工中心加工对象

(1) 既有平面又有孔系的零件

加工中心具有自动换刀装置,在一次安装中,可以完成零件上平面的铣削、孔系的钻削、镗削、铰削、铣削及攻螺纹等多工步加工。加工的部位可以在一个平面上,也可以在不同的平面上。五面体加工中心一次安装可以完成除装夹面以外的五个面的加工。因此,既有平面又有孔系的零件是加工中心的首选加工对象,这类零件常见的有箱体类零件和盘、套、板类零件。

① 箱体类零件。这类零件在机械、汽车等行业应用较多,如汽车上的发动机缸体、机床

上的主轴箱等,图 9.21 和图 9.22 是常见的几种箱体类零件。箱体类零件一般是指具有孔系和平面,内部有一定型腔,在长、宽、高方向上有一定比例的零件。各种箱体零件尽管形状各异、尺寸不一,但是它们都具有空腔、结构复杂、壁厚不均等共同特点。箱体类零件一般都要进行多工位孔系及平面加工,精度要求较高,特别是形状精度和位置精度要求严格,通常要经过铣、钻、扩、镗、铰、锪、攻螺纹等工步,需要刀具较多,在普通机床上加工难度大,工装套数多,需多次装夹找正,手工测量次数多,精度不易保证。

图 9.21　齿轮箱箱体

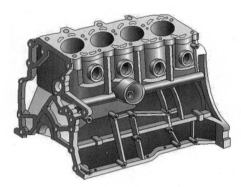

图 9.22　汽车发动机箱体

② 盘、套、板类零件。盘、套、板类零件包括带有键槽和径向孔,端面有分布的孔系、曲面的盘套或轴类零件,如带法兰的轴套、带有键槽或方头的轴类零件等。这类零件端面上有平面、曲面和孔系,径向也常分布一些径向孔,并且加工内容间有一定的尺寸位置关系,图 9.23 为开孔底座垫板零件。加工部位集中在单一端面上的盘、套、轴、板、壳体类零件宜选择立式加工中心,加工部位不在同一方向表面上的零件可选卧式加工中心。

(2) 结构形状复杂、普通机床难加工的零件

主要表面是由复杂曲线、曲面组成的零件,加工时,需要多坐标联动加工,这在普通机床上是难以甚至无法完成的,加工中心是加工这类零件最有效的设备。常见的典型零件有以下几类:

① 凸轮类。这类零件有各种曲线的盘形凸轮、圆柱凸轮、圆锥凸轮和端面凸轮等,如图 9.24 所示。加工时,可根据凸轮表面的复杂程度,选用三轴、四轴或五轴联动的加工中心。

图 9.23　开孔底座垫板零件

图 9.24　凸轮类零件

② 整体叶轮类。整体叶轮类零件属于复杂曲面类零件,主要表面是由复杂曲线、曲面组成的零件。典型零件有叶轮、螺旋桨等。

整体叶轮常见于航空发动机的压气机、空气压缩机、船舶水下推进器等,它除具有一般曲面加工的特点外,还存在许多特殊的加工难点,如通道狭窄,刀具很容易与加工表面和邻近曲面产生干涉。加工这类零件时,需多坐标联动加工。图 9.25 所示是轴向压缩机涡轮,它的叶面是一个典型的三维空间曲面,加工这样的型面,可采用四轴以上联动的加工中心。

③ 模具类。常见的模具有锻压模具、铸造模具、注塑模具及橡胶模具等。图 9.26 所示为汽车模具。采用加工中心加工模具,由于工序高度集中,动模、静模等关键件的精加工基本上是在一次安装中完成全部机加工内容,尺寸累积误差及修配工作量小。同时,模具的可复制性强,型腔结构复杂,互换性好,装配精度高,对加工表面质量的稳定性和一致性要求均较高,因此,加工中心的加工能力将得到极大发挥,这也是模具制造的发展方向。

图 9.25　轴向压缩机涡轮　　　　　　图 9.26　汽车模具

(3) 外形不规则的异形零件

异形零件是指如图 9.27 所示的支架、拨叉类零件,这一类外形不规则的零件,大多要点、线、面多工位混合加工。由于外形不规则,在普通机床上只能采取工序分散的原则加工,需用工装较多,周期较长,或采用专用夹具,机床调整困难。利用加工中心多工位点、线、面混合加工的特点,可以采用专用夹具一次完成大部分甚至全部工序内容,生产效率高,可以成批生产。

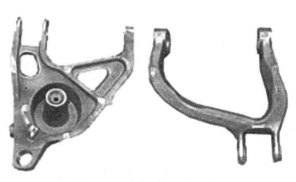

图 9.27　支架、拨叉类零件

上述是根据零件特征选择的适合加工中心加工的几种零件,此外,还有以下一些适合加工中心加工的零件。

(4) 周期性投产的零件

用加工中心加工零件时,所需工时主要包括基本时间和准备时间,其中,准备时间占很大比例。例如工艺准备、程序编制、零件首件试切等,这些时间往往是单件基本时间的几十倍。采用加工中心可以将这些准备时间的内容储存起来,供以后反复使用。这样,对周期性投产的零件,生产周期就可以大大缩短。

(5) 加工精度要求较高的中小批量零件

针对加工中心加工精度高、尺寸稳定的特点,对加工精度要求较高的中小批量零件,选择加工中心加工,容易获得所要求的尺寸精度和形状位置精度,并可得到很好的互换性。

(6) 新产品试制中的零件

在新产品定型之前,需经反复试验和改进。选择加工中心试制,可省去许多用通用机床加工所需的试制工装。当零件被修改时,只需修改相应的程序及适当地调整夹具、刀具即可,节省了费用,缩短了试制周期。

2. 箱体加工时孔系坐标尺寸(平面尺寸链)的计算简介

在工艺设计中,常遇到箱体、机身等一些基础件,这类零件通常都有若干个具有位置精度的精密圆柱孔组成的孔系。在零件图样上,根据设计要求给出孔距公差。加工时,常用坐标法加工或镗模法加工(镗模法用的镗模板也需用坐标法加工),因此,必须将孔距尺寸及其公差换算为加工用的坐标尺寸及其公差,这种尺寸换算属平面尺寸链问题。孔系有两种形式,一种是两孔之间用一个孔距尺寸联系起来的开式孔系,另一种是由三个或三个以上的孔距尺寸形成的闭式孔系。开式孔系的换算比较简单,一般可将平面尺寸链中各环投影到斜边上后,再按直线尺寸链计算。现通过实例介绍闭式孔系的尺寸换算方法。

图 9.28 为某车床主轴箱箱体,三个孔中心分别为 Ⅰ、Ⅲ、Ⅳ。图 9.29 是其孔系坐标尺寸换算,图中给出 L_1(= 110 mm)、L_2(= 90 mm)、L_0(= 90 mm)和 x_1(150 mm − 122 mm = 28 mm)。各孔在坐标镗床上加工,其加工顺序是先镗主轴孔 Ⅰ,然后以孔 Ⅰ 为坐标原点,移动坐标尺寸 x_1 和 y_1 镗出孔 Ⅲ,再以孔 Ⅲ 为坐标原点,移动坐标尺寸 x_2 和 y_2 镗出孔 Ⅳ,这时,孔 Ⅲ 和孔 Ⅳ 之间的距离 L_0(= 901mm)必须自动地满足图样要求。求坐标尺寸 x_1、y_1 和 x_2、y_2 及其极限偏差。

【解】　(1) 坐标尺寸的确定:

从图 9.30 中的几何关系可方便地求得所需的坐标尺寸。

(2) 坐标尺寸公差的确定:

坐标法加工孔系的孔距精度是由坐标尺寸的位移精度间接保证的,坐标尺寸和孔距尺寸之间的关系是平面尺寸链问题。解算平面尺寸链的关键是画出尺寸链图,并确定封闭环。下面介绍一种简便方法。

① 查找尺寸链图,并确定封闭环。根据题意,先加工孔 Ⅰ,移动坐标 y_1 和 x_1 加工孔 Ⅲ,再移动坐标尺寸 x_2 和 y_2 加工孔 Ⅳ,L_1、L_2 和 L_0 形成封闭的尺寸链,即形成平面尺寸链,

由于 L_0 是最后形成的尺寸,即封闭环。若加工顺序无特殊要求,一般应选极限偏差最大的尺寸为最后自然形成,即封闭环。

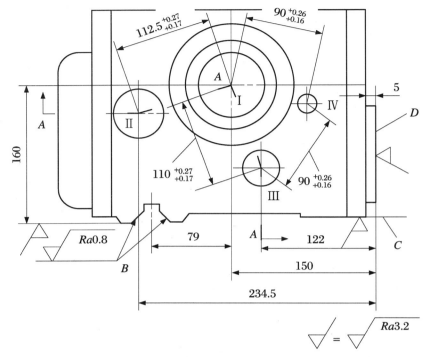

图 9.28　箱体零件的孔系坐标图

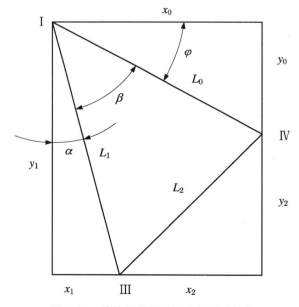

图 9.29　箱体零件的孔系坐标尺寸换算

② 分解平面尺寸链。由图 9.30 可知,封闭环 L_0 是坐标尺寸 x_0 和 y_0 所形成的封闭环,L_1 是坐标尺寸 x_1 和 y_1 所形成的封闭环,L_2 是坐标尺寸 x_2 和 y_2 所形成的封闭环。

因此,把闭式孔系的平面尺寸链分解成两个直线尺寸链(图 9.30(b)、(c))和一个(实际上是三个)开式的平面尺寸链(图 9.30(a))后,就能较方便地解算闭式孔系的平面尺寸链问题。

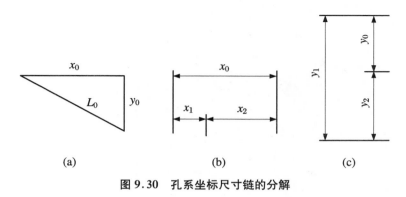

图 9.30　孔系坐标尺寸链的分解

任务 9.3　填写箱体的数控加工工艺规程文件

9.3.1　构思

箱体零件在加工中心上加工时,其工艺规程编制与普通机床加工箱体零件工艺规程编制方法是类似的,详细内容可参考项目 3,这里不再赘述,所不同的是所编制的工艺文件常用数控加工工艺卡片、数控加工工序卡片、数控加工刀具卡片、数控加工程序单等,其卡片格式可参考项目 6。

9.3.2　设计

(1) 分析图 9.31 阀体零件图,确定加工方案、设计工序内容,并填写加工工艺卡片。

① 毛坯选用。

选取备料车间已铸造成型的 45 钢。

② 确定加工方案。

(a) 如图 9.31 所示,因为 A、B、C 面的要求均为 $Ra1.6\ \mu m$,考虑到装夹中互为基准加工保证加工精度,所以加工为辅助工艺遵循基准先行的原则,首先选取普通立式铣床铣 B、C 两个平面。分别粗、精加工至 $Ra3.2\ \mu m$,深度各加工 4 mm 留 1 mm 加工余量。

(b) A 面首先分别粗、精加工至 $Ra1.6\ \mu m$,加工深度为 5 mm;5 个孔首先用中心钻打一下中心孔,其中 3 个螺纹孔 M4 用 $\phi3.3$ mm 的麻花钻打个底孔,由于螺纹较小,所以攻丝由钳工手工完成;$2\times\phi6$ mm 孔侧面要求粗糙度为 $Ra1.6\ \mu m$,加工精度较高,所以分钻、扩、铰以达到精度要求。

(c) B、C 面为平行面,只需以 A 面为定位基准,用一面两销装夹,两销放在 $2\times\phi6$ mm

孔中,这样装夹既遵循了"互为基准"的原则,又很好地限制了工件的自由度,B 面、C 面、孔即可在一次性装夹下完成待加工部位,为了节省效率,采用一刀多工序原则,加工 B、C 面同样的部位时,只需转动工作台 180°即可完成。

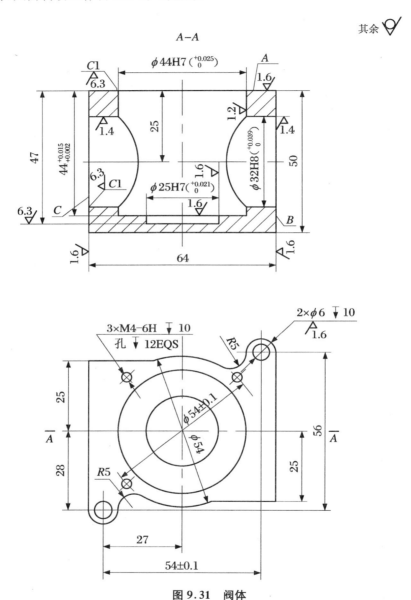

图 9.31　阀体

③ 确定装夹方案。

(a) 普通立式铣床加工 B、C 面。

平口钳首先以 B 面为基准,此时限制了 3 个自由度,装夹 A 面、底面再次限制了 5 个自由度,加工 C 面,然后以 C 面为基准,装夹 A 面、底面,加工 B 面。

(b) 在卧式加工中心 XH754 上加工 A 面及孔。

首先加工了 B、C 两面,所以 B 面 $Ra3.2\ \mu m$ 有了足够平整度作为基准,加工 A 面选取 B 面为基准,此时限制了 3 个自由度,由于 B 面有个毛坯孔,所以放一个短圆柱销可以再次限制2个方向的移动自由度,为保证夹得牢固同时遵循夹紧力要足够小的原则,夹紧机构用压板放在C面上,用夹紧螺钉在上表面两侧处加紧到工作台上,注意夹紧力避免中空的区域,避免工件变形夹紧力集中在实心区域同时靠近待加工平面,夹紧示意简图如图9.32所示。

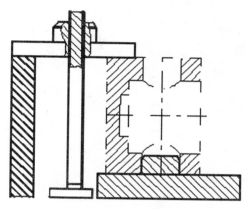

图9.32 装夹示意简图

(c) B、C 面为平行面,只需以 A 面为定位基准,用一面两销装夹,两销放在 $2 \times \phi 6$ mm 孔中,这样装夹遵循了互为基准的原则又很好地限制了工件的5个自由度,为保证夹得牢固同时遵循夹紧力要足够小的原则,夹紧机构用压板放在底面上,用夹紧螺钉在上表面斜对角处加紧到工作台上,夹紧示意简图如图9.33所示。

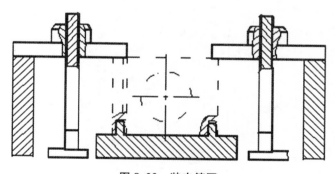

图9.33 装夹简图

④ 选择切削用量。

切削用量的确定参考学习情境1项目2和学习情境2项目8的相关内容。

⑤ 填写该阀体的加工工艺卡片,见表9.7~表9.11。

表 9.7　机械加工工艺过程卡

(某企业)	机械加工工艺过程卡片	产品型号		零件图号		共 2 页
		产品名称	阀体	零件名称	阀体箱	第 1 页
材料牌号 45 钢	毛坯种类 铸钢	毛坯外形尺寸 74 mm×66 mm×55 mm	每台毛坯件数	每台件数 1	1 000	备注

工序号	工序名称	工 序 内 容	车间	工段	设备名称及编号	工艺装备名称及编号			工时	
						夹具	刀具	量具	准终	单件
1	备料	铸造毛坯 74 mm×66 mm×55 mm	下料					游标卡尺 刀口尺		
2	热处理	淬火后高温回火	金工							
3	铣	平口钳装夹 A 面、底面，立式普铣床铣 B、C 面至 Ra3.2 μm，各面加工深度为 4 mm	金工		立式 X5025	平口钳	BT40-XM27-60	游标卡尺 刀口尺		
4	面孔加工	B 面为定位基准、专用夹具装夹：卧式加工中心粗铣、精铣 A 面至 Ra1.6 μm，加工总余量为 5 mm。加工孔 φ44H7 至图纸要求，单边加工总余量 4.5 mm，深度为 44 mm，孔口倒角 C1；加工 3×M4 底孔至 φ3.3 mm；加工 2×φ6 mm 至图纸要求。加工 3×M4 底孔 3×φ3.3 mm；孔 3×φ3.3 至图纸要求；加工 φ25H7 至图纸要求	金工		卧式加工中心 XH754	专用夹具	BT40-XM27-60	游标卡尺 刀口尺 内径百分表		
5	面孔加工	工件翻转以 A 面为定位基准，一面两孔定位装夹：卧式加工中心精铣 B、C 面至 Ra1.6 μm，各面加工总余量为 3 mm。粗、精镗 B、C 两面孔 φ32H8 至图纸要求，单边加工总余量为 5 mm，孔口倒角 C1	金工		卧式加工中心 XH754	专用夹具	BT40-XM27-60	游标卡尺 刀口尺 内径百分表		

				编制 (日期)	审核 (日期)	会签 (日期)	标准化 (日期)	批准 (日期)
标记	处数	更改文件号	签字	日期	标记	处数	更改文件号	签字	日期

续表

（某企业）	机械加工工艺过程卡片	产品型号		零件图号		共 2 页
		产品名称	阀体	零件名称	阀体箱	第 2 页

材料牌号 45 钢	毛坯种类 铸钢	毛坯外形尺寸 74 mm×66 mm×55 mm	每台毛坯件数 1	每台件数 1 000	备注 单件

工序号	工序名称	工　序　内　容	车间	工段	设备名称及编号	夹具	刀具	量具	准终	单件
									工时	
6	去毛刺	钳工去毛刺，手工攻丝 3×M4 至图纸要求	金工				M4 丝锥	螺纹塞规		
7	检验	涂油，入库	金工							

			编制（日期）	审核（日期）	会签（日期）	标准化（日期）	批准（日期）
标记	处数	更改文件号	签字	日期	标记	处数	更改文件号	签字	日期

表 9.8　数控加工刀具卡片

单位		数控加工刀具卡片		产品型号		零件图号		共 2 页
				产品名称	阀体箱	零件名称	阀体箱	第 1 页
材料牌号	45 钢	毛坯种类	铸钢	毛坯外形尺寸	74 mm×66 mm×55 mm		备注	车间
工序号	4	设备型号	XH754	程序编号		夹具代号	冷却液	机加工
工序名称	面孔加工	设备名称	卧式加工中心				夹具名称	专用夹具

工步号	刀具号	刀具名称	刀具型号	名称	型号	配套件	备注
1	T01	φ80 可转位面铣刀	刀体:FM90-80LD15 刀片:LDMT1504P-DSR-29	套式立铣刀刀柄	BT40-XM27-60	垫圈:XM27	
2	T02	φ43 粗镗刀	镗孔范围:38~52 刀片:CP050204	倾斜型粗镗刀	ST40-TQC87-180	镗刀头:TQC87-45-45-L	
3	T03	φ43.8 精镗刀	镗孔范围:38~52 刀片:TPGH110304L	倾斜型微调精镗刀	BT40-SBJ-90	镗刀头:SBJ-1630-90-40-50	
4	T04	45°倒角镗刀	镗孔范围 25~50 刀片:CP50204	倾斜型粗镗刀	ST40-TZC25-135	镗刀头:TZC08-23-90-L	
5	T05	φ43 精镗刀	镗孔范围:38~52 刀片:TPGH110304L	倾斜型微调精镗刀	BT40-SBJ-90	镗刀头:SBJ-1630-90-40-50	
6	T06	φ24.8 扩刀	φ24.8 钻	弹簧卡头刀柄	BT40-ER40-80	卡簧:ER40	
7	T07	φ25H7 铰刀	φ25H7 铰刀	弹簧卡头刀柄	BT40-ER40-80	卡簧:ER40	
8	T08	A3 中心钻	A3 高速钢直柄钻头	弹簧卡头刀柄	BT40-ER40-80	卡簧:ER40	

编制		审核		批准		日期	

续表

单位		数控加工刀具卡片			产品型号		阀体	零件图号		阀体箱	共 2 页
					产品名称	阀体		零件名称	阀体箱		第 2 页
材料牌号	45 钢	毛坯种类	铸钢	毛坯外形尺寸	74 mm × 66 mm × 55 mm			夹具名称	专用夹具	车间	机加工
工序号	4	工序名称	面孔加工	设备型号	XH754	设备名称	卧式加工中心	夹具代号		冷却液	
工步号	刀具号	刀具名称	刀具型号		名称		型号		配套件		备注
9	T09	φ3.3 麻花钻	φ3.3 直柄麻花钻		莫氏短圆锥钻夹头刀柄		BT30-212-45		卡簧:ER40		
10	T10	φ5 直柄硬质合金	Z05.0500.070		莫氏短圆锥钻夹头刀柄		BT30-212-45		钻夹头:B12		
11	T11	φ5.8 扩刀	φ5.8 扩刀钻		弹簧卡头刀柄		BT40-ER40-80		卡簧:ER40		
12	T12	φ6 铰刀	φ6-7H 铰刀		弹簧卡头刀柄		BT40-ER40-80		卡簧:ER40		

编制		审核		批准		日期	

表9.9　机械加工工序卡片

机械加工工序卡片		产品型号		零件图号		文件编号		
		产品名称		零件名称	阀体	共2页	第1页	

单位		车间	机加工	工序号	3	工序名称	铣削	材料牌号	45钢
		毛坯种类	铸钢	毛坯外形尺寸	74 mm×66 mm×55 mm	每毛坯件数	1	每台件数	1 000
		设备名称	立式铣床	设备型号	X5025	设备编号		同时加工件数	1
		夹具编号	01	夹具名称	专用夹具			冷却液	

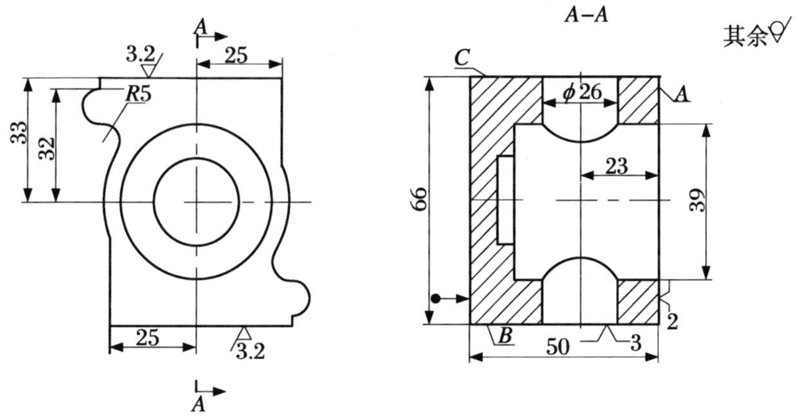

其余 ∇

	编制（日期）	校对（日期）	会签（日期）	标准（日期）	审核（日期）
				准终	单件

标记	处数	更改文件号	签字	日期	标记	处数	更改文件号	签字	日期

续表

单位		机械加工工序卡片	产品型号		零件图号		文件编号			第 2 页
			产品名称	阀体	零件名称	阀体箱	共 2 页			

工步号	工 步 内 容	刀具号	刀具规格	量检具编号及名称	主轴转速 (r/min)	切削速度 (m/min)	走刀量 (mm/r)	吃刀深度 (mm)	走刀次数	工时 机动	工时 辅助
1	粗铣 B 面至 Ra6.3 μm，加工深度为 3.5 mm 留 1.5 mm 余量	T01	φ80 面铣刀 6 齿 BT40-XM27-60	0~150 mm I 型游标卡尺	300	60	1.2	22.5 2	2		
2	精铣 B 面至 Ra3.2 μm，加工深度为 0.5 mm 留 1 mm 加工余量	T01	φ80 面铣刀 6 齿 BT40-XM27-60	0~150 mm I 型游标卡尺 100 mm 刀口尺	450	90	0.6	0.5	1		
3	粗铣 C 面至 Ra6.3 μm，加工深度为 3.5 mm 留 1.5 mm 余量	T01	φ80 面铣刀 6 齿 BT40-XM27-60	0~150 mm I 型游标卡尺	300	60	1.2	22.5 2	2		
4	精铣 C 面至 Ra3.2 μm，留 1 mm 加工余量	T01	φ80 面铣刀 6 齿 BT40-XM27-60	0~150 mm I 型游标卡尺 100 mm 刀口尺	450	90	0.6	0.5	1		
							编制 (日期)	校对 (日期)	会签 (日期)	标准 (日期)	审核 (日期)

标记	处数	更改文件号	签字	日期	标记	处数	更改文件号	签字	日期

表 9.10　机械加工工序卡片

机械加工工序卡片	产品型号		零件图号		文件编号	
	产品名称	阀体箱	零件名称	阀体	共 3 页	第 1 页

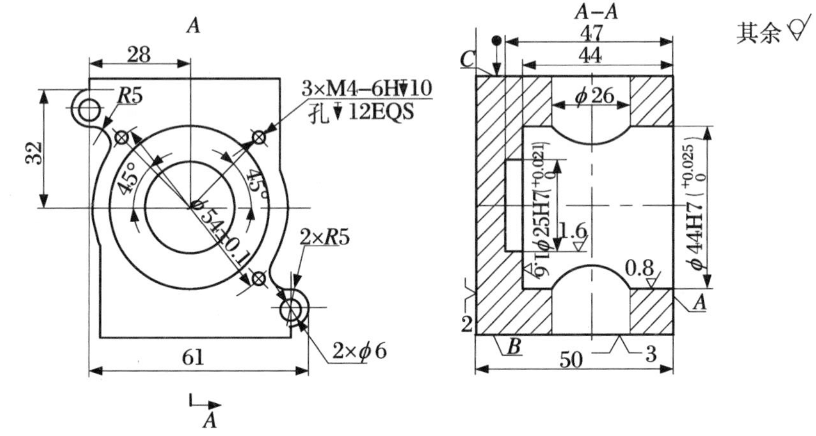

	车间	工序号	工序名称	材料牌号
	机加工	4	面,孔加工	45 钢

毛坯种类	毛坯外形尺寸	每毛坯件数	每台件数
铸钢	74 mm×66 mm×55 mm	1	1 000

设备名称	设备型号	设备编号	同时加工件数
卧式加工中心	XH754		1

夹具编号	夹具名称	冷却液
02	专用夹具	

其余 ∇

零件图标注：
$\phi 44H7\ (^{+0.025}_{0})$　47　44　$\phi 26$　A—A　50　0.8　3　$\phi 16.25H7\ (^{+0.021}_{0})$　1.6　B　C

3×M4—6H▽10 孔▽12EQS　2×R5　2×φ6　45°　45°　$\phi 54 \pm 0.1$　R5　28　61　32　A—A

	编制(日期)	校对(日期)	审核(日期)	会签(日期)	标准(日期)	审核(日期)
标记	处数	更改文件号	签字	日期		
标记	处数	更改文件号	签字	日期		

续表

单位		机械加工工序卡片	产品型号		零件图号		文件编号		第2页 共3页	
			产品名称	阀体	零件名称	阀体箱				

工步号	工步内容	刀具号	刀具规格	量检具编号及名称	主轴转速 (r/min)	切削速度 (m/min)	走刀量 (mm/r)	吃刀深度 (mm)	走刀次数	工时(机动)	工时(辅助)
1	粗铣A面至Ra6.3μm,加工深度为4.5mm	T01	φ80面铣刀6齿 BT40-XM27-60	0~150mm I型游标卡尺	300	60	1.2	2	2		
2	精铣A面至Ra1.6μm,加工深度为0.5mm	T01	φ80面铣刀6齿 BT40-XM27-60	0~150mm I型游标卡尺 100mm刀口尺	450	90	0.6	0.5	1		
3	粗镗φ44H7至φ43mm,单边加工余量为2mm	T02	φ43平底粗镗刀	25~125mm内径百分表	350	50	0.2	2	1		
4	半精镗φ44H7至φ43.8mm,单边加工余量为0.4mm	T03	φ43.8平底粗镗刀	25~125mm内径百分表	700	80	0.6	0.4	1		
5	孔口倒角C1	T04	45°倒角镗刀	25~125mm内径百分表	400	55	0.3	1	1		
6	精镗φ44H7至图纸要求	T05	φ43精镗刀	25~125mm内径百分表	500	100	0.05	0.1	1		
7	扩φ25H7孔至φ24.8mm,与A面之距47mm	T06	φ24.8扩刀	0~150mm I型游标卡尺	350	23	0.8	1.9	1		
8	铰φ25H7孔至图纸要求与A面之距47mm	T07	φ25H7铰刀	φ25H7塞规	450	30	1.5	0.1	1		
9	钻3×M4-6H,2×φ6中心孔,深5mm	T08	A3中心孔	0~150mm I型游标卡尺	1200	11	0.03	1.5	5		

						编制 (日期)	校对 (日期)	会签 (日期)	标准 (日期)	审核 (日期)

标记	处数	更改文件号	签字	日期	标记	处数	更改文件号	签字	日期

续表

单位		机械加工工序卡片		产品型号		零件图号		文件编号					
				产品名称	阀体	零件名称	阀体箱	共3页		第3页			
工步号	工步内容	刀具号	刀具规格	量检具编号及名称	主轴转速(r/min)	切削速度(m/min)	走刀量(mm/r)	吃刀深度(mm)	走刀次数	工时机动	工时辅助		
10	钻3×M4-6H至3×φ3.3深12 mm	T9	φ3.3麻花钻	0~150 mm I型游标卡尺	1 100	10	0.02	1.65	3				
11	钻2×φ6至2×φ5深10 mm	T10	φ5麻花钻	0~150 mm I型游标卡尺	600	10	0.06	2.5	2				
12	扩2×φ6至2×φ5.8深10 mm	T11	φ5.8扩刀	0~150 mm I型游标卡尺	600	30	0.5	0.4	2				
13	铰2×φ6至图纸尺寸	T12	φ6铰刀	φ6-7H塞规	580	26	0.3	0.1	2				
					编制(日期)	校对(日期)	会签(日期)	标准(日期)	审核(日期)				

标记	处数	更改文件号	签字	日期	标记	处数	更改文件号	签字	日期

表 9.11　机械加工工序卡片

机械加工工序卡片	产品型号		零件图号		文件编号	
	产品名称		零件名称	阀体箱	共 2 页	第 1 页

车间	工序号	工序名称	材料牌号
机加工	5	面、孔加工	45 钢

毛坯种类	毛坯外形尺寸	每毛坯件数	每台件数
铸钢	74 mm×66 mm×55 mm	1	1 000

设备名称	设备型号	设备编号	同时加工件数
卧式加工中心	XH754		1

夹具编号	夹具名称	冷却液
02	专用夹具	

	编制（日期）	校对（日期）	审核（日期）	会签（日期）	标准（日期）	审核（日期）

单位							
标记	处数	更改文件号	签字	日期	标记	处数	更改文件号	签字	日期

续表

机械加工工序卡片	产品型号		零件图号		文件编号	
	产品名称 阀体		零件名称 阀体箱		共 2 页	第 2 页

工步号	工 步 内 容	刀具号	刀具规格	量检具编号及名称	主轴转速 (r/min)	切削速度 (m/min)	走刀量 (mm/r)	吃刀深度 (mm)	走刀次数	工时 机动	工时 辅助
1	精铣 B 面,C 面至 Ra1.6 μm,加工深度为 1 mm	T1	φ80 面铣刀 6BT40-XM27-60	0~150 mm I 型游标卡尺 100 mm 刀口尺	450	90	0.6	0.5	2		
2	粗镗 B,C 两面 φ32H8 至 φ30 mm,单边加工余量为 4.25 mm	T13	φ30 粗镗刀	25~125 mm 内径百分表	500	50	0.2	2	2		
3	半精镗 B,C 两面 φ32H8 φ31.6 mm,单边加工余量为 0.8 mm	T14	φ31.6 镗刀	25~125 mm 内径百分表	800	80	0.4	0.75	2		
4	孔口倒角 C1	T15	45°倒角镗刀		700	60	0.3	1	2		
5	精镗 B,C 两面 φ32H8 至图纸要求单边加工余量为 0.2 mm	T16	φ32 精镗刀	25~125 mm 内径百分表	1 100	100	0.05	0.2	2		

	编制 (日期)	校对 (日期)	会签 (日期)	标准 (日期)	审核 (日期)

标记	处数	更改文件号	签字	日期	标记	处数	更改文件号	签字	日期

（2）任务要求：编制图 9.1 所示减速箱箱体的工艺规程卡片。

9.3.3　实施

1. 组织方式

独立完成或成立小组讨论完成。

2. 实施主要步骤

（1）明确任务，知识准备；

（2）填写工艺规程卡片。

9.3.4　运作

评价见表 9.12。

表 9.12　任务评价参考表

项目		任务		姓名			完成时间		总分		
序号	评价内容及要求			评价标准	配分	自评(20%)	互评(20%)	师评(60%)			得分
1	填写数控加工工艺过程卡片				30						
2	填写数控加工刀具卡片				20						
3	填写数控加工工序卡片				20						
4	学习与实施的积极性				10						
5	交流协作情况				10						
6	创新表现				10						

9.3.5　知识拓展

1. 加工中心常用对刀装置介绍

（1）寻边器

寻边器分为机械式和光电式两种，如图 9.34 所示。

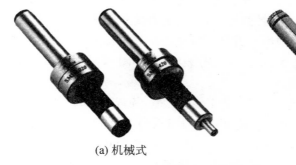

(a) 机械式　　　　　　　(b) 光电式

图 9.34　寻边器

　　机械式偏心寻边器的内部结构是用一根弹簧拉紧寻边器的两端(夹持端和测量端),弹簧与寻边器内孔之间有一定的间隙,机械偏心式寻边器结构如图 9.35 所示。在旋转状态下,当寻边器测量端与工件接触后,偏心距减小,这时使用点动方式或手轮方式微调进给,寻边器继续向工件移动,偏心距逐渐减小。在测量端和固定端的中心线重合的瞬间,测量端会明显地偏出,出现明显的偏心状态。这时主轴中心位置距离工件基准面的距离等于测量端的半径。机械偏心式寻边器一般是用来测量平行于 X 轴或 Y 轴的工件基准边,不适于测量圆形工件。

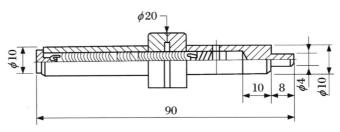

图 9.35　机械偏心式寻边器结构

　　光电式寻边器一般由柄部和触头组成,它们之间有一个固定的电位差。触头装在机床主轴上时,工作台上的工件(金属材料)与触头电位相同,当触头与工件表面接触时就形成回路电流,使内部电路产生光电信号,寻边器立刻发出声音和光亮。其中测量端球体用一根弹簧与寻边器内部连接,这样测试球头与寻边器整体就形成了弹性连接。这样对寻边器起到了一个小幅度的缓冲保护作用,如图 9.36 所示。

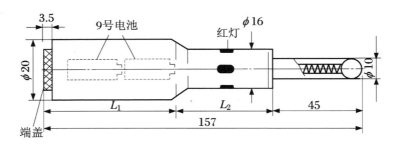

图 9.36　光电寻边器结构

　　(2) Z 轴设定器

　　Z 轴设定器常用于加工中心、数控铣床上设定刀具长度的精密测量工具。它分为机械式和光电式。机械式使用时观察表针的读数,以确定刀具和工件的位置关系。光电式使用时观察指示灯是否发亮,若发亮则说明刀具与工件的相对位置关系已确定。设定器主要由设定器本体、上下可移动的测量面、指针式百分表组成,如图 9.37 所示,并以标准附件校准块(棒)回零校对。

　　在使用时先将被加工工件定位、固定在工作台之后,装有刀具的刀柄装于加工中心的主轴之上,在主轴为停止状态,安装 Z 轴设定器于测量表面,手动操作使刀具的刀位点逐渐靠近被测表面,逐步降低步进增量倍率,当表针接近零时,改用 0.01 mm 进给挡,当指针指到零时停止进给,该位置就是刀位点与工件的对刀基准重合点相差一个标准设定器的高度,通常为 50 mm。

图 9.37　Z 轴设定器

（3）对刀块

对刀块法就是利用标准量块,在主轴停转状态使量块的一端面与主轴上刀具的刀位点接触,量块的另一端面与工件的对刀平面接触,量块可以在刀具与工件之间既能自由移动,又受到一定的均匀摩擦阻力时,刀位点与对刀平面只相差量块的高度,通常选用 50 mm、100 mm 的标准量块。在操作时,注意量块的移动和主轴的移动动作分开,避免刀具直接挤压量块,造成刀具和量块的损坏。并且保证量块与对刀平面的垂直关系,以减小对刀误差。

（4）刀具预调仪

刀具预调仪在机床外部对刀具的长度、直径进行测量,测量时不占用数控设备。为了使刀具定位基准面与对刀仪的锥孔可靠接触,在锥孔的底部有拉紧机构。轴中心线对测量轴有很高的平行度和垂直度要求;主轴的轴向尺寸基准面与机床主轴测量头有接触式（图 9.38）和非接触式（图 9.39）两种。

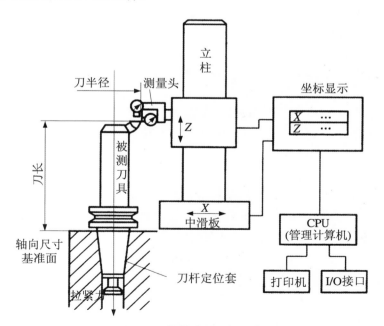

图 9.38　接触式对刀仪示意图

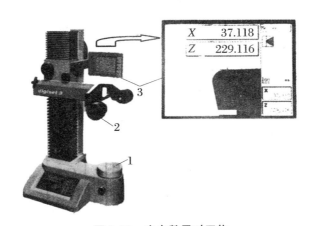

图 9.39　光电数显对刀仪

1. 刀具安装轴；　2. 光电测头；　3. 显示屏

接触式对刀仪测量用百分表，精度为 0.002～0.01 mm，比较直观；非接触式测量用得较多的是投影光屏，测量精度在 0.005 mm 左右。一般而言，接触式测量要比非接触式测量结果精确，但由于是直接接触，容易刮伤表头和刀具切削刃。

2. 加工中心操作步骤

为了保证数控操作人员的安全及数控机床的安全，操作者应在完全了解本机床的性能、功能、技术参数的基础上，遵守单人操作、多人检查，不进行尝试性操作的前提下，严格按照本操作规程操作，避免事故的发生。

(1) 加工中心工作之前的检查及开机

① 开机上电前，应对机床的当前状态进行检查。例如机床各坐标轴是否处于安全位置，应保证各坐标必须远离机床零点 100 mm 以上，以防止坐标回参考点时出现过冲现象而超程；工作台上是否有松动的工件、夹具及工具，避免回参考点时被抛出；同时应保证回参考点时刀具与工件、夹具不发生干涉等。

② 接通机床外接电源和机床总电源，并检查电器柜侧风扇工作是否正常。

③ 接通 CNC 电源，等待数控系统启动。注意，此时不要对机床操作面板的任何按钮进行操作，避免可能对机床产生的错误操作。

④ 数控系统启动后，打开急停钮进，刷新数控系统，并检查在 CRT 上有无报警信息及机床外围设备（液压、气动）是否启动正常。

⑤ 对各机床坐标进行回参考点操作，一般情况下先回 Z 轴，再回其他轴。回参考点后关注机床坐标系的各轴应为 0 值，且机床控制面板上的原点指示灯变亮。

⑥ 检查主轴、机械手、刀库上的加工刀具有无异常情况，并空刀试调一次。

(2) 刀具准备、安装及登录

① 先准备好加工所需的刀具、刀套、刀柄及拉钉。

② 依据加工顺序把刀具装入刀柄，注意刀具的最大加工深度、夹紧位置及夹紧力的大小。

③ 根据安装使用刀具的先后顺序，依次把刀具按顺序装入刀库，并且刀具所装的位置地址号与程序中的刀具号一一对应，注意盘铣刀禁止放入刀库，只能从主轴上装卸。

④ 把与各刀具相对应的 D、H 值输入机床坐标系中。

（3）工件的装夹及找正

① 夹具的安装及找正。

② 工件装夹时，应注意工件在夹具中的正确定位，以及毛坯的毛刺或铁屑的影响。

③ 夹紧时应注意定位位置是否变化，夹紧力应大小适中，夹紧可靠。

④ 工件找正时，根据基准面的形状可用找正器或百分表两种方法，其找正精度就是工件坐标系与编程坐标系的重合程度，直接影响加工面与非加工面的相对位置精度。

⑤ 工件坐标系原点参数的输入，注意为工件坐标系原点的当前机床坐标（X、Y 或 Z）值。

（4）程序的编辑或传输输入

（5）试运行

（6）试切削

适用批量生产的零件的加工，可对加工时切削参数或轨迹，以及加工后精度及表面质量进行合理的分析和调整。

（7）机床自动加工

① 将防护门关闭以免铁屑、润滑油飞溅出来伤人。

② 在程序中暂停测量工件尺寸时，待机床安全停止后方可进行测量。此时不要触及开始按钮，以免发生人身事故。

③ 如发现有不正常现象，立即取消自动加工或按下急停按钮。

（8）清理、整理机床

① 清扫铁屑、擦机床及玻璃门上的切削液。

② 工作台调到机床中间，将手动进给修调和快速进给修调开关拨到零位。

③ 整理好刀具及量具。

（9）关闭机床电源

① 关闭 NC 电源。

② 关闭主机电源。

③ 关闭压缩空气。

④ 做好交接班记录。

项 目 作 业

1. 说明箱体零件图样的工艺性分析内容。
2. 试述箱体零件定位基准的选择方法。
3. 加工中心加工对象有哪些？
4. 试述箱体零件粗基准选择原则。
5. 试述数控加工中心工序与普通工序的衔接。
6. 如何确定箱体零件加工余量？
7. 加工中心工艺设计时，通常考虑哪几个方面？
8. 在加工中心上加工箱体零件时，零件的装夹方法和设计夹具的要点是什么？

9. 图 9.40 为涡轮箱体零件图,材料为 HT150,毛坯为铸造件,未注倒角为 $C2 \times 45°$,未注圆角为 $R2.5 \sim R5.0$ mm。试对该零件进行工艺分析及设计,确定合理加工方案。

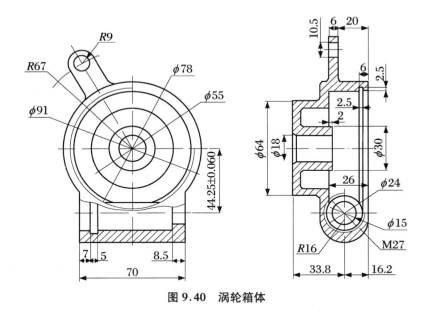

图 9.40　涡轮箱体

学习情境 3
机械装配工艺规程编制

项目 10 减速器装配工艺规程编制

分析图 10.1 单级圆柱齿轮减速器的装配工艺,完成任务要求。

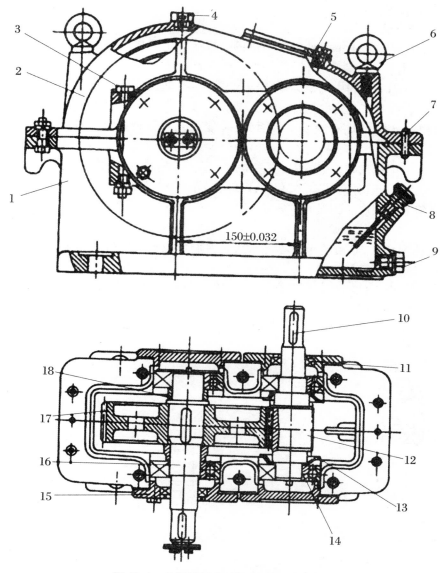

图 10.1 单级圆柱齿轮减速器装配简图

1. 箱座; 2. 箱盖; 3. 上下箱连接螺栓; 4. 通气器; 5. 检查孔盖板; 6. 吊环螺钉; 7. 定位销; 8. 油标尺; 9. 放油螺塞; 10. 平键; 11. 油封; 12. 输入轴; 13. 挡油盘; 14. 轴承; 15. 轴承端盖; 16. 输出轴; 17. 齿轮; 18. 轴套

任务 10.1　绘制装配工艺系统图

10.1.1　构思

1. 机器的装配

（1）装配及装配单元

任何机器都是由若干个零件装配而成的。按照规定的技术要求,将若干个零件组合成组件、部件或将若干个零件和组件、部件组成产品的过程,称为装配。

装配是机器制造过程中的最终环节,若装配不当,即使加工质量全部合格的零件,也不一定能装配出合格的产品;而零件的加工质量不十分良好,如果在装配中采取合适的工艺措施,也可能使产品达到规定的要求。因此,装配工艺对保证机器的质量起到十分重要的作用。

为了保证装配质量和装配效率,往往根据产品的结构特点,将机器分解为几种可以单独进行装配的装配单元,分别是零件、套件、组件、部件。

零件是组成机械产品的最基本的单元,零件一般装配成套件、组件或部件后再装配到机器上。

套件也称为合件,是由若干个零件永久连接而成或连接后再经加工而成的,如图 10.2 所示的双联齿轮。

组件是若干个零件和套件的组合。如图 10.3 所示的机床主轴箱中的主轴,即为轴与其上的齿轮、套等零件的组合体。

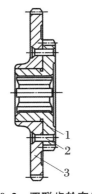

图 10.2　双联齿轮套件
1. 齿轮；　2. 铆钉；　3. 齿轮

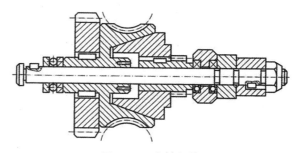

图 10.3　主轴组件

部件则是若干个零件、套件、组件的组合,并在机器中具有一定的、完整的功用。如机床中的主轴箱。

（2）装配工作的内容

装配不是将合格零件简单地连接起来,而是要通过一系列的工艺措施,才能最终达到产品质量要求。基本的装配工作内容有以下几项：

① 清洗。清洗的目的是去除零、部件表面或内部的油污和机械杂质。常见的基本清洗方法有擦洗、浸洗、喷洗和超声波清洗等。常用的清洗液类型有煤油、汽油、碱液及各种化学清洗液等。清洗工作对保证和提高机器的装配质量、延长产品的使用寿命具有重要的意义。

② 连接。装配过程中有大量的连接工作。连接方式一般分为可拆卸连接和不可拆卸连接两种。可拆卸连接是指在拆卸相互连接的零、部件时不会损坏任何零件，拆卸后还可以重新连接。常见的可拆卸连接有螺纹连接、键连接及销钉连接等。不可拆卸连接是指被连接零、部件在使用过程中是不可拆卸的，如果拆卸往往会损坏某些零件。常见的不可拆卸连接有焊接、铆接和过盈连接等。

③ 校正、调整和配作。

（a）校正是指相关零、部件之间相互位置的找正、找平和调整工作，一般用在大型机械的基体件的装配和总装配中。

（b）调整是指相关零、部件之间相互位置的调节工作。调整可以配合校正工作保证零、部件的相互位置精度，还可以调节运动副内的间隙，保证运动精度。

（c）配作包括配钻、配铰、配刮和配磨等，是装配过程中附加的一些钳工和机械加工工作。配刮多用于运动副配合表面的精加工。配钻和配铰多用于固定连接。只有在经过认真地校正、调整，确保有关零、部件的准确位置关系之后，才能进行配作。

④ 平衡。对于转速较高、运转平稳要求较高的机器，需要对其中的回转零、部件进行平衡试验，以防使用过程中出现振动问题。平衡方法可以分为静平衡法和动平衡法。可以采用加配质量、去除质量、改变平衡块的位置和数量的方法校正不平衡问题。

⑤ 验收试验。产品总装完毕后，应根据有关的技术标准和规定，对产品进行全面的检验和试验。检验和试验合格后方可出厂。

2．装配单元系统图及装配工艺系统图

（1）装配单元系统图

简称装配系统图，是表明产品零、部件间相互装配关系及装配流程的示意图。在装配单元系统图上，长方格表示一个装配单元，长方格上标明了装配单元的名称、编号及数量。图 10.4 为产品和部件的装配系统图。

装配单元系统图的画法是：首先画一条横线，横线的右端箭头指向表示装配单元的长方格，横线左端连接表示基准件的长方格。然后按照装配的顺序，从左向右依次画上表示零件、套件、组件和部件的长方格。一般把表示零件的长方格画在横线上方，把表示套件、组件和部件的长方格画在横线下方。

（2）装配工艺系统图

在装配单元系统图上加注必要的工艺说明，如焊接、配钻、配刮、冷压、热压和检验等，就形成装配工艺系统图。装配工艺系统图主要用于大批大量生产中，以便指导组织平行流水装配，分析装配工艺问题，在单件小批生产中应用较少。

3．装配精度

装配精度是装配工艺的质量指标，可根据机器的工作性能来确定。它是制定装配工艺规程的主要依据，也是选择合理的装配方法和确定零件加工精度的依据。

（1）装配精度的内容

机械产品的装配精度主要包括以下几个方面：

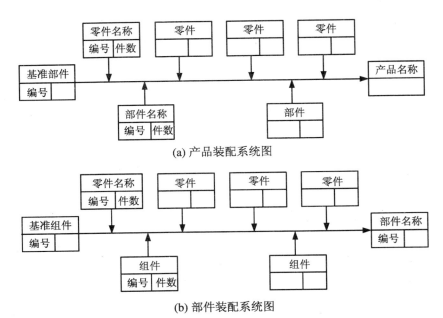

(a) 产品装配系统图

(b) 部件装配系统图

图 10.4　装配单元系统图

① 相互位置精度。相互位置精度是指产品中相关零部件间的距离精度和位置精度。如机床主轴箱装配时,相关轴间中心距尺寸精度和同轴度、平行度、垂直度等。

② 相对运动精度。相对运动精度是指产品中有相对运动的零部件之间在运动方向和相对运动速度上的精度。运动方向的精度一般表现为部件间相对运动的直线度、平行度和垂直度等。如机床溜板箱在导轨上的移动精度;溜板箱移动轨迹对主轴中心线的平行度。相对运动速度的精度即为传功精度,如滚齿机滚刀主轴与工作台的相对运动精度,它将直接影响滚齿机的加工精度。

③ 相互配合精度。相互配合精度包括配合表面间的配合质量和接触质量。配合质量是指零件配合表面之间达到规定的配合间隙或过盈的程度,它影响配合的性质。接触质量是指两配合面或连接表面间达到规定的接触面积的大小和接触点分布的情况,它影响接触刚度,也影响配合质量。

由此看出,各种装配精度间存在着一定的关系,相互位置精度是相对运动精度的基础,而相互配合精度是相互位置精度的基础。

(2) 装配精度与零件精度的关系

任何机器都是由零件装配而成的,所以,零件的精度特别是关键零件的精度直接影响机器的装配精度。

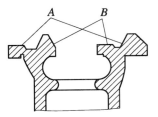

图 10.5　床身导轨简图

A. 溜板移动导轨;　*B*. 尾座移动导轨

例如,在卧式车床装配中,尾座移动对溜板移动的平行度要求,主要依靠床身上导轨 *A* 与导轨 *B* 间的平行度来保证,如图 10.5 所示。这种由一个零件的精度来保证某项装配精度的情况,称为"单件自保"。

在许多时候,装配精度均与相关的零件或部件的加工累积误差有关。例如,卧式车床主轴锥孔中心线和尾座套筒锥孔中心线对床身导轨的等高度要求。这项精度与床身、主轴箱、尾座、底板等零部件的加工精度均有关。如图 10.6 所示。

　　但是装配精度并不完全取决于零件的精度,例如图 10.6 中车床的等高性要求很高,如果靠提高 A_1、A_2、A_3 的尺寸精度来保证装配精度是不经济的,甚至在技术上也是很困难的。在实际生产中,一般是通过对尾座底板的修配来保证装配精度的。

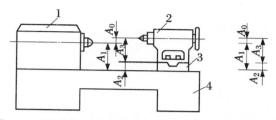

图 10.6　影响车床等高性的相关零件装配及尺寸链简图

1. 主轴箱；　2. 尾座；　3. 尾座底板；　4. 床身

　　由以上实例可知,零件精度是保证装配精度的基础,而装配精度不但取决于零件的精度,也取决于装配方法。

10.1.2　设计

（1）图 10.7 为卧式车床床身装配简图,绘制其床身部件装配工艺系统图,如图 10.8 所示。

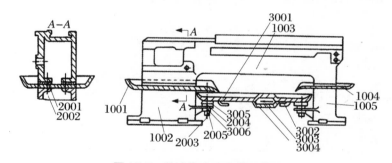

图 10.7　卧式车床床身装配简图

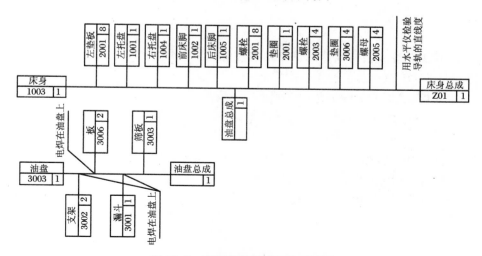

图 10.8　床身部件装配工艺系统图

（2）绘制图 10.1 所示减速器输出轴组件的装配工艺系统图。

10.1.3　实施

1. 组织方式

独立完成或成立小组讨论完成。

2. 实施主要步骤

（1）明确任务，知识准备；

（2）装配结构分析；

（3）划分装配单元；

（4）绘制装配工艺系统图。

10.1.4　运作

评价见表 10.1。

表 10.1　任务评价参考表

项目		任务		姓名		完成时间		总分	
序号	评价内容及要求		评价标准	配分	自评(20%)	互评(20%)	师评(60%)		得分
1	识图能力			10					
2	装配概念理解			10					
3	装配单元划分			20					
4	装配工艺系统图绘制			40					
5	学习与实施的积极性			10					
6	交流协作情况			10					

10.1.5　知识拓展

装配结构工艺性是指所设计的机器结构装配的可行性和经济性。装配结构工艺性好，有利于装配时操作方便，提高装配生产率。

对一般装配，良好的装配工艺性应满足以下要求：

① 机械结构能划分为几个独立的装配单元；

② 有良好的装配基准件和基准面、导向面；

③ 有合适的调整方法，尽量减少装配过程中的修配工作量；

④ 有足够的操作空间，便于装配及拆卸。

装配结构工艺性的一般示例见表 10.2。

表 10.2　装配结构工艺性一般示例

示　例	不合理结构	合理结构	说　明
划分装配单元			同一零件同时装入两个部件,装配不方便。可将该零件分为两段,中间用联轴器连接,两边各自成为单独的装配单元
往复运动的定位基准面			用螺纹连接时难以保证气缸盖内孔与缸体内孔的同轴度,活塞运动时活塞杆易偏移。可改用圈柱体作为定位基准面
使用调整补偿环			无调整环节时难以调整齿轮的轴向位置,装配工作复杂。可设置调整垫片,调整时通过改变垫片厚度保证啮合精度
锥齿轮轴向定位结构			用修配轴肩方式调整啮合间隙时,修配工作量大。可用削面圆销进行轴向定位,调整间隙时只需修配圆销,减少装配现场的加工和修配
车床尾座的导轨			接触面长度过长时,装配中刮削工作量大。可在接触刚度允许的范围内,减少接触面长度,减少装配现场的加工和修配
保证装拆空间			箱体螺孔上方应留出足够的空间,供螺钉进入及操作工具时有必要的操作空间

续表

示　例	不合理结构	合理结构	说　明
箱体的结构			整体式箱体内部的零件不便装配。对较大型、内部零件较多尤其是装配时需要进行调整的箱体,应采用剖分式结构,避免在箱体内安装
组件一次装入箱体			轴上齿轮直径大于箱体轴承孔直径时,轴上零件需在箱体内装配。当结构允许时,可设计轴上齿轮小于轴承孔直径,轴上零件组装后,一次装入箱体,避免在箱体内安装
齿轮传动轴			两个表面同时接触配合表面,造成装配困难。应改为先后进入装配,使 $L_1 > L_2$,避免不同表面同时进入装配
轴颈结构			安装轴承的轴颈太长,造成轴承装配困难。应设计为阶梯形轴,便于轴承的安装、拆卸,避免擦伤轴的表面
轴承座结构			无工艺螺孔时轴承拆卸困难。为了方便拆卸,可在箱体上与轴承外圈相应的部位设 3～4 个螺孔,拆卸时用螺钉将轴承顶出
孔肩的结构			轴肩或机壳挡肩的高度超过轴承座圈厚度,拆卸轴承时将难以施加轴向推力。若技术上需要保持较高的挡肩高度,为便于拆卸,可设计供拆卸工具用的专用槽

任务 10.2　分析减速器的装配尺寸链

10.2.1　构思

要保证产品的装配精度,必须了解各组成零件之间内在的尺寸联系,通过装配尺寸链,可以定量分析各尺寸间的内在联系,以确定为达到装配精度各零件的尺寸和精度。

1. 装配尺寸链的建立

（1）装配尺寸链的基本概念

装配尺寸链是产品或部件在装配过程中,由相关零件的有关尺寸（表面或轴线间距离）或相互位置关系（平行度、垂直度或同轴度等）所组成的尺寸链。如同工艺尺寸链一样,装配尺寸链也由封闭环和组成环构成,组成环也分为增环和减环。

装配尺寸链的封闭环一般是指要保证的装配精度或技术要求,在装配关系中,对装配精度有直接影响的零、部件的尺寸和位置关系,都是装配尺寸链的组成环。

（2）装配尺寸链的查找方法

查找装配尺寸链是正确分析计算装配尺寸链的基础。

查找装配尺寸链的方法是:首先根据装配精度要求确定封闭环,然后从封闭环两边的零件或部件开始,沿着装配精度要求的方向,以相邻零件装配基准间的联系为线索,分别由近及远地去查找装配关系中影响装配精度的有关零件,直至找到同一基准零件的同一基准表面为止,这些有关尺寸或位置关系,即为装配尺寸链中的组成环。然后画出尺寸链图,判别组成环的性质。

图 10.9 为查找卧式车床等高性的装配尺寸链的示意图,图中表达主轴与尾座的轴心线对溜板移动等高性要求的尺寸 A_0 是封闭环,尺寸 A_1、A_2、A_3 为组成环。

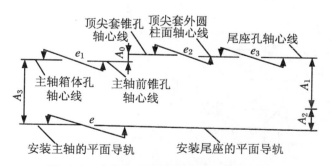

图 10.9　查找车床等高性装配尺寸链示意图

（3）建立装配尺寸链的几点要求

① 按一定层次分别建立产品与部件的装配尺寸链;

② 在保证装配精度的前提下,装配尺寸链组成环可适当简化;

③ 确定相关零件的相关尺寸应采用"尺寸链环数最少"原则（亦称最短路线原则）;

④ 当同一装配结构在不同位置方向有装配精度要求时,应按不同方向分别建立装配尺寸链。

2. 装配尺寸链的计算

(1) 极值法

极值法是在各组成环误差处于极端情况下确定封闭环与组成环关系的一种方法。极值法主要适用于组成环的环数较少或者组成环的环数较多但封闭环的公差较大的场合。

在极值法中,各有关零件的公差之和小于或等于装配公差,即

$$\sum_{i=1}^{n-i} T_i \leqslant T_0 \tag{10.1}$$

式中:T_0——封闭环公差;

　　　T_i——组成环公差;

　　　n——尺寸链总环数。

当遇到反计算形式时,一般先按"等公差"原则求出各组成环的平均公差,即

$$T_m = \frac{T_0}{n-1} \tag{10.2}$$

然后根据生产经验,考虑到各组成环尺寸的大小和加工难易程度进行适当调整。对尺寸大和加工困难的组成环应给出较大公差,对尺寸小和加工容易的组成环给出较小公差。如果组成环是标准件,其尺寸公差不变;对于组成环是几个尺寸链中的公共环时,其公差值应按要求最严的尺寸链确定。

确定好各组成环的公差后,按"入体原则"确定极限偏差。但是,当各组成环都按"入体原则"确定极限偏差时,就不能满足式(10.1)对封闭环公差的要求。因此,通常选一个组成环作为"协调环",协调环的极限偏差是通过计算得到的。一般情况下,协调环通常选易于制造并可用通用量具测量的尺寸,不能选择标准件或公共组成环作为协调环。

以下为利用极值法求解各组成环的公差及偏差的例子。已知双联转子泵的轴向装配关系如图 10.10(a)所示,$A_1 = 41$ mm,$A_2 = A_4 = 17$ mm,$A_3 = 7$ mm,要求保证轴向装配间隙为 0.05~0.15 mm。求各组成环的公差及偏差。

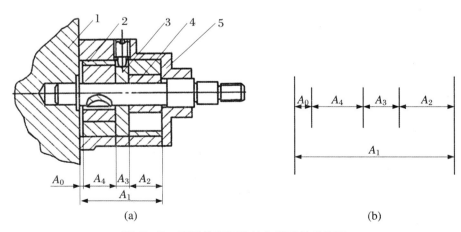

(a)　　　　　　　　　　　　　　　　(b)

图 10.10　双联转子泵的轴向装配关系简图
1. 机体;　2. 外转子;　3. 隔板;　4. 内转子;　5. 壳体

求解步骤为：

① 分析装配关系和建立装配尺寸链。

如图 10.10(a)所示，通过 5 个零件的装配，保证轴向装配间隙为 0.05～0.15 mm，由此确定间隙值为封闭环 A_0，各组成环为 A_1、A_2、A_3、A_4。画出装配尺寸链图 10.10(b)，增环为 A_1，减环是 A_2、A_3、A_4。即

$$A_0 = 0^{+0.15}_{+0.05}, \quad 其公差 \quad T_0 = 0.15 - 0.05 = 0.1\,(\text{mm})$$

验算封闭环基本尺寸：

$$A_0 = A_1 - (A_2 + A_3 + A_4) = 41 - (17 + 7 + 17) = 0\,(\text{mm})$$

② 确定各组成环的公差。

先计算出各组成环的平均公差 $T_M = \dfrac{T_0}{n-1} = \dfrac{0.1}{5-1} = 0.025\,(\text{mm})$。分析各零件加工工艺可知：隔板尺寸 A_3 在平面磨床上磨削，可达到较高的加工精度，其公差可以给小些。再考虑其他组成环车削加工所能达到的加工精度，调整各组成环的公差为

$$T_1 = 0.049\,\text{mm}, \quad T_2 = T_4 = 0.018\,\text{mm}$$

则

$$T_3 = T_0 - (T_1 + T_2 + T_4) = 0.1 - (0.049 + 0.018 + 0.018) = 0.015\,(\text{mm})$$

磨削工艺可保证此精度要求。

③ 计算尺寸 A_3 的偏差。

根据"入体原则"确定有关组成环的偏差为

$$A_2 = A_4 = 17^{0}_{-0.018}\,\text{mm}, \quad A_1 = 41^{+0.049}_{0}\,\text{mm}$$

根据尺寸链的原理则可计算出尺寸 A_3 的偏差。

由学习情境 1 公式(1.4)知

$$ES_0 = ES_1 - EI_2 - EI_3 - EI_4$$

得出

$$EI_3 = (+0.049) - (-0.018) - (-0.018) - (+0.15) = -0.065\,(\text{mm})$$

由学习情境 1 公式(1.5)知

$$EI_0 = EI_1 - ES_2 - ES_3 - ES_4$$

得出

$$ES_3 = 0 - 0 - 0 - (+0.05) = -0.05\,(\text{mm})$$

最后得

$$A_3 = 7^{-0.05}_{-0.065}\,(\text{mm})$$

(2) 概率法

概率法是指在大批大量生产中，组成环尺寸按概率原理分布，处于极端情况下的可能性很小，从而可用概率论理论来确定封闭环和组成环关系的一种方法。在成批大量生产中，当装配精度要求高，而且组成环的数目又较多时，应用概率法解算装配尺寸链比较合理。

在概率法中，装配尺寸链中封闭环公差和各组成环公差应满足以下关系：

$$\sqrt{\sum_{i=1}^{n-1} T_i^2} \leqslant T_0 \qquad\qquad (10.3)$$

式中：T_0——封闭环公差；

T_i——组成环公差；

n——尺寸链总环数。

反计算时,可按"等公差法"求出各组成环的平均公差:

$$T_{\mathrm{m}} = \frac{T_0}{\sqrt{n-1}} \tag{10.4}$$

然后根据生产经验,考虑到尺寸的大小和加工难易程度适当调整各组成环尺寸公差。之后按"入体原则"确定各组成环尺寸极限偏差。具体方法同极值法。

概率法比极值法更为合理,但概率法计算较为复杂,因而其应用受到一定的限制。

下面利用概率法求解图 10.11 所示齿轮装配中各组成环的公差及偏差。已知标准件 $A_4 = 3_{-0.05}^{0}$,其他零件的基本尺寸:$A_1 = 30$ mm,$A_2 = 5$ mm,$A_3 = 43$ mm,$A_5 = 5$ mm,装配后齿轮与挡圈间轴向间隙为 0.1~0.35 mm。

求解步骤为:

① 分析装配关系和建立装配尺寸链。

图 10.11(a)为装配关系,要求保证轴向装配间隙为 0.1~0.35 mm,由此确定间隙值为封闭环 A_0,各组成环为 A_1、A_2、A_3、A_4、A_5。画出装配尺寸链图 10.11(b),增环为 A_3,减环是 A_1、A_2、A_4、A_5。即

$$A_0 = 0_{+0.1}^{+0.35}, \quad \text{其公差} \quad T_0 = +0.35 - (+0.1) = 0.25 \, (\text{mm})$$

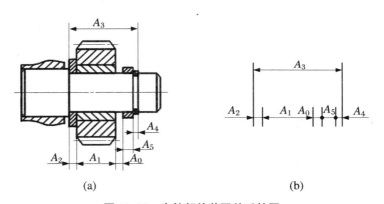

(a)　　　　　　　　　　　　　　　(b)

图 10.11　齿轮部件装配关系简图

验算封闭环基本尺寸:

$$A_0 = A_3 - (A_1 + A_2 + A_4 + A_5) = 43 - (30 + 5 + 3 + 5) = 0 \, (\text{mm})$$

② 确定各组成环公差和偏差。

按等公差法确定组成环的平均公差

$$T_{\mathrm{m}} = \frac{T_0}{\sqrt{n-1}} = \frac{0.25}{\sqrt{5}} \approx 0.11$$

选择轴类零件 A_3 为协调环,考虑到加工难易程度,对其他组成环公差进行适当调整,取 $T_1 = 0.14$ mm,$T_2 = T_5 = 0.08$ mm,$T_4 = 0.05$ mm,按"入体原则"确定各组成环尺寸:

$$A_1 = 30_{-0.14}^{0}, \quad A_2 = 5_{-0.08}^{0}, \quad A_4 = 3_{-0.05}^{0}, \quad A_5 = 5_{-0.08}^{0}$$

各环中间偏差分别为

$$\Delta_0 = +0.225 \, \text{mm}, \quad \Delta_1 = -0.07 \, \text{mm}, \quad \Delta_2 = -0.04 \, \text{mm}$$

$$\Delta_4 = -0.025 \, \text{mm}, \quad \Delta_5 = -0.04 \, \text{mm}$$

③ 计算协调环公差和极限偏差。

根据公式(10.3)，$T_0 = \sqrt{T_1^2 + T_2^2 + T_3^2 + T_4^2 + T_5^2}$，求出 $T_3 = 0.16$ ((mm)。

协调环 A_3 的中间偏差满足：$\Delta_0 = \Delta_3 - (\Delta_1 + \Delta_2 + \Delta_4 + \Delta_5)$，则

$$\Delta_3 = \Delta_0 + (\Delta_1 + \Delta_2 + \Delta_4 + \Delta_5) = +0.225 + (-0.07 - 0.04 - 0.025 - 0.04)$$
$$= +0.05 \, (mm)$$

协调环 A_3 的上、下偏差分别为

$$ES_3 = \Delta_3 + T_3/2 = +0.05 + 0.16/2 = +0.13 \, (mm)$$
$$EI_3 = \Delta_3 - T_3/2 = +0.05 - 0.16/2 = -0.03 \, (mm)$$

得协调环 $A_3 = 43^{+0.13}_{-0.03}$。

由此得各组成环尺寸分别为

$$A_1 = 30^{0}_{-0.14} \, mm, \quad A_2 = 5^{0}_{-0.08} \, mm, \quad A_3 = 43^{+0.13}_{-0.03} \, mm$$

$$A_4 = 3^{0}_{-0.05} \, mm, \quad A_5 = 5^{0}_{-0.08} \, mm$$

10.2.2　设计

(1) 图 10.12(a) 为单级叶片泵装配关系，因为单级叶片泵装配有多个装配精度要求，所以此图中存在着多个装配尺寸链的封闭环。现仅分析下面两项装配精度要求：① 泵的顶盖与泵体端面的间隙 A_0；② 定子与转子端面的轴向间隙 B_0。

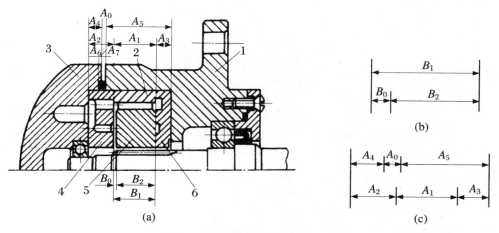

图 10.12　单级叶片泵装配关系
1. 泵体；　2. 定子；　3. 顶盖；　4. 左配油盘；　5. 转子；　6. 右配油盘

【解】　装配精度要求 A_0 和 B_0，都是装配后自然形成的，所以 A_0 和 B_0 都是封闭环。通过分析相关零件装配关系，就可确定装配尺寸链的各组成环。

B_0 是一个三环尺寸链的封闭环。图 10.12(b) 为尺寸链图，图中组成环 B_1 为定子的宽度尺寸，B_2 为转子的宽度尺寸。

接下来再查找以 A_0 为封闭环的装配尺寸链。从 A_0 的右侧开始，第一个零件是基础件泵体，其泵体端面到装配基面的尺寸为 A_5。即泵体孔深度尺寸 A_5 对 A_0 有影响，是组成环。孔内左、右配油盘宽度为 A_2、A_3，定子宽度为 A_1，其中尺寸 A_2 的左端与顶盖的压脚内端面相接触，都对 A_0 有影响，则 A_2、A_1、A_3 是组成环。继续往下找到顶盖内端面到外端面的尺寸 A_4 对 A_0 也有影响，则 A_4 也是组成环。顺次查到 A_0 的左侧，所以由尺寸 A_5、A_3、

A_1、A_2、A_4 和 A_0 组成的封闭图形,就是以 A_0 为封闭环的装配尺寸链,如图 10.12(c)所示。A_2、A_1、A_3 是增环,A_4 和 A_5 是减环。五个零件的五个尺寸组成装配尺寸链的组成环。若尺寸 A_6 和 A_7 代替尺寸 A_4 加入尺寸链中,出现五个零件由六个尺寸组成装配尺寸链的组成环,不符合尺寸链路线最短原则。所以为保证泵的顶盖与泵体端面的间隙 A_0,确定装配尺寸链尺寸为 A_5、A_3、A_1、A_2、A_4 和 A_0。

(2)绘制并计算图 10.1 所示减速器的装配尺寸链。

10.2.3　实施

1．组织方式

独立完成或成立小组讨论完成。

2．实施主要步骤

(1)明确任务,知识准备;

(2)收集减速器的零部件图纸,获得关键尺寸;

(3)查找装配尺寸链,绘制组件、部件装配尺寸链图;

(4)计算装配尺寸链。

10.2.4　运作

评价见表 10.3。

表 10.3　任务评价参考表

项目		任务		姓名		完成时间		总分		
序号	评价内容及要求		评价标准	配分	自评(20%)	互评(20%)	师评(60%)	得分		
1	零部件图纸收集及识图情况			20						
2	组件装配尺寸链图绘制与计算			30						
3	部件装配尺寸链图绘制与计算			30						
4	学习与实施的积极性			10						
5	交流协作情况			10						

10.2.5　知识拓展

1．概率法计算封闭环上下偏差

当各环公差确定后,如能确定各环平均尺寸和中间偏差(平均偏差),就能方便地计算出各环的极限尺寸和偏差。如图 10.13 所示,当各组成环尺寸分布中心与公差带中心重合时,各组成环的平均尺寸为

$$A_{im} = A_i + \Delta_i \tag{10.5}$$

式中:A_{im}——组成环的平均尺寸;

　　　A_i——组成环的基本尺寸;

Δ_i——组成环的中间偏差。

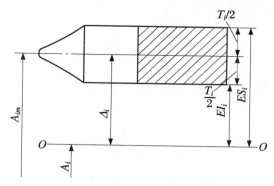

图 10.13　正态分布时尺寸的计算关系

根据概率论原理可知:封闭环的平均尺寸 A_{0m} 与各组成环平均尺寸的关系为

$$A_{0m} = \sum_{i=1}^{m} A_{izm} - \sum_{i=m+1}^{n-1} A_{ijm} \tag{10.6}$$

式中:A_{0m}——封闭环的平均尺寸;

　　　A_{izm}——增环的平均尺寸;

　　　A_{ijm}——减环的平均尺寸。

将式(10.5)代入式(10.6),并化简后可得封闭环的中间偏差为

$$\Delta_0 = \Delta_{iz} - \Delta_{ij} \tag{10.7}$$

式中:Δ_0——封闭环的中间偏差;

　　　Δ_{iz}——增环的中间偏差;

　　　Δ_{ij}——减环的中间偏差。

由此得封闭环的上下偏差,计算公式同学习情境 1 中工艺尺寸链公式(1.8)、式(1.9)。

$$ES_0 = \Delta_0 + T_0/2$$

$$EI_0 = \Delta_0 - T_0/2$$

2. 应用实例

图 10.14 为装配尺寸链,$A_1 = 60^{+0.2}_{0}$ mm,$A_2 = 57^{0}_{-0.2}$ mm,$A_3 = 3^{0}_{-0.1}$ mm,各组成环均呈正态分布,即分布中心与公差带中心重合。求封闭环的尺寸。

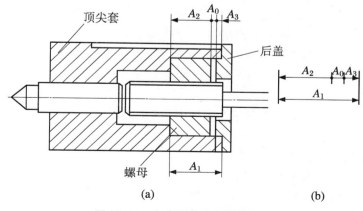

图 10.14　车床尾座顶尖套装配图

【解】 （1）封闭环的基本尺寸：

$$A_0 = A_1 - A_2 - A_3 = 60 - 57 - 3 = 0 \, (\text{mm})$$

（2）封闭环的公差：

$$T_0 = \sqrt{T_1^2 + T_2^2 + T_3^2} = \sqrt{0.2^2 + 0.2^2 + 0.1^2} = 0.3 \, (\text{mm})$$

（3）封闭环的中间偏差：

$$\Delta_0 = \Delta_{iz} - \Delta_{ij} = +0.1 - (-0.1 - 0.05) = +0.25 \, (\text{mm})$$

（4）封闭环的上下偏差：

$$ES_0 = \Delta_0 + T_0/2 = 0.25 + 0.3/2 = +0.4 \, (\text{mm})$$

$$EI_0 = \Delta_0 - T_0/2 = 0.25 - 0.3/2 = +0.1 \, (\text{mm})$$

（5）封闭环尺寸：

$$A_0 = 0_{+0.1}^{+0.4} \, \text{mm}$$

任务 10.3　分析减速器的装配方法

10.3.1　构思

1. 装配方法的分类

根据产品的性能要求、结构特点和生产形式、生产条件等，可采取不同的装配方法。保证产品装配精度的方法分为完全互换装配法和不完全互换装配法两类，而不完全互换装配法又分为选择装配法、修配装配法和调整装配法三种。

（1）完全互换装配法

装配时各组成环不经任何选择、调整和修配，装配后即能达到装配精度要求的装配方法称为完全互换法。其实质是通过控制零件的加工误差来保证产品的装配精度。完全互换装配法的装配尺寸链计算采用极值法。如学习情境 3 中图 10.10 所示的双联转子泵的轴向装配尺寸链，就是采用完全互换装配法解算组成环的公差及其尺寸偏差的。

完全互换装配法的特点是：零件的互换性高，装配生产率高，易于组织流水作业生产线或自动化装配，也有利于组织专业化协作生产及产品的售后服务。但是当装配精度要求较高，而装配尺寸链的环数较多时，零件的加工精度要求也会提高，造成零件制造困难。所以完全互换装配法多用于高精度的少环尺寸链或低精度多环尺寸链的装配中。如汽车、拖拉机、轴承、自行车等产品的生产采用了完全互换装配法。

（2）选择装配法

选择装配法是将装配尺寸链中各组成环的公差放大到经济可行的程度去制造，然后选择合适零件装配在一起来保证装配精度的方法。此法既扩大了零件的公差，使加工容易，又能达到很高的装配精度要求。选择装配法包括直接选配法、分组选配法和复合选配法三种。

① 直接选配法。直接选配法就是由工人凭经验从待装配的零件中挑选出合适的零件来装配。一个不合适再换另一个，直到满足装配技术要求为止。例如，在柴油机活塞组件装配时，凭经验直接挑选易于嵌入环槽的合适尺寸的活塞环，以避免机器运转时活塞环在环槽

内卡住的现象发生。

　　② 分组装配法。分组装配法是将装配尺寸链中的各组成环零件公差放大一定的数倍，使其尺寸能按经济精度加工，然后对零件进行测量，并按实际尺寸分组，装配时按照对应组别的零件装配在一起来保证装配精度的方法。由于同组内零件可以互换，所以此种方法又称为分组互换法。

　　例如柴油机的活塞销与活塞销孔就采用了分组装配法。图 10.15 为活塞销与活塞销孔的装配关系，图纸标注活塞销直径 $d = \phi 28_{-0.0025}^{0}$，活塞销孔直径 $D = \phi 28_{-0.0075}^{-0.0050}$，根据装配要求，活塞销与活塞销孔在冷态装配时应有 0.002 5～0.007 5 mm 的过盈量，即配合公差仅为 0.005 mm。如果它们采用完全互换装配法进行装配，按"各组成环的公差相等"的原则分配零件公差时，活塞销与活塞销孔仅各有 0.002 5 mm 的公差，造成活塞销与活塞销孔加工困难。在实际生产中，将上述零件的公差放大 4 倍，使它们分别按照 0.01 的经济加工精度制造，然后用精密量具进行测量，并按零件的实际尺寸分成 4 组，将同组的活塞销与活塞销孔进行装配，达到装配精度要求。零件尺寸分组见表 10.4。

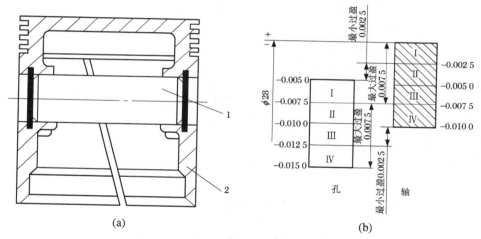

图 10.15　活塞销与活塞销孔的装配关系
1. 活塞销；　2. 活塞

表 10.4　活塞销与活塞销孔尺寸的分组

组别	活塞销直径	活塞销孔直径	配 合 情 况	
			最小过盈	最大过盈
1	$d = \phi 28_{-0.002\,5}^{0}$	$D = \phi 28_{-0.007\,5}^{-0.005\,0}$	0.002 5	0.007 5
2	$d = \phi 28_{-0.005\,0}^{-0.002\,5}$	$D = \phi 28_{-0.010\,0}^{-0.007\,5}$	0.002 5	0.007 5
3	$d = \phi 28_{-0.007\,5}^{-0.005\,0}$	$D = \phi 28_{-0.012\,5}^{-0.010\,0}$	0.002 5	0.007 5
4	$d = \phi 28_{-0.010\,0}^{-0.007\,5}$	$D = \phi 28_{-0.015\,0}^{-0.012\,5}$	0.002 5	0.007 5

　　采用分组装配时，应注意以下几点：

　　（a）为保证分组后各组的配合性质符合原设计要求，配合件的公差应按等公差原则分配，公差应同向增大，公差增大的倍数应等于分组数。

　　（b）零件的分组数不宜太多（一般 3～4 组），尺寸公差只要放大到经济加工精度即可。

（c）分组后各组内相配合零件的数量要尽量相等，形成配套。

（d）分组后配合件的表面粗糙度值、形状精度和位置精度不能随尺寸公差的放大而放大。

分组装配法降低装配件的加工精度要求而不降低装配精度，但分组装配法增加了测量、分组和配套工作。当组成环数较多时，生产组织工作将变得复杂。分组装配法适用于大量、成批生产中配合精度要求很高、尺寸链组成环数很少的装配尺寸链中。如精密机床中精密件的装配和滚动轴承的装配等。

③ 复合选配法。该方法是上述两种方法的组合。零件先按分组装配法加工、测量和分组，装配时再在各对应组内凭工人的经验直接选配。这种装配方法的优点是配合公差可以不等，装配效率高，能满足一定生产节拍要求。在发动机汽缸和活塞的装配中，多采用这种方法。

（3）修配装配法

修配装配法就是将装配尺寸链中各组成环按经济精度加工，装配时通过修配某一组成环，使封闭环达到装配精度要求的装配方法。被修配的组成环称为修配环或补偿环。

① 修配法的分类。

（a）单件修配法。这种方法是在多环尺寸链中，选定某一固定的零件作为修配环，装配时进行修配以达到装配精度。此法在生产中应用广泛。如车床主轴箱与尾座的装配中，以尾座底板为修配件来保证尾座中心线与主轴中心线的等高性要求。

（b）合并加工修配法。这种方法是将两个或多个零件合并在一起当作一个修配环进行修配加工。合并加工的尺寸可看作一个组成环，这样可减少尺寸链的环数，有利于减少修配量。合并加工修配法需将零件合并后再加工和装配，给组织装配工作带来一些不便，故多用于单件小批生产中。

（c）自身加工修配法。在总装时，通过自己加工自己来保证装配精度的方法称为自身加工修配法。此法可获得较高的位置精度，在成批生产的机床制造业中应用广泛。如牛头刨床总装时，用自刨工作台面来达到滑枕运动方向对工作台面的平行度要求。

采用修配装配法，关键在于正确选择修配环和确定其公差及极限偏差。

② 修配环的选择。选择修配环时应满足以下要求：

（a）保证便于拆装、易于修配。一般选形状比较简单、修配面较小的零件。

（b）不应选择经过热处理的表面，以免破坏表面处理层。

（c）避免选择公共环的零件，因为公共环同时属于几个尺寸链，若选择其为修配环，有可能出现保证了一个尺寸链的精度要求，同时又破坏了另一个尺寸链精度要求的情况。

③ 修配环尺寸的确定。

确定修配环尺寸的原则是：保证装配时的修配量足够且最小。修配环的修配量或补偿量计算公式为

$$F_{\max} = T_0 - T_0' = \sum_{i=1}^{n-1} T_i - \sum_{i=1}^{n-1} T_i'$$

式中：$F_{\max}$——最大修配量或补偿量；

　　　T_0——修配后的封闭环公差；

　　　T_0'——修配前的封闭环公差；

　　　T_i——修配后的组成环公差；

T'_i——修配前的组成环公差；

n——装配链环数。

修配装配法尺寸链的计算有两种方法，根据修配环被修配时对封闭环的影响情况是"越修越大"还是"越修越小"来选用其中一种方法计算修配环尺寸。

(a)"越修越大"情况，即修配环被修配后，使封闭环尺寸变大。为保证修配量足够且最小，计算时满足修配前后封闭环的最大极限尺寸相等，也就是修配前后封闭环的上偏差相等的条件，即 $A_{0max} = A'_{0max}$，$ES_0 = ES'_0$。

如概率法求解装配尺寸链的图 10.11 所示，齿轮装配的已知条件不变，现用修配法装配，试确定各组成环的公差和偏差。

修配法求解步骤如下：

ⅰ. 建立装配尺寸链并选择修配环。

建立的装配尺寸链如图 10.11(b)所示。由于 A_5 为垫圈，装拆和修配容易且不是公共环，所以选择 A_5 为修配环。由于 A_5 修配后，封闭环尺寸变大，所以属于"越修越大"情况。

ⅱ. 确定各组成环公差和极限偏差。

根据经济加工精度分配各组成环公差，可使各组成环公差约为 IT11，设定为：
$$T_1 = T_3 = 0.20\,\text{mm}, \quad T_2 = T_5 = 0.10\,\text{mm}, \quad T_4 = 0.05\,\text{mm}$$
按"入体原则"确定组成环尺寸为
$$A_1 = 30^{\ 0}_{-0.20}\,\text{mm}, \quad A_2 = 5^{\ 0}_{-0.10}\,\text{mm}, \quad A_3 = 43^{+0.20}_{\ 0}\,\text{mm}, \quad A_4 = 3^{\ 0}_{-0.05}\,\text{mm}$$

ⅲ. 计算修配环的极限偏差。根据极值法的中间偏差公式求出 $A_5 = 5^{+0.10}_{\ 0}\,\text{mm}$。

ⅳ. 计算修配环的最大补偿量：
$$F_{max} = T_0 - T'_0 = \sum_{i=1}^{5} T_i - T'_0 = (0.20 + 0.10 + 0.20 + 0.05 + 0.10) - 0.25$$
$$= 0.40\,(\text{mm})$$

ⅴ. 验算装配后封闭环的极限偏差：
$$ES_0 = \Delta_0 + T_0/2 = +0.55\,(\text{mm}), \quad EI_0 = \Delta_0 - T_0/2 = -0.1\,(\text{mm})$$

由于装配尺寸链的精度要求为 $ES'_0 = +0.35\,\text{mm}$，$EI'_0 = +0.10\,\text{mm}$，根据计算结果可以看出，装配后的封闭环公差超过了装配精度要求，因此，必须调整修配环的尺寸，才能保证装配精度要求。

ⅵ. 确定修配环 A_5 的尺寸。

由于属于"越修越大"的情况，应满足 $A_{0max} = A'_{0max}$，即 $ES_0 = ES'_0 = +0.35\,\text{mm}$，当修配环尺寸为 $A_5 = 5^{+0.10}_{\ 0}\,\text{mm}$ 时，装配后的封闭环 $ES_0 = +0.55\,\text{mm}$。只有当 A_5 增大后，封闭环才能减小，因此将修配环 A_5 的尺寸增加 0.20 mm，则封闭环会相应减小 0.20 mm，从而保证了装配精度要求。

所以，修配环的最终尺寸为
$$A_5 = (5 + 0.20)^{+0.10}_{\ 0} = 5.20^{+0.10}_{\ 0}\,(\text{mm})$$

(b)"越修越小"情况，即修配环被修配后，使封闭环尺寸变小。为保证修配量足够且最小，计算时满足修配前后封闭环的最小极限尺寸相等，也就是修配前后封闭环的下偏差相等的条件，即 $A_{0min} = A'_{0min}$，$EI_0 = EI'_0$。

如学习情境 3 中图 10.6 所示，卧式车床装配时要求尾座中心线比主轴中心线高 0～0.06 mm，已知 $A_1 = 202\,\text{mm}$，$A_2 = 46\,\text{mm}$，$A_3 = 156\,\text{mm}$，现采用修配法装配，试确定各组成环的公差和偏差。

修配法求解步骤如下：

ⅰ. 建立装配尺寸链并选择修配环。

建立的装配尺寸链如图 10.6(b) 所示。由于 A_2 为尾座底板，装拆和修配容易且不是公共环，所以选择 A_2 为修配环。由于 A_2 修配后封闭环尺寸变小，所以属于"越修越小"情况。

ⅱ. 确定各组成环公差和极限偏差。

根据经济加工精度分配各组成环公差：$T_1 = T_3 = 0.10 \text{ mm}$，$T_2 = 0.15 \text{ mm}$，由于 A_1、A_3 都是表示孔位置的尺寸，选择公差为对称分布，确定尺寸：

$$A_1 = 202 \pm 0.05 \text{ mm}, \quad A_3 = 156 \pm 0.05 \text{ mm}$$

ⅲ. 计算修配环的极限偏差。根据极值法的中间偏差公式求出 $A_2 = 46^{+0.105}_{-0.045} \text{mm}$。

ⅳ. 计算修配环的最大补偿量：

$$F_{\max} = T_0 - T'_0 = \sum_{i=1}^{3} T_i - T'_0 = (0.10 + 0.15 + 0.10) - 0.06 = 0.29 \text{ (mm)}$$

ⅴ. 验算装配后封闭环的极限偏差。

$$ES_0 = \Delta_0 + T_0/2 = +0.205 \text{ (mm)}, \quad EI_0 = \Delta_0 - T_0/2 = -0.145 \text{ (mm)}$$

由于装配尺寸链的精度要求为 $ES'_0 = +0.06 \text{ mm}$，$EI'_0 = 0$，根据计算结果可以看出，装配后的封闭环公差超过了装配精度要求，因此，必须调整修配环的尺寸，才能保证装配精度要求。

ⅵ. 确定修配环 A_2 的尺寸。

由于属于"越修越小"的情况，应满足：$A_{0\min} = A'_{0\min}$，即 $EI_0 = EI'_0 = 0$，当修配环尺寸为 $A_2 = 46^{+0.105}_{-0.045} \text{mm}$ 时，装配后的封闭环 $EI_0 = -0.145 \text{ mm}$。当 A_2 增大后，封闭环才能增大，因此将修配环 A_2 的尺寸增加 0.145 mm，则封闭环会相应增加 0.145 mm，即 $EI_0 = -0.145 + 0.145 = 0$，保证了装配精度要求。所以，确定修配环的尺寸为

$$A_2 = (46 + 0.145)^{+0.105}_{-0.045} = 46^{+0.25}_{+0.10} \text{ (mm)}$$

由于卧式车床装配的工艺要求：底板的底面在总装时须留有一定的修刮量。而此时修配环的尺寸是按 $A_{0\min} = A'_{0\min}$ 计算出来的，最大修配量为 0.29 mm，符合总装要求，但最小修配量为 0，不符合总装要求。再从底板修刮工艺考虑，最小修配量可留 0.1 mm，因此确定修配环的最终尺寸为

$$A_2 = (46 + 0.1)^{+0.25}_{+0.10} = 46^{+0.35}_{+0.20} \text{ (mm)}$$

修配装配法使各组成环零件均按经济精度制造，并能达到较高的装配精度要求。但装配时需对修配件进行修配，增大了装配劳动量，降低了生产率，且对装配工人技术水平要求高。所以修配装配法主要用于单件小批生产和中批生产中装配精度要求较高的场合。

(4) 调整装配法

对于装配精度要求较高的多环尺寸链，若用完全互换法，则组成环公差较小，加工困难。若用分组互换法，由于环数多，零件分组工作相当复杂。在这种情况下，除了选用修配装配法之外，还可以采用调整装配法。

所谓调整装配法，就是在装配时用改变产品中可调整零件的相对位置或选用合适的调整件以达到装配精度的方法。调整装配法的实质就是放大组成环的公差，使各组成环按经济加工精度制造。由于每个组成环的公差都较大，其装配精度必然超差。为了保证装配精

度,可改变其中一个组成环的位置或尺寸来补偿这种影响。这个组成环称为调整环,或称为补偿环,该零件称为调整件或补偿件。调整法通常采用极值法计算。

调整装配法与修配装配法的区别是调整法不是靠去除补偿环上的金属层材料,而是靠改变补偿件的位置或更换补偿件的方法来保证装配精度。常见的方法有以下三种。

① 固定调整法。在装配尺寸链中,选择一组成环零件为调整件,该件按一定尺寸分级制造,装配时根据实测累积误差选定合适尺寸的调整件来保证装配精度,这种方法称为固定调整法。通常使用的调整件有垫圈、垫片、轴套等零件。

如图 10.16 所示,在装配锥齿轮时需要保证其啮合间隙。若采用完全互换装配法,对零件的加工精度要求很高,而采用修配装配法,在拆装和修配方面存在困难,所以一般采用调整装配法,通过选择两个合适厚度的调整垫圈来保证齿轮的啮合间隙要求。

固定调整装配法多用于大批大量生产中。在产量大、装配精度要求高的生产中,固定调整件可以采用多件组合的方式,如预先将调整垫做成不同的厚度,然后再制作一些更薄的金属片,装配时根据尺寸组合原理,把不同厚度的垫片组成各种不同尺寸,以满足装配精度要求。这种调整方法比较简便,广泛应用于汽车、拖拉机生产中。

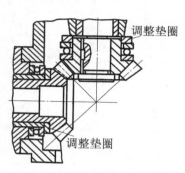

图 10.16　锥齿轮啮合间隙的调整

② 可动调整法。通过改变调整件的相对位置来保证装配精度的方法称为可动调整法。在机械产品的装配中,调整零件的方法很多,如图 10.17(a)所示,通过调整套筒的轴向位置来保证齿轮的轴向间隙;如图 10.17(b)所示,机床横刀架装配中,采用调整螺钉使楔块上下移动来调整丝杠和螺母的轴向间隙。

可动调整法虽然增加了一定的零件数目而且要求较高的调整技术,但它装配方便,可以获得较高的装配精度,另外在使用期间,可以通过调整件来补偿由于磨损、热变形所引起的误差,使产品恢复到原来的装配精度,因而在实际生产中得到广泛的应用。

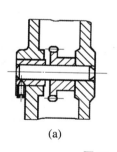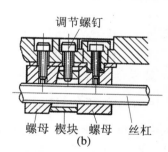

图 10.17　可动调整法示例

③ 误差抵消调整法。在机器装配中,通过调整被装配零件的相对位置,使其加工误差相互抵消一部分,以提高装配精度的方法称为误差抵消调整法。这种方法在机床装配中应用较多,如在车床主轴装配中,通过调整前后轴承与主轴的相互位置关系来控制主轴的径向跳动量;在滚齿机的工作台分度蜗轮装配中,采用调整蜗轮和轴承的偏心方向来抵消误差,以提高分度蜗轮的工作精度。误差抵消调整法多用于单件生产和批量不大的中小批量生产中。

2. 装配方法的选择原则

选择装配方法的出发点是使产品制造过程达到最佳效果。主要考虑的因素有装配精度、结构特点、生产类型及生产条件。对同一种产品的不同部位,也可能采用不同的装配方法。在选择装配方法时,一般遵循以下原则:

① 优先采用完全互换装配法。

② 当装配精度要求较高,生产批量大而组成环环数很少时,可采用选择装配法。

③ 当采用完全互换装配法和选择装配法造成零件加工困难或经济性差时,可考虑采用调整法或修配法。对于单件小批生产宜采用修配法。

10.3.2　设计

(1) 图 10.18 为车床溜板箱装配简图,要求保证齿轮与齿条的啮合间隙 $0.17^{+0.11}_{0}$ mm,试分析其装配方法。

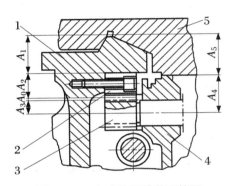

图 10.18　车床溜板箱装配简图

1. 床身;　2. 齿条;　3. 小齿轮;　4. 溜板箱;　5. 溜板

【解】　分析车床溜板箱装配关系可知,通过溜板箱内小齿轮和床身下面的齿条的啮合传动来实现溜板的纵向移动。为了保证正常的啮合传动,齿轮与齿条间应有一定的啮合间隙,因此,在装配溜板箱与齿条时就应保证这一要求。忽略齿轮节圆与其支承轴颈间的同轴度误差,同时忽略支承轴颈与溜板箱齿轮孔配合间隙所引起的偏移量,在图中建立小齿轮与齿条啮合的装配尺寸链,封闭环 $A_0 = 0.17^{+0.11}_{0}$ mm,是齿轮与齿条的啮合间隙在垂直平面内的折算值,影响此封闭环的组成环有:

A_1——床身菱形导轨顶线至其与齿条接触面间的尺寸;

A_2——齿条节线至其底面间的尺寸;

A_3——小齿轮的节圆半径;

A_4——溜板箱齿轮孔轴心线至其与溜板接触面间的尺寸;

A_5——溜板菱形导轨顶线至其与溜板箱接触面间的尺寸。

考虑封闭环为 $A_0 = 0.17^{+0.11}_{0}$ mm,如果选择完全互换法进行装配,各组成环的平均公差是:$T_M = \dfrac{T_0}{n-1} = \dfrac{0.11}{6-1} = 0.022$ (mm),因为齿轮、齿条的加工难以保证这样小的公差要求,所以不宜采用完全互换装配法。由于机床生产一般属于中小批生产,而此装配尺寸链的环数较多,零件的几何形状较复杂,装配精度要求较高,因此也不宜采用选择装配法。所以根据装配结构,采用修配装配法较为合适。

由于齿条尺寸 A_2 装配时便于修配,因此选择 A_2 作为修配环,将齿条底面作为修配面,其余零件的公差可以按照经济精度进行制造,既降低了加工成本又保证了装配精度要求。

(2) 分析图 10.1 所示单级圆柱齿轮减速器的装配方法。

10.3.3　实施

1. 组织方式

独立完成或成立小组讨论完成。

2. 实施主要步骤

（1）明确任务，知识准备；

（2）分析装配精度要求；

（3）分析产品结构特点；

（4）分析产品生产类型及生产条件；

（5）分析局部及整体装配方法。

10.3.4　运作

评价见表 10.5。

表 10.5　任务评价参考表

项目		任务		姓名		完成时间		总分	
序号	评价内容及要求		评价标准	配分	自评（20%）	互评（20%）	师评（60%）	得分
1	装配精度分析			10				
2	结构特点分析			10				
3	生产类型及生产条件分析			10				
4	装配方法分析			50				
5	查阅资料能力			10				
6	交流协作情况			10				

10.3.5　知识拓展

装配工作的组织形式一般可以分为固定式装配和移动式装配两种。实际生产中，一般根据产品的结构特点、生产纲领和现有生产条件选择不同的装配组织形式。

1. 固定式装配

固定式装配是将产品或部件的全部装配工作安排在一个固定的工作场地进行，装配过程中产品的位置不变，所需要的零、部件都汇集到工作场地附近。对于单件小批生产的产品，或是对于尺寸较大、重量较大、刚度较差等不便移动的重型机械，都宜于采用固定式装配。

固定式装配也可组织工人专业分工，按装配顺序轮流到各产品装配点进行装配，这种形式称为固定流水装配，多用于成批生产结构比较复杂、工序数多的产品装配，如机床、汽轮机的装配。

2. 移动式装配

移动式装配是将零、部件用输送带或小车按装配顺序从一个装配地点移动到下一个装配地点，各装配点分别完成一部分装配工作，在全部装配点完成产品的整个装配工作。移动式装配的装配过程划分较细，装配工人在每个工作场地重复地完成固定的工序，而且广泛采用专用的设备和工具，所以装配效率高。

移动式装配常用于大批大量生产时组成流水装配作业线或自动装配线，如汽车、拖拉机、仪器仪表等产品的装配。移动式装配按移动的形式可分为连续移动和间歇移动两种。

（1）连续移动式装配

连续移动式装配是指装配产品连续按节拍移动，工人在装配时随装配线走动，装配完毕立即回到原位继续重复装配。

（2）间歇移动式装配

间歇移动式装配是指装配时产品不移动，工人在规定时间内完成装配任务后，产品再被输送带或小车送到下一工作地。

任务 10.4　制订减速器的装配工艺规程

10.4.1　构思

装配工艺规程是指导装配生产的主要技术文件，制订装配工艺规程是生产技术准备工作的主要内容之一。装配工艺规程对保证装配质量、提高装配效率、缩短装配周期、减轻劳动强度、缩小装配占地面积、降低生产成本等都有重要的影响。

1．制订装配工艺规程的原则

装配是产品制造的最后阶段，是保证产品质量的最后环节。在制订装配工艺规程时一般应遵循以下原则：

① 保证并力求提高产品装配质量，以延长产品的使用寿命。

② 合理安排装配顺序和工序，尽量减少钳工手工劳动量，缩短装配周期，提高装配效率；

③ 尽量减少装配占地面积和装配成本，提高单位面积的生产率。

2．制订装配工艺规程的原始资料

制订装配工艺规程时，需要具备以下原始资料：

① 产品的总装图和部件装配图及有关的零件图；

② 装配的技术要求及验收技术标准；

③ 产品的生产纲领和生产类型；

④ 现有生产条件，如装配工艺装备、工人技术水平、装配车间面积等。

3．制订装配工艺规程的步骤及内容

（1）产品分析

① 研究产品的总装图和部件图，审核产品图样的完整性、正确性；

② 分析产品的结构工艺性，明确各零部件的装配关系；

③ 研究产品装配的技术要求和验收标准，制定保证措施；

④ 研究装配方法，进行必要的装配尺寸链分析与计算。

（2）确定装配方法与组织形式

装配的方法和组织形式主要取决于产品的结构特点和生产纲领，并应考虑现有的生产技术条件。表 10.6 为各种生产类型的装配工艺特点。

表 10.6　各种生产类型的装配工艺特点

生产类型	大批大量生产	成批生产	单件小批生产
装配特征	产品固定,生产活动长期重复,有严格的生产节拍	产品分批交替投产,生产活动在一定时期内重复	产品经常变换,生产活动的重复性难以预计
装配方法	优先选择完全互换法,组成环较多时可以采用不完全互换法,封闭环精度很高、组成环数少时采用分组选配法	主要采用完全互换法,但可以灵活运用调整法、修配法等其他方法	以修配法和调整法为主,较少采用完全互换法
组织形式	多用自动装配线及流水装配线,还可以采用自动装配机装配	批量较大时采用流水装配,批量较小时采用固定流水装配,多品种平行生产时采用变节奏流水装配	固定装配或固定流水装配
工艺规程	仔细划分工艺过程,严格规定时间定额和生产节拍,编制详细的装配工艺过程卡片、工序卡片、调整卡片	工艺过程的划分与具体的生产批量有关,尽量保证生产均衡,编制详细的装配工艺过程卡片、关键工序的工序卡片和调整卡片	一般不制定详细的工艺文件,工艺可以灵活掌握,工序可以适当调度
工艺装备	采用专用高效的工艺装备,易于实现机械化、自动化	较多采用通用设备,也采用一定数量的专用工艺装备	一般采用通用工艺装备
操作要求	修配、调整等手工操作比重很小,对装配操作工人的技术要求不高	手工操作比重较大,对操作工人的技术水平要求较高	手工操作比重大,对装配操作工人技术水平要求高
应用实例	汽车、滚动轴承等	普通机床、机车等	重型机床、大型机器等

（3）划分装配单元,确定装配顺序

划分装配单元是制定工艺规程中最重要的一个步骤,这对于大批大量生产结构复杂的产品尤为重要。无论是哪一级装配单元,都要选定某一零件或比它低一级的装配单元作为装配基准件。装配基准件通常应是产品的基体或主干零、部件。基准件应有较大的体积、重量,以及具有足够的支承面,以保证装配稳定性要求。

在划分好装配单元并选定装配基准件后,就可以安排装配顺序,相应画出装配工艺系统图。安排装配顺序的原则是:先下后上、先内后外、先难后易、先精密后一般、先重大后轻小。

（4）划分装配工序,设计工序内容

① 确定工序集中与分散的程度;

② 划分装配工序,确定工序内容;

③ 确定各工序所需的设备和工具,如需专用夹具与设备,则应拟定设计任务书;

④ 制订各工序的装配操作规范,如过盈配合的压入力、变温装配的装配温度以及紧固件的拧紧力矩等;

⑤ 制订各工序装配质量要求、检测项目和方法;

⑥ 确定工序时间定额,平衡各工序的装配节拍。

（5）填写装配工艺规程文件

单件小批生产时,通常不需要制订装配工艺卡,只用装配图和装配工艺系统图指导装配;成批生产时,需要制订装配工艺过程卡,在卡片上标明主要工序内容、设备名称、工装名称与编号、工人技术等级和时间定额等项。关键工序还要制订装配工序卡;大批大量生产中,不仅要制订装配工艺过程卡,而且要编写装配工序卡,以便直接指导工人进行装配。

（6）制订产品的检测和试验规范

产品装配后,应按设计要求制订检测和试验规范,内容一般包括:检测和试验的项目及质量指标,方法、条件及环境要求,所需工装的选择与设计,程序及操作规程,质量问题的分析方法和处理措施。企业应按照相关标准制订严格的检测和试验规范,确保产品质量。

10.4.2　设计

（1）图 10.19 为蜗轮与圆锥齿轮减速器装配简图,其轴承套组件的装配工艺过程卡见表 10.7,总装配工艺过程卡见表 10.8。

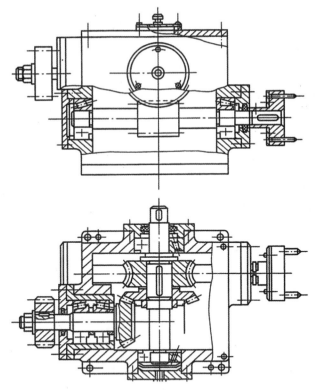

图 10.19　蜗轮与圆锥齿轮减速器装配简图

表 10.7　轴承套组件的装配工艺过程卡

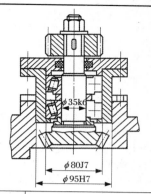

		装配技术要求
		1. 组装时，各装入零件应符合图样要求； 2. 组装后圆锥齿轮应转动灵活，无轴向窜动

工　厂	装配工艺过程卡		产品型号	部件名称		装配图号
				轴承套		
车间名称	工段	班组	工序数量	部件数		净重
装配车间			4	1		

工序号	工步号	装配内容	设备	工艺装备		工人等级	工序时间
				名称	编号		
Ⅰ	1	锥齿轮与衬垫的组件装配 齿轮轴为基准，将衬套套装在轴上					
Ⅱ	2	轴承盖与毛毡的组件装配 已剪好的毛毡塞入轴承盖槽内					
Ⅲ	1	轴承套与轴承外圈的组件装配 专用量具分别检验轴承套孔及轴承外圈尺寸	压力机				
	2	配合面上涂机油					
	3	轴承套为基准，将轴承外圈压入孔内至底面					
Ⅳ	1	轴承套组件装配 圆锥齿轮组件为基准，将轴承套分组件套装在轴上	压力机				
	2	在配合面上加油，将轴承内圈压装在轴上，并紧贴衬垫					
	3	套上隔圈，将另一轴承内圈压装在轴上，直至与隔圈接触					
	4	将另一轴承外圈涂上油，轻压至轴承套内					
	5	装入轴承盖分组件，调整端面的高度，使轴承间隙符合要求后，拧紧轴承盖上螺钉					
	6	安装平键，套装齿轮、垫圈，拧紧螺母，注意配合面加油					
	7	检查锥齿轮转动的灵活性及轴向窜动					
							共　张
编号	日期	签章	编号	日期	签章	编制　移交	批准　第　张

表 10.8　蜗轮与圆锥齿轮减速器总装配工艺过程卡

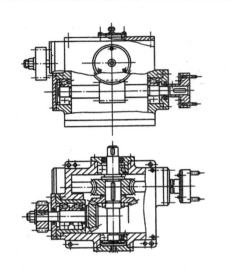

装配技术要求
1. 零、组件必须正确安装,不得装入图样未规定的垫圈等其他零件; 2. 固定连接件必须保证将零、组件紧固在一起; 3. 旋转机构必须转动灵活,轴承间隙合适; 4. 啮合零件的啮合必须符合图样要求; 5. 各零件轴线之间应有正确的相对关系

工　厂	装配工艺过程卡		产品型号	部件名称	装配图号
				减速器	
车间名称	工段	班组	工序数量	部件数	净重
装配车间			5	1	

工序号	工步号	装配内容	设备	工艺装备		工人等级	工序时间
				名称	编号		
Ⅰ	1	将蜗杆组件装入箱体	压力机				
	2	用专用量具分别检查箱体孔和轴承外圈尺寸					
	3	从箱体孔两端装入轴承外圈					
	4	装上右端轴承盖组件,并用螺钉拧紧,轻敲蜗杆轴端,使右端轴承消除间隙					
	5	装入调整垫圈和左端轴承盖,并用百分表测量间隙确定垫圈厚度,然后将上述零件装入,用螺钉拧紧。保证蜗杆轴向间隙为0.01～0.02 mm					

工序号	工步号	装配内容	设备	工艺装备		工人等级	工序时间
				名称	编号		
II	1	试装 用专用量具测量轴承、轴等相配零件的外圈及孔尺寸	压力机				
	2	将轴承装入蜗轮轴两端					
	3	将蜗轮轴通过箱体孔,装上蜗轮、锥齿轮、轴承外圈、轴套、轴承盖组件					
	4	移动蜗轮轴,调整蜗杆与蜗轮正确的啮合位置,测量轴承端面至孔端面距离,并调整轴承盖台肩尺寸(台肩尺寸 = $H_{-0.02}^{0}$)					
	5	装上蜗轮轴两端轴承盖,并用螺钉拧紧					
	6	装入轴承套组件,调整两锥齿轮正确的啮合位置(使齿背齐平)分别测量轴承套肩面与孔端面的距离以及锥齿轮端面与蜗轮端面的距离,并调好垫圈尺寸,然后卸下各零件					
III	1	最后装配 从大轴孔方向装入蜗轮轴,同时依次将键、蜗轮、垫圈、锥齿轮、带翅垫圈和圆螺母装在轴上。然后在箱体轴承孔两端分别装入滚动轴承及轴承盖,用螺钉拧紧并调整好间隙。装好后,用手转动蜗杆时,应灵活,无阻滞现象	压力机				
	2	将轴承套组件与调整垫圈一起装入箱体,并用螺钉紧固					
IV		安装联轴器及箱盖零件					
V		运转试验 清理内腔,注入润滑油,连上电动机,接上电源,空转试车。运转30 min 左右后,要求传动系统噪声及轴承温度不超过规定要求以及符合其他各项技术要求					
							共　张

编号	日期	签章	编号	日期	签章	编制	移交	批准	第　张

（2）制订图 10.1 所示减速器的组件装配和总装配的装配工艺规程。

10.4.3　实施

1. 组织方式

独立完成或成立小组讨论完成。

2. 实施主要步骤

(1) 明确任务,知识准备;

(2) 绘制总装配工艺系统图;

(3) 划分组件和总装配的装配工序,设计工序内容;

(4) 填写组件和总装配的装配工艺过程卡。

10.4.4　运作

评价见表 10.9。

表 10.9　任务评价参考表

项目		任务		姓名		完成时间		总分	
序号	评价内容及要求		评价标准	配分	自评(20%)	互评(20%)	师评(60%)	得分
1	总装配工艺系统图绘制			20				
2	组件装配工序及工序内容设计			15				
3	总装配工序及工序内容设计			15				
4	组件的装配工艺过程卡填写			20				
5	总装配的装配工艺过程卡填写			20				
6	交流协作情况			10				

10.4.5　知识拓展

在机械制造业中,20%～70%的工作量是装配,而装配又是在机械制造生产过程中采用手工劳动较多的工艺过程。由于装配技术上的复杂性和多样性,装配过程难以实现自动化。近年来,在大批大量生产中,加工过程自动化获得了较快的发展,大量零件自动化高速生产出来后,如果仍由手工装配,则劳动强度大,效率低,产品质量也不能保证,因此,迫切需要发展装配过程的自动化。

装配过程自动化即装配自动化,是指对某种产品用某种控制方法和手段,通过执行机构,使其按预先规定的程序自动地进行装配,而无需人直接干预的过程。装配自动化包括零件的供给、装配对象的运送、装配作业、装配质量检测等环节的自动化。最初从零部件的输送流水线开始,逐渐实现某些生产批量较大的产品,如电动机、变压器、开关等的自动装配。现在,自动装配在汽车、武器、仪表等大型、精密产品中也开始应用。

国外从 20 世纪 50 年代开始发展装配过程的自动化。在 60 年代,数控装配机、自动装配线得到应用发展,到了 70 年代,机器人开始应用在装配过程中,近年来柔性装配系统

（Flexible Assembling System,FAS）等先进装配技术又成为研究应用的热点。把装配自动化作业与仓库自动化系统等连接起来,进一步提高机械制造的质量和劳动生产率是现代装配自动化的发展趋势。

1. 自动装配机

首先出现的装配自动化装置是自动装配机,它配合部分机械化的流水线和辅助设备实现了局部自动化装配和全自动化装配。自动装配机因工件输送方式不同可分为回转型和直进型两类,根据工序繁简不同,又可分为单工位、多工位结构。回转型装配机常用于装配零件数量少、外形尺寸小、装配节拍短或装配作业要求高的装配场合。直进型装配机适用于基准零件尺寸较大、装配工位较多,特别是装配过程中检测工序多或手工装配和自动装配混合操作的多工序装配场合。图 10.20 为具有七个自动工位和三个并列手工工位的直进型装配系统。

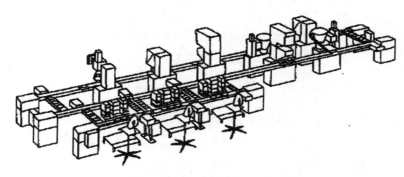

图 10.20　直进型装配系统

2. 装配机器人

自动装配机配合部分手工操作和机械辅助设备,可以完成某些部件装配工作的要求,但是,在仪器仪表、汽车、电动机、电子元件等生产批量大、装配精确度要求高的产品装配时,不仅要求装配机更加准确和精密,而且应具有视觉和某些触觉传感机构,反应更灵敏,对物体的位置和形状具有一定的识别能力。这些功能一般自动装配机很难具备,而 20 世纪 70 年代发展起来的工业机器人则完全具备这些功能。

装配机器人是指为完成装配作用而设计的工业机器人。装配机器人是柔性自动化装配系统的核心设备,由机器人操作机、控制器、末端执行器和传感系统组成。与一般工业机器人相比,它具有精度高、柔顺性好、工作范围小、能与其他系统配套使用等特点,主要用于各种电器的制造行业。在装配生产中,自动机器人既可为自动装配机服务,又可直接用来完成装配作业,它可以进行堆垛、拧螺钉、压配、铆接、弯形、卷边、胶合等装配工作。图 10.21 为精密装配机器人工作情况。

3. 装配自动线

如果产品或部件比较复杂,在一台装配机上不能完成全部装配工作,或需要在几台装配机上完成时,就需要将装配机组合形成装配自动线。装配自动线一般由四部分组成。

（1）零部件运输装置

它可以是输送带,也可以是有轨或无轨传输小车。

（2）装配机械手或装配机器人

自动化程度高的装配自动线需要采用装配机器人,它是装配自动线的关键环节。

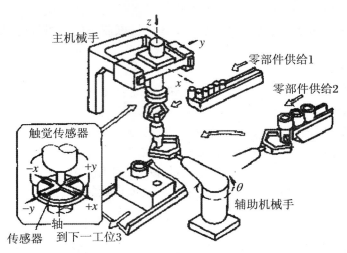

图 10.21　精密装配机器人工作情况

（3）检验装置

用以检验已装配好的部件或整机的质量。

（4）控制系统

用以控制整条装配自动线,使其协调工作。

因为在装配自动线的装配工位上,是将各种装配件装配到装配基础件上去,完成一个部件或一台产品的装配。所以根据装配基础件是否移动,装配自动线有装配基础件移动式自动装配线和装配基础件固定式自动装配线两种形式。如图 10.22 所示的装配基础件移动式自动装配线的应用较为广泛。

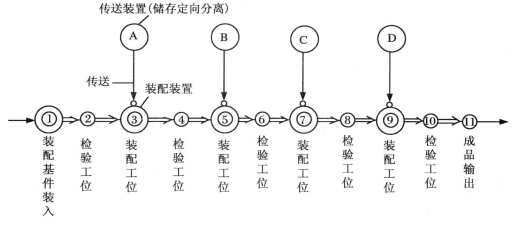

图 10.22　装配基础件移动式自动装配线示意图

4. 柔性装配系统（FAS)

为了适应产品批量和品种的变化,国外研制了柔性装配系统（FAS)。这种现代化的自动装配线由装配机器人系统和外围设备组成。外围设备可以根据具体的装配任务来选择,为保证装配机器人完成装配任务,它通常包括:灵活的物料搬运系统、零件自动供料系统、工具（手指)自动更换装置及工具库、视觉系统、基础件系统、控制系统和计算机管理系统。

　　柔性装配系统具有相应柔性,可对某一特定产品的变型产品按程序编制的随机指令进行装配,也可根据需要增加或减少一些装配环节,在功能、功率和几何形状允许范围内,最大限度地满足产品的装配。

　　柔性装配系统通常有两种形式:

　　① 模块积木式柔性装配系统,如图 10.23 所示。

　　② 以装配机器人为主体的可编程柔性装配系统,如图 10.24 所示。

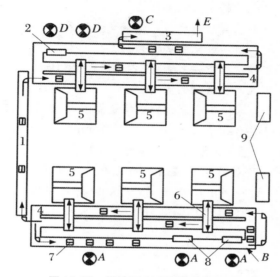

图 10.23　模块积木式柔性装配系统

A. 工件配套位；　*B*. 输入位；　*C*. 检验位；　*D*. 返修位；　*E*. 输出位

1. 存储传送位置；　2. 通用装配装置；　3,4,6. 工件传送装置；　5. 装配中心；

7. 工件托盘；　8. 工件收集站；　9. 传送装置控制器

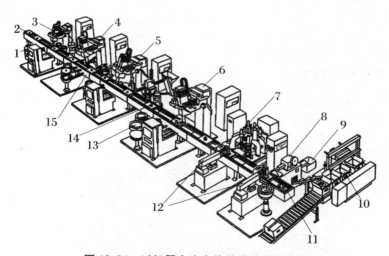

图 10.24　以机器人为主体的柔性装配系统

1. 料仓；　2. 夹具提升装置；　3,4,5,6. 机器人；　7. 八工位回转试验机；　8. 贴标签机；　9. 不合格品斗；
10. 包装机；　11. 夹具下降装置；　12. 气动机械手；　13. 振动料斗；　14. 随行夹具；　15. 传送装置

项 目 作 业

1. 什么是机械产品的装配？它包括哪些内容？在机械产品的生产过程中起何作用？

2. 试分析良好的装配工艺性应满足哪些条件。

3. 试举例说明机械产品的装配精度与零件精度的关系。

4. 试述查找装配尺寸链时应注意哪些问题。

5. 试述保证产品装配精度的方法有哪些，各应用于什么场合？

6. 试述在选择装配方法时应遵循的原则。

7. 图10.25为CA6140车床离合器齿轮轴装配简图，装配后要求齿轮的轴向窜动量 A_0 为 $0.05\sim0.4$ mm，已知 $A_1 = 34^{+0.10}_{+0.05}$ mm，$A_2 = 22^{+0.10}_{-0.20}$ mm，$A_3 = 12 \pm 0.10$ mm。试验算各组成环零件的尺寸设计是否合理？若不合理应如何更改？

8. 如图10.26所示齿轮箱部件中，要求装配后的轴向间隙 $A_0 = 0^{+0.7}_{+0.2}$ mm，有关零件基本尺寸是：$A_1 = 122$ mm，$A_2 = 28$ mm，$A_3 = A_5 = 5$ mm，$A_4 = 140$ mm，试按完全互换法确定各组成环零件的尺寸。

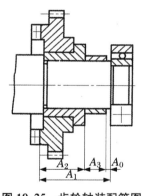

图10.25　齿轮轴装配简图

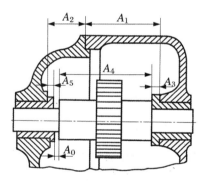

图10.26　齿轮箱部件装配简图

9. 图10.27为车床尾座套筒装配简图，各组成环零件的尺寸标注在图上，试分别用极值法和概率法计算装配后螺母在顶尖套筒内的轴向窜动量。

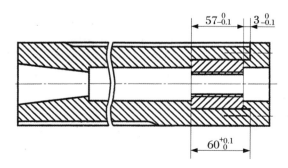

图10.27　车床尾座套筒装配图

10. 图 10.28 为车床溜板装配简图,在溜板与床身装配前有关零件的尺寸分别为:$A_1 = 46_{-0.04}^{0}$ mm,$A_2 = 30_{0}^{+0.03}$ mm,$A_3 = 16_{+0.03}^{+0.06}$ mm。试分别按极值法和概率法计算装配后溜板压板与床身下平面间的间隙 A_0,并分析当间隙在使用过程中因导轨磨损而减小后应如何解决。

11. 图 10.29 为双联转子泵装配简图,要求冷态下的装配间隙 $A_0 = 0.05 \sim 0.15$ mm,各组成环零件的基本尺寸是:$A_1 = 41$ mm,$A_2 = A_4 = 17$ mm,$A_3 = 7$ mm。

(1) 如选 A_1 为协调环,试用概率法求解各组成环尺寸。

(2) 采用修配法装配时,尺寸 A_2、A_4 按 IT9 公差等级制造,尺寸 A_1 按 IT10 公差等级制造,选 A_3 为修配环,试确定修配环的尺寸,并计算可能出现的最大修配量。

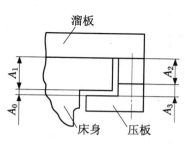

图 10.28　车床溜板装配简图

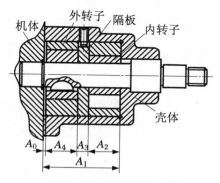

图 10.29　双联转子泵装配简图

参 考 文 献

[1] 何七荣.机械制造工艺与工装[M].北京:高等教育出版社,2009.

[2] 魏静姿,杨桂娟.机床加工工艺[M].北京:机械工业出版社,2009.

[3] 徐勇,吴百中.机械制造工艺及夹具设计[M].北京:北京大学出版社,2011.

[4] 杨叔子.机械加工工艺师手册[M].北京:机械工业出版社,2010.

[5] 陈文杰.数控加工工艺与编程[M].北京:机械工业出版社,2009.

[6] 庞浩,李文星.数控加工工艺[M].北京:北京理工大学出版社,2009.

[7] 巩亚东.机械制造技术基础[M].北京:科学出版社,2010.

[8] 顾维邦.金属切削机床概论[M].北京:机械工业出版社,2007.

[9] 庞建跃.机械制造技术[M].北京:机械工业出版社,2007.

[10] 刘雄伟.数控机床操作与编程培训教程[M].北京:机械工业出版社,2001.

[11] 叶伯生,戴永清.数控加工编程与操作[M].武汉:华中科技大学出版社,2008.

[12] 刘永久.数控机床故障诊断与维修技术[M].北京:机械工业出版社,2006.

[13] 张世昌.机械制造技术基础[M].北京:高等教育出版社,2001.